John Gribbin
Auf der Suche nach dem Omega-Punkt

JOHN GRIBBIN

Auf der Suche nach dem Omega-Punkt

Zerfall oder Unendlichkeit als Schicksal des Universums

Aus dem Englischen von
Hainer Kober

Mit 30 Abbildungen

Piper
München Zürich

Die Originalausgabe erschien 1987 unter dem Titel *The Omega Point –
The search for the missing mass and the ultimate fate of the Universe*
bei William Heinemann Ltd., London.

Wissenschaftliche Mitarbeit bei der deutschen Ausgabe:
Dr. Rhea Lüst.

ISBN 3-492-03339-3
© 1987 by John & Mary Gribbin
Alle Rechte der deutschen Ausgabe:
© R. Piper GmbH & Co. KG, München 1990
Gesetzt aus der Times-Antiqua
Gesamtherstellung: Clausen & Bosse, Leck
Printed in Germany

»Ich halte das Gesetz, nach dem die Entropie stets zunimmt –
den zweiten Hauptsatz der Thermodynamik –, für das wichtigste
Naturgesetz. Wenn Ihnen jemand sagt, daß Ihre Lieblingstheorie
des Universums nicht mit den Maxwellschen Gleichungen über-
einstimmt – dann setzen Sie sich ruhig über Maxwells Gleichungen
hinweg. Wenn es Beobachtungen gibt, die Ihrer Theorie wider-
sprechen – dann denken Sie daran, daß auch Experimentalphysiker irren können. Doch wenn sich herausstellt, daß Ihre Theorie
gegen den zweiten Hauptsatz der Thermodynamik verstößt, kann
ich Ihnen keine Hoffnung machen. Es kann nur mit einer schmäh-
lichen Niederlage enden.«

Arthur Eddington: »The Nature of the Physical World«

Some say the world will end in fire,
Some say in ice,
From what I've tasted of desire
I hold with those who favor fire...

Robert Frost: »Fire and Ice«

INHALT

EINLEITUNG

Wohin führt unser Weg? Das endgültige Schicksal der Menschheit und des Universums, in dem wir wohnen, besitzt eine Faszinationskraft, die schon vor unvordenklichen Zeiten Mythen stiftete, religiöse Inbrunst entfachte und den Philosophen jahrhundertelang Stoff zum Nachdenken lieferte. Einige hielten die Welt für weitgehend unveränderlich, für eine Bühne, auf der die Darsteller kommen und gehen, die aber selbst ewig ist. Andere verstanden das Universum als einen Ort der Wiederholungen und Kreisläufe, wo Veränderungen zwar stattfinden, letztlich aber alles zu seinem Ausgangspunkt zurückkehrt – so daß der nächste Kreislauf beginnen kann, ebenso wie vorher oder mit kleineren (vielleicht auch größeren) Abwandlungen. Die dritte Möglichkeit – ein Universum, das in einem einmaligen Schöpfungsakt entstand und zu einem bestimmten Zeitpunkt in einem einmaligen Vernichtungsakt wieder enden wird – blieb in der Menschheitsgeschichte meist ein Minderheitenstandpunkt. Doch heute ist diese Möglichkeit in den Mittelpunkt der wissenschaftlichen Auseinandersetzung gerückt.

Kosmologen – Wissenschaftler, die sich mit dem Universum in seiner Gesamtheit beschäftigen – können das Universum, wie wir es heute sehen, am ehesten erklären, indem sie einen bestimmten Beginn annehmen, einen Schöpfungsaugenblick, den sie als Urknall bezeichnen und auf etwa 15 Milliarden Jahre zurückdatieren. Nach ihren Berechnungen befanden sich Materie und Energie, Raum und Zeit damals in einem extrem verdichteten Zustand. Seither erlebt das Universum einen stetigen Prozeß der Expansion und Verdünnung. Die Gleichungen, die die Entstehung des Universums so überzeugend beschreiben, lassen für sein endgültiges Schicksal nur zwei Alternativen offen. Je nach der Massenmenge, die das gesamte beobachtbare Universum enthält, wird es entweder ewig expandieren und immer dunkler und dünner werden, während die Sterne altern und sterben, oder die Ausdehnung wird eines Tages zum Stillstand kommen und sich umkehren, d. h. zu einer Kontraktionsbewegung werden, die letztlich in einen großen Endkollaps münden muß, das Spiegelbild des Urknalls.

Nun ist aber »großer Endkollaps« (*big crunch*) eine häßliche Bezeichnung, die einem so gewichtigen Ereignis wie dem Ende des Universums kaum gerecht wird. Ebenso ist »Urknall« (*big bang*) ein Ausdruck, der sich mit dem Schöpfungsaugenblick nicht recht verträgt. Ursprünglich war er auch als Spottname gedacht; er stammt von Fred Hoyle, der sich mit der Vorstellung eines solchen Anfangs nie hat abfinden können. Zum Kummer einiger Kosmologen hat sich die Bezeichnung aber durchgesetzt, und mir steht es nicht zu, die Terminologie einfach zu ändern. Für den Augenblick der Vernichtung am Ende der Zeit hat sich indessen noch kein Ausdruck so fest eingebürgert, daß ich nicht einen anderen suchen dürfte. Ich habe mich für eine Bezeichnung aus den Schriften des französischen Jesuiten und Philosophen Pierre Teilhard de Chardin entschieden – eine Bezeichnung, die auch den Titel des vorliegenden Buches prägte: *Punkt Omega.*

Teilhard hat den Ausdruck natürlich in einem ganz anderen Zusammenhang verwendet. Er war an dem Universum in seiner Gesamtheit nicht sonderlich interessiert, sondern beschäftigte sich mit der Evolution des Bewußtseins durch die Menschheit. Der Endpunkt dieser Entwicklung ist für ihn Punkt Omega, so genannt nach dem letzten Buchstaben des griechischen Alphabets. Für die Gedankengänge seines philosophischen Hauptwerks *Der Mensch im Kosmos** kann ich mich nicht erwärmen – wenn auch aus anderen Gründen als die katholische Kirche, die 1962 vor der unkritischen Lektüre der Teilhardschen Schriften warnte. Ihr ist Teilhard, so vermute ich, zu materialistisch, weil er versucht, die evolutionären Theorien in die christliche Glaubenslehre einzubauen. Mir sind seine Ideen nirgends materialistisch genug, weil sie die gewaltige Masse des Universums

---

* Eingehende Literaturangaben sind der Bibliographie (S. 263 ff.) zu entnehmen. Das nachfolgende Zitat findet sich auf Seite 267 von *Der Mensch im Kosmos.*

vernachlässigen. Seinen Punkt Omega hat er allerdings mit Worten beschrieben, die für moderne Kosmologen fast vertraut klingen:

»Daher müssen sich ihre [der Raumzeit] Schichten, so unendlich sie sich auch ausbreiten, wenn wir ihnen in der entsprechenden Richtung nachgehen, irgendwo auch wieder zusammenfalten, in einem Punkt vor uns – nennen wir ihn *Omega* –, der sie in sich verschmilzt und zur Gänze aufnimmt.«

Diese Beschreibung ist in der Tat ein Spiegelbild des Schöpfungsaugenblicks, so wie ihn die Urknall-Theorie entwirft. Die Theorie vom Ursprung des Universums ist vielleicht die größte Leistung des wissenschaftlichen Denkens überhaupt. Wie ich in meinem Buch *In Search of the Big Bang* ausführlich geschildert habe, scheint sie weitgehend vollständig zu sein. (Obwohl man nie sicher sein kann, daß eine wissenschaftliche Idee nicht von neueren und besseren Ideen umgestoßen wird, beendete die Urknall-Theorie zumindest eine längere Phase wissenschaftlichen Nachdenkens über unsere Ursprünge.) Deshalb wenden Kosmologen ihre Aufmerksamkeit zunehmend der anderen Hälfte des Rätsels zu: der Frage nach dem endgültigen Schicksal des Universums. Da dies von der Menge der Materie im Universum abhängt, ist und bleibt der entscheidende Aspekt die Suche nach den verschiedenen Materiearten des Universums.

Die leuchtenden Sterne sind natürlich die augenfälligsten Bestandteile unseres Universums, doch die Astronomen wissen seit Jahrzehnten, daß daneben auch dunkle Materie vorhanden sein muß. Wieviel von dieser dunklen Materie gibt es? Welche Form kann sie annehmen? Und wo in den Tiefen des Weltraums ist sie versteckt? Ein merkwürdiger Zufall will es, daß man diesen wichtigen Parameter – die Materiedichte im Universum – mit Ω bezeichnet, dem griechischen Buchstaben für das große O (Omega). Seine Definition lautet: Ist das kosmologische Omega kleiner als eins, expandiert das Universum in alle Ewigkeit; ist es größer als eins, steuern wir unaufhaltsam auf den großen Endkollaps zu, den Punkt Omega.

Die Astronomen haben noch nicht genügend Materie entdeckt, um die zweite Möglichkeit für die wahrscheinliche zu halten; das heißt aber nicht, daß es diese Materie nicht gäbe. Aus Liebe zur Alliteration haben einige Kosmologen die noch nicht beobachtete Materie *missing mass* (»fehlende Masse«) getauft, obwohl in Wirklichkeit nur das Licht fehlt und im Weltraum mit Sicherheit dunkle Materie in der einen oder anderen Form vorkommt. Doch es ist eine griffige Bezeichnung, und ich werde sie übernehmen, was mir diejenigen meiner astronomischen Freunde verzeihen mögen, die die exakte Bezeichnung »fehlendes Licht« vorziehen. Gibt es aber genügend »fehlende Masse«, um das Universum im Punkt Omega enden zu lassen?

Die Suche nach dem Urknall war eines der großen wissenschaftlichen Abenteuer des 20. Jahrhunderts – sie ist jetzt fast abgeschlossen. Die Suche nach der fehlenden Masse und damit nach Einsicht in das endgültige Schicksal des Universums ist ein Unternehmen, das gerade erst beginnt. Während ich in meinem früheren Buch die besten wissenschaftlichen Antworten auf Fragen nach dem Ursprung des Universums wiedergegeben habe, kann ich hier nur von den besten *Fragen* berichten, die sich Kosmologen und andere Wissenschaftler stellen, und beschreiben, welche Antworten sie zu finden hoffen. Das eine oder andere von dem, was ich auf den folgenden Seiten berichten werde, mag falsch sein und in den kommenden Jahren widerlegt werden, aber ich beschäftige mich hier nicht mit Wissenschaftsgeschichte, sondern mit wissenschaftlichen Theorien, die gerade entwickelt werden – und das kann in gewisser Weise noch faszinierender sein.

1. KAPITEL
Der Zeitpfeil

Zu den wichtigsten Eigenschaften unserer Welt gehört, daß auf den Tag die Nacht folgt. Der dunkle Nachthimmel zeigt uns, daß das Universum im großen und ganzen ein kalter, leerer Ort ist, über den einige helle, heiße Objekte verstreut sind – die Sterne. Wie die Helligkeit der Sonne beweist, leben wir in einem ungewöhnlichen Teil des Universums, in der Nähe eines dieser Sterne, eben unserer Sonne, die ihre Energie durch den Weltraum zur Erde schickt und über sie hinaus. Die einfache Beobachtung, daß die Nacht auf den Tag folgt, offenbart einige der grundlegendsten Aspekte des Universums sowie der Beziehungen zwischen Leben und Universum.

Gäbe es das Universum seit aller Ewigkeit, hätte es stets dieselbe Zahl von Sternen und Galaxien enthalten und wären diese schon immer mehr oder minder gleich über den Raum verteilt gewesen, dann könnte dieses Universum kaum den Anblick bieten, den wir vor Augen haben. Hätten die Sterne ihre Energie seit Ewigkeiten in Form von Licht verströmt, dann hätten sie den Raum zwischen sich mit Helligkeit angefüllt und ließen den ganzen Himmel so hell erstrahlen wie die Sonne. Nun ist der Himmel aber dunkel, und folglich muß sich das Universum, in dem wir leben, verändern: Es kann nicht immer so gewesen sein wie heute. Sterne und Galaxien gibt es nicht seit aller Ewigkeit, sondern erst seit relativ kurzer Zeit, denn sie konnten die Zwischenräume, die sie trennen, noch nicht mit Licht füllen. Astrophysiker wissen, daß die Sterne ihre Energie durch Kernreaktionen in ihrem Inneren erzeugen, und sie können auch berechnen, wieviel Licht ein normaler Stern während seiner Lebenszeit in den Weltraum abgeben kann. Der Vorrat an Kernbrennstoff ist begrenzt und damit auch die Energiemenge, die ein Stern – vor allem durch Umwandlung von Wasserstoff in Helium – erzeugen kann. Selbst wenn alle Sterne in allen Galaxien des bekannten Universums ihre Lebenszyklen abgeschlossen haben werden und verglimmende Gluthäufchen geworden sind, werden Weltraum und Nachthimmel weiter dunkel sein. Es steht nicht genügend Energie zur Verfügung, um so viel Licht zu erzeugen, daß der Nachthimmel davon hell würde. Die Beobachtung, daß die Nacht auf den Tag folgt, ist nicht deshalb merkwürdig, weil der Himmel dunkel ist, sondern weil er *überhaupt* helle Sterne enthält. Wie ist das Universum zu diesen (nach kosmologischen Maßstäben) kurzlebigen Leuchtfeuern in der Dunkelheit gekommen?

Mit aller Deutlichkeit führt uns das Licht der Sonne – unser Tageslicht – das Rätsel vor Augen. Diese Situation bedeutet ein Ungleichgewicht im Universum, eine örtliche Abweichung vom Gleichgewicht. Es gehört zu den Grundeigenschaften der Welt, daß alle Dinge nach Gleichgewicht streben. Wenn ich z. B. einen Eiswürfel in eine Tasse Kaffee werfe, kühlt sich die heiße Flüssigkeit ab, und das Eis schmilzt, während es sich erwärmt. Schließlich habe ich in der Tasse eine lauwarme Flüssigkeit, die überall dieselbe Temperatur aufweist – sie ist im Gleichgewicht. Nichts anderes strebt die Sonne an, die bei ihrer Entstehung eine große Energiemenge in einem kleinen Volumen enthielt: Sie gibt ihren Energievorrat ab, erwärmt dadurch das Universum (um einen winzigen Betrag) und wird schließlich zu kalter Schlacke, die sich im Gleichgewicht mit der Kälte des Weltraums befindet. Doch »schließlich« bedeutet bei einem Stern wie der Sonne eine Zeitspanne von einigen tausend Millionen, einigen Milliarden, Jahren. Während dieser Zeit kann auf unserem Planeten (und vermutlich auf zahllosen anderen Planeten, die zahllose andere Sterne umkreisen) Leben existieren, das sich den Energiefluß aus dem Weltraum zunutze macht.

Weil auf den Tag die Nacht folgt, wissen wir, daß es im Universum Regionen gestörten Gleichgewichts gibt. Wir wissen, daß sich das Universum verändert, weil der Himmel nicht dunkel wäre, wenn er sich immer in seinem heutigen Zustand befunden hätte. Das Universum in der uns bekannten Form hat einen Anfang und wird auch ein Ende haben. Aus dieser einfachen Beobachtung gewinnen wir also die Erkenntnis, daß es eine Zeitrichtung gibt: einen Pfeil, der zeigt, wie der Weg aus der kosmologischen Vergangenheit in die kosmologische Zukunft verläuft.

Zeit

Vergangenheit   Zukunft

Abb. 1.1: *Der Zeitpfeil*
In der alltäglichen Welt, in der die Dinge alt werden oder verschleißen, weist der Ablauf vieler Ereignisse nur eine Richtung auf. Doch wir müssen uns klarmachen, daß dieser Pfeil nur eine bestimmte Asymmetrie in der Welt bezeichnet, den Unterschied zwischen »Vergangenheit« und »Zukunft«. Er sagt uns nichts über das tiefere Geheimnis der Bewegung »durch« die Zeit.

Das höchste Gesetz

Alle diese Eigenschaften des Universums hängen mit dem »höchsten Naturgesetz« zusammen, wie es Arthur Eddington, ein bedeutender englischer Astronom der zwanziger und dreißiger Jahre unseres Jahrhunderts, nannte. Es ist der zweite Hauptsatz der Thermodynamik, und seine Entdeckung im 19. Jahrhundert verdankt man nicht astronomischen Studien des Universums, sondern praktischen Untersuchungen über den Wirkungsgrad jener Maschinen, die am Anfang der Industrialisierung eine so wichtige Rolle gespielt haben: der Dampfmaschinen.

Es mag merkwürdig erscheinen, daß ein so überaus wichtiges Naturgesetz erst an *zweiter* Stelle präsentiert wird; doch der erste Hauptsatz der Thermodynamik hat nur Einleitungscharakter und hält fest, daß Wärme eine Form von Energie ist, daß Arbeit und Wärme austauschbar sind und daß die Gesamtmenge der Energie in einem geschlossenen System stets erhalten bleibt (wenn unsere Tasse Kaffee beispielsweise vollkommen isoliert wäre, bliebe die Gesamtenergie in der Tasse gleich, obwohl sich das Eis erwärmen und der Kaffee abkühlen würde). Auch das war eine wichtige Erkenntnis für die Pioniere der industriellen Revolution, aber der zweite Hauptsatz ging weit darüber hinaus*.

---

* Später wurde von anderen Wissenschaftlern noch ein »nullter« Hauptsatz der Thermodynamik hinzugefügt, in dem Temperatur definiert wird. Ich komme hier mit dem alltäglichen Begriffsverständnis aus, nach dem Temperatur ein

15

Der zweite Hauptsatz läßt sich auf viele verschiedene Arten formulieren, aber sie haben alle mit den bereits beschriebenen Eigenschaften des Universums zu tun. Ein Stern wie die Sonne strahlt Wärme in die Kälte des Raumes ab; ein Eiswürfel in einer heißen Flüssigkeit schmilzt. Nie ist zu beobachten, daß sich in einer Tasse mit lauwarmem Kaffee spontan ein Eiswürfel bildet, während die restliche Flüssigkeit wärmer wird, obwohl die beiden Zustände – (Eiswürfel + heißer Kaffee) und (lauwarmer Kaffee) – exakt die gleiche Energiemenge enthalten. Wärme fließt *immer* vom wärmeren Objekt zum kälteren, nie vom kälteren zum wärmeren. Obwohl die Energiemenge erhalten bleibt, kann sich die Energieverteilung nur auf bestimmte und irreversible Weise verändern. Photonen (Lichtteilchen) tauchen nicht aus den Tiefen des Weltraums auf, um auf der Sonne so zusammenzutreffen, daß sie sich erwärmt und die Kernreaktionen in ihrem Inneren sich umkehren.

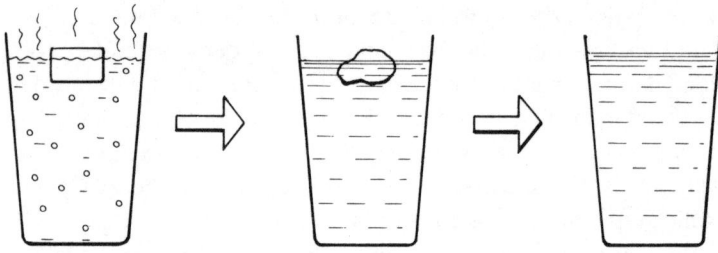

Abb. 1.2: *Wärme strebt immer nach Ausgleich. Wirft man einen Eiswürfel in ein Gefäß mit heißer Flüssigkeit, so schmilzt er, während die Flüssigkeit abkühlt.* Niemals *beobachten wir, daß sich Eiswürfel spontan aus kalter Flüssigkeit bilden, während sich die verbleibende Flüssigkeit aufwärmt. Dies ist der zweite Hauptsatz der Thermodynamik, der mit dem Zeitpfeil zu tun hat.*

Offensichtlich legt der zweite Hauptsatz der Thermodynamik, so formuliert, auch einen Zeitpfeil fest, und zwar den Zeitpfeil, der sich aus der Beobachtung des dunklen Nachthimmels ergibt.

(*Fortsetzung von S. 15*) Maß für Wärme ist. Der dritte Hauptsatz der Thermodynamik erläutert, warum sich Materie grundsätzlich nicht auf die allerniedrigste Temperatur, den absoluten Nullpunkt (etwas unter $-273\,°C$), abkühlen kann. – In unserem Zusammenhang (Evolution des Universums) ist von den vier Hauptsätzen der Thermodynamik nur der zweite wichtig.

Eine andere Definition des zweiten Hauptsatzes arbeitet mit dem Informationsbegriff: Wenn Dinge sich verändern, haben sie die natürliche Tendenz, an Ordnung und Struktur zu verlieren. Das System (Eiswürfel + heißer Kaffee) besitzt eine Struktur, die im System (lauwarmer Kaffee) verlorengegangen ist. In der Alltagssprache: Die Dinge werden alt und verschleißen. Wind und Wetter nagen am Stein und machen aus verlassenen Häusern Schutthaufen; niemals wirken sie so zusammen, daß sich aus Schutthaufen schmucke Ziegelbauten erheben. Diese Eigenschaft der Natur können Physiker mit dem Begriff der Entropie mathematisch beschreiben, den man sich am besten als ein *negatives* Maß der Information oder Komplexität vorstellt*. *Abnehmende* Ordnung in einem System entspricht *zunehmender* Entropie. Der zweite Hauptsatz besagt, daß in jedem geschlossenen System die Entropie stets *zunimmt* (oder bestenfalls gleichbleibt), während die Komplexität *abnimmt*.

Der Entropiebegriff liefert die sauberste und beste Version des zweiten Hauptsatzes, aber nur für den mathematischen Physiker. Der deutsche Physiker Rudolf Clausius, ein Pionier auf dem Gebiet der Thermodynamik, faßte 1865 den ersten und zweiten Hauptsatz so zusammen: Die Energie der Welt ist konstant; die Entropie der Welt nimmt zu. Wieder in unserer Alltagssprache: Von nichts kommt nichts – und das geht noch nicht einmal kostendeckend. Dies trifft die Sache sehr gut, weil uns die Entropie und der zweite Hauptsatz in gewisser Weise etwas über die Verfügbarkeit *nützlicher* Energie in der Welt mitteilen. Wie Peter Atkins in seinem ausgezeichneten Buch *The Second Law* darlegt, kann es eine»Energiekrise« in dem Sinn, daß wir die vorhandene Energie verbrauchten, schwerlich geben, weil Energie stets erhalten bleibt. Wenn wir Öl oder Kohle verbrennen, verwandeln wir nur eine (nützliche) Form von Energie in eine andere (weniger brauchbare, weniger konzentrierte). Dabei erhöhen wir die *Entropie* des Universums und vermindern die *Qualität* der Energie. In Wirklichkeit haben wir es also mit einer Entropiekrise zu tun.

---

* Der mathematische Physiker beschreibt Information oder Ordnung als negative Entropie oder»Negentropie«.

17

Das Leben scheint natürlich eine Ausnahme von der Regel zunehmender Entropie zu sein. Lebewesen – Pflanzen, Tiere, Menschen – nehmen einfache chemische Elemente und Verbindungen auf und formen sie zu komplexen, extrem geordneten Strukturen um. Doch dazu sind sie nur fähig, weil sie Energie verwenden, die, letztlich, von der Sonne kommt. Die Erde ist *kein* geschlossenes System – und schon gar nicht ist das irgendein auf ihr lebendes Einzelwesen. Die Sonne gibt ständig hochwertige Energie in den Weltraum ab; das Leben auf der Erde fängt einen Teil davon ein (auch Kohle und Öl sind gespeicherte Sonnenenergie, vor Jahrmillionen von Lebewesen aufgenommen) und verwandelt sie in Komplexität, wobei sie minderwertige Energie an das Universum zurückgibt. Die örtliche Entropieabnahme, die das Leben eines Menschen, einer Ameise oder einer Blume bedeutet, wird mehr als aufgewogen durch die ungeheure Entropiezunahme, welche die Sonnenaktivität bedeutet – jene Aktivität, die für die (lebensnotwendige) Energie sorgt. Betrachten wir das Sonnensystem als Ganzes, so nimmt die Entropie stets *zu*.

Dem gesamten Universum – das definitionsgemäß ein geschlossenes System sein muß – ergeht es nicht anders. Konzentrierte, »nützliche« Energie aus dem Inneren der Sterne wird nach außen abgegeben und in immer schwächerer Form im Raum verteilt, wo sie keinen Nutzen stiften kann. Es gibt einen Konflikt zwischen der *Schwerkraft* – sie hält die Sterne zusammen und liefert die Energie, die ihr Inneres so weit erwärmt, daß die Kernfusion beginnen kann – und der *Thermodynamik* – sie strebt in Übereinstimmung mit dem zweiten Hauptsatz nach einer gleichmäßigen Verteilung der Energie. Wie wir sehen werden, ist die Geschichte des Universums auch die Geschichte dieses Konflikts. Sollte eines Tages das ganze Universum eine gleichförmige Temperatur annehmen, dann kann es keine Veränderung mehr geben, weil kein Wärmefluß mehr von einem Ort zum anderen stattfinden wird. Damit wäre das Schicksal unseres Universums besiegelt – sofern es nicht genügend Materie besitzt, um im Punkt Omega zusammenzustürzen. Es gäbe keine Ordnung mehr im Universum, nur noch ein gleichförmiges Chaos, und Prozesse wie jener, der das Leben auf der Erde geschaffen hat, wären unmöglich. Seit dem

19. Jahrhundert beschwören viele Wissenschaftler diesen »Wärmetod« des Universums, ein Ende, das implizit in den Gesetzen der Thermodynamik enthalten ist.

Niemandem scheint recht bewußt geworden zu sein, daß die Veränderungen, die wir im Universum beobachten, auch auf eine Geburt zu einem bestimmten Zeitpunkt in der Vergangenheit schließen lassen, eine »Wärmegeburt«, auf die die heutigen Bedingungen des Ungleichgewichts zurückgehen. Und alle wären sicherlich höchst erstaunt gewesen zu erfahren, daß der »Wärmetod«, von ein paar nebensächlichen Einzelheiten abgesehen, bereits eingetreten ist.

Licht und Thermodynamik

Bei hoher Temperatur besitzt Energie eine niedrige Entropie und kann für Arbeit nutzbar gemacht werden. Bei niedriger Temperatur ist die Energie von hoher Entropie und für Arbeit kaum noch zu verwenden. Das leuchtet unmittelbar ein, weil Energie von wärmeren zu kälteren Objekten fließt und weil sich ohne große Mühe ein Objekt finden läßt, das kälter ist als beispielsweise die Oberfläche der Sonne. Folglich kann man dafür sorgen, daß Energie von der Sonne zum ausgesuchten Objekt fließt und dabei Arbeit verrichtet. Weit schwerer ist es dagegen, ein Objekt zu finden, das kälter ist als – sagen wir – ein Eiswürfel, um ihm Wärme zu entziehen und diese für Arbeit zu nutzen. Auf der Erde ist es sehr viel wahrscheinlicher, daß der Eiswürfel Wärme aufnimmt. Im Weltraum läge die Situation etwas anders, denn dort ist es viel kälter als auf der Erdoberfläche. Ein Eiswürfel von $0\,°C$ enthielte noch immer etwas nützliche Energie, die ihm entzogen und für Arbeit verwendet werden könnte. Allerdings gibt es eine Grenze, den absoluten Nullpunkt: $0\,K$ auf der Kelvinskala. Bei $0\,K$ weist ein Objekt überhaupt keine Wärmeenergie mehr auf*.

---

* Die thermodynamische Temperatur ist ein Maß für die Wärmeenergie, die ein Körper besitzt. Es gibt einen absoluten Nullpunkt der thermodynamischen Temperatur, gleichbedeutend mit dem Mindestmaß an Wärmeenergie, das ein Körper aufweisen kann. Es entspricht ungefähr $-273\,°C$. Die thermodynamische Temperatur wird in Kelvin-Einheiten – abgekürzt K (ohne Gradzeichen) – von

Selbst der Weltraum ist nicht 0 K kalt. Die Energie, die den Raum zwischen den Sternen erfüllt, liegt in Form von elektromagnetischer Strahlung oder Photonen vor. Man kann die Energie dieser Photonen als Temperatur beschreiben – das Sonnenlicht enthält energiereiche Photonen von hoher Temperatur, während die Wärmestrahlung etwa des menschlichen Körpers weniger Energie, d. h. kältere Photonen aufweist. Eine der größten Entdeckungen der Experimentalphysik gelang in den sechziger Jahren, als Radioastronomen eine schwache Strahlung auffingen, die gleichmäßig aus allen Richtungen des Raumes kommt und die sie »kosmische Hintergrundstrahlung« nannten. Dieses von unseren Radioteleskopen aufgefangene Rauschen wird durch ein Photonenmeer verursacht. Es besitzt eine Temperatur von lediglich 3 K und erstreckt sich, so nimmt man an, über das gesamte Universum.

Dies war die entscheidende Entdeckung, die die Kosmologen davon überzeugte, daß die Urknalltheorie eine gute Beschreibung des Universums liefert, in dem wir leben. Aus der Untersuchung entfernter Galaxien wußte man bereits, daß sich das Universum gegenwärtig ausdehnt – die Galaxienhaufen rücken immer weiter auseinander. Als man diesen Prozeß in einem Denkmodell rückwärts in der Zeit ablaufen ließ, kam man zu dem Ergebnis, das Universum müsse in einem superdichten, superheißen Zustand, dem Feuerball des Urknalls, entstanden sein. Allerdings fand diese Hypothese erst allgemeine Zustimmung, als die Hintergrundstrahlung entdeckt worden war, die man rasch als die Reststrahlung des Urknallfeuerballs selbst interpretierte *.

Gemäß dem heute gültigen Standardmodell von der Geburt des Universums füllte sich das Universum während des Urknalls mit sehr heißen Photonen, einem Ozean von äußerst energiereicher Strahlung. Als sich das Universum ausdehnte, kühlte diese Strahlung ab, genauso wie ein Gas kühler wird, wenn es sich in einem sehr großen, leeren Raum ausdehnen kann (das Grundprinzip,

---

(*Fortsetzung von S. 19*) diesem Nullpunkt aus gemessen. Eis schmilzt also bei 273 K, und Wasser kocht bei 373 K.
* Im Detail ist dies in meinem Buch *In Search of the Big Bang* erklärt.

nach dem Kühlschränke funktionieren). Wird ein Gas komprimiert, so erwärmt es sich – man kann das spüren, wenn man eine Fahrradpumpe betätigt. Bei Expansion kühlt ein Gas ab. Und die gleiche Regel gilt, wenn es sich bei dem »Gas« in Wirklichkeit um ein Photonenmeer handelt.

In der Feuerballphase des Urknalls erstrahlte der Himmel im ganzen Universum, doch die Expansion hat die Strahlung allmählich auf 3 K abgekühlt (der gleiche Expansionseffekt trägt zur Dämpfung des Sternenlichts bei, allerdings nicht weitgehend genug, um die Dunkelheit des Himmels für den Fall zu erklären, daß das Universum unendlich alt wäre). Die Menge alltäglicher Materie im Universum ist sehr gering und das Raumvolumen zwischen Sternen und Galaxien sehr groß. Es gibt weit mehr Photonen im Universum als Atome, und fast die gesamte Entropie des Universums ist in den kalten Photonen der Hintergrundstrahlung enthalten. Da diese Photonen sehr kalt sind, haben sie eine extrem hohe Entropie. Die relativ kleine Zahl von Photonen, die heute noch von Sternen hinzukommen, vermag sie nicht sonderlich zu erhöhen. Betrachten wir also den Weg vom kosmischen Feuerball des Urknalls zur kalten Dunkelheit unseres heutigen Nachthimmels, so dürfen wir mit Fug und Recht behaupten, der Wärmetod des Universums sei bereits eingetreten. Wir leben in einem Universum, das fast schon den Zustand maximaler Entropie erreicht hat, und die Enklave niedriger Entropie, welche die Sonne darstellt, ist alles andere als typisch.

Die Expansion des Universums stattet uns überdies mit einem Zeitpfeil aus, der noch immer in die gleiche Richtung zeigt – von der heißen Vergangenheit in die kalte Zukunft. Doch eines ist an all dem ziemlich merkwürdig: Zeitpfeil, Veränderung und Zerfall sind grundlegende Eigenschaften des großräumigen Universums und der alltäglichen Dinge, an die wir auf Erden gewöhnt sind – in den Verhältnissen, die die Physiker als die makroskopische Ebene bezeichnen. Wenn wir aber die Welt der sehr kleinen Dinge betrachten, der Atome und Teilchen (nach physikalischer Ausdrucksweise die mikroskopische Welt, obwohl in Wirklichkeit von Dingen die Rede ist, die so extrem klein sind, daß sie auch unter dem Mikroskop nicht mehr zu erkennen sind), lassen die physikalischen Gesetze kein Anzeichen für eine fundamentale Asymmetrie der Zeit erkennen. Die Gesetze sind in beiden Richtungen – vorwärts und rückwärts in der Zeit – gleichermaßen gültig. Wie läßt sich dies mit der offensichtlichen Tatsache vereinbaren, daß in der makroskopischen Welt die Zeit verstreicht, die Dinge verschleißen?

Das Große und das Kleine

Im wirklichen Leben verschleißen die Dinge, gibt es einen Zeitpfeil. Doch nach den grundlegenden Gesetzen der Physik, wie sie von Newton und seinen Nachfolgern entwickelt worden sind, besitzt die Natur kein inhärentes Zeitgefühl. Beispielsweise sind die Gleichungen, die die Bewegung der Erde in ihren Bahnen um die Sonne beschreiben, zeitsymmetrisch. Sie sind»rückwärts« ebenso gültig wie»vorwärts«. Stellen wir uns vor, wir schießen ein Raumschiff weit von der Erde fort in ein Gebiet oberhalb der Ebene, in der die Erde und die Planeten um die Sonne kreisen. Von dort aus nehmen wir einen Film auf, der zeigt, wie die Planeten sich um die Sonne bewegen, die Monde die Planeten umkreisen und alle diese Körper um ihre Achsen rotieren. Machte man einen solchen Film und ließe ihn im Vorführgerät rückwärts ablaufen, so sähe alles trotzdem völlig natürlich aus. Die Planeten und Monde beschrieben zwar ihre Umlaufbahnen in entgegengesetzter Richtung und drehten sich andersherum um ihre Achsen, doch es gibt kein physikalisches Gesetz, das das verbieten würde. Wie läßt sich dieser Umstand mit der Idee des Zeitpfeils vereinbaren?

Vielleicht wird das Problem deutlicher, wenn wir Beispiele verwenden, die näherliegen. Denken wir uns einen Tennisspieler, der auf einem Fleck steht und seinen Tennisball immer wieder von dem Schläger auf den Boden prallen läßt. Abermals filmen wir diesen Vorgang und lassen den Film rückwärts ablaufen: Wir bemerken nichts Außergewöhnliches. Das Aufprallen des Balles ist reversibel oder zeitsymmetrisch. Nun stellen wir uns aber denselben Tennisspieler vor, wie er etwa in seinem Garten ein Feuer macht: Zunächst nimmt er eine Zeitung, entfaltet einzelne Blätter, knüllt sie zusammen und wirft sie aufeinander. Der Haufen wird durch ein paar Holzscheite ergänzt und mit einem Streichholz entzündet. Würde man diese Szene filmen und rückwärts zeigen, sähe jeder Zuschauer sofort, daß etwas nicht stimmt. In der wirklichen Welt können wir niemals beobachten, daß sich Flammen aus der Luft Rauch und Gas holen, sie mit Asche zusammentun und daraus zusammengeknüllte Zeitungsblätter entstehen lassen, die dann von menschlichen Händen geglättet und zu einer Zeitung zusammengefaltet werden. Das Feuermachen ist irreversibel und asymmetrisch in der Zeit. Wo liegt dann aber der Unterschied zwischen diesem Prozeß und dem beschriebenen Aufprallen eines Tennisballs?

Ein wichtiger Unterschied ist der, daß wir im Szenario des aufprallenden Balles einfach nicht lange genug gewartet haben, um die unvermeidlichen Auswirkungen der zunehmenden Entropie zu erkennen. Lassen wir genügend Zeit verstreichen, wird der Tennisspieler schließlich an Altersschwäche sterben; schon lange davor wird der Tennisball verschlissen sein (und die rein biologischen Bedürfnisse des Tennisspielers – Essen und Trinken – habe ich noch nicht einmal berücksichtigt). Sogar das Beispiel der um die Sonne kreisenden Planeten ist im Grunde genommen nicht reversibel. Über einen extrem langen Zeitraum (Jahrmilliarden) würden sich die Planetenbahnen z. B. infolge von Gezeitenkräften verändern. So würde sich die Erdrotation verlangsamen, während sich der Mond immer weiter von der Erde entfernen würde. Ein Physiker mit extrem genauen Meßgeräten könnte diese Veränderungen auch während der relativ kurzen Zeitdauer unseres Films feststellen und aus ihnen die Existenz des Zeitpfeils ableiten. Der Zeitpfeil ist in der makroskopischen Welt *immer* gegenwärtig.

Wie steht es aber mit der mikroskopischen Welt? In der Schule haben wir gelernt, daß die Atome, aus denen alle Dinge der alltäglichen Welt bestehen, kleine harte Kugeln sind, die in *vollkommener* Übereinstimmung mit den Newtonschen Gesetzen umherfliegen und aneinanderstoßen. Weder die Gesetze der Mechanik noch die des Elektromagnetismus haben einen eingebauten Zeitpfeil. Physiker vergegenwärtigen sich dieses Problem gern, indem sie sich einen gasgefüllten Behälter vorstellen, denn unter solchen Bedingungen verhalten sich die Atome am ehesten wie kleine, voneinander abprallende Kugeln. Wenn zwei dieser Kugeln, die sich in unterschiedliche Richtungen bewegen, aufeinanderstoßen, prallen sie in neue Richtungen und mit veränderten Geschwindigkeiten davon, die sich nach den Newtonschen Gesetzen berechnen lassen. Wird die Zeitrichtung umgekehrt, gehorchen auch die umgekehrten Stöße den Newtonschen Gesetzen. Das wirft einige merkwürdige Probleme auf.

Eine Standardmethode zum Beweis des zweiten Hauptsatzes der Thermodynamik bedient sich des Gedankenexperiments eines Behälters, der durch eine Trennwand in zwei Hälften unterteilt ist. Nehmen wir an, die eine Hälfte sei mit Gas gefüllt, die andere leer. Wir wissen aus der täglichen Erfahrung, was geschehen wird: Entfernt man die Trennwand, so breitet sich das Gas aus der »gefüllten« Hälfte in den ganzen Behälter aus. Das System verliert an Ordnung, seine Temperatur sinkt, und die Entropie wächst. Wenn das Gas erst einmal diesen Zustand angenommen hat, versammelt es sich niemals wieder vollständig in der einen Hälfte, so daß wir die Trennwand erneut einziehen und die Ausgangssituation wiederherstellen könnten. Das würde nämlich einen Entropierückgang bedeuten. Aus unserer makroskopischen Erfahrung wissen wir, daß es keinen Zweck hat, bei dem Behälter auszuharren, die Trennwand in der Hand, und auf eine Gelegenheit zu warten, die gesamte Gasmenge wieder in der ursprünglichen Hälfte einzufangen.

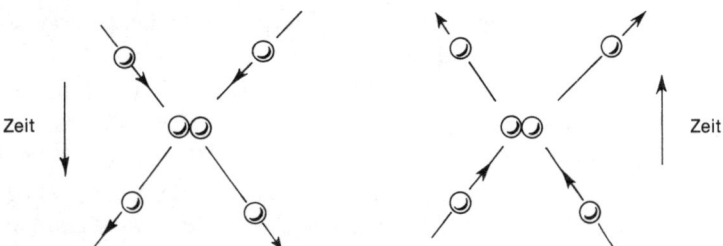

Abb. 1.3: *Da wir uns vorstellen, daß die Atome eines Gases den Newtonschen Bewegungsgesetzen gehorchen, wenn sie miteinander kollidieren und voneinander abprallen, scheinen sie keinen inhärenten Zeitpfeil zu besitzen. Das Bild wirkt nicht weniger plausibel, wenn wir den Zeitpfeil umkehren.*

Doch sehen wir uns die Dinge jetzt auf mikroskopischer Ebene an. Die Bahnen, die die Gasatome auf dem Weg aus der einen Hälfte des Gefäßes heraus zurücklegen, folgen alle den Newtonschen Gesetzen. Sämtliche Zusammenstöße, die die Atome dabei erleben, sind im Prinzip reversibel. Hätten wir einen Zauberstab, so könnten wir die Bewegung jedes einzelnen Atoms umkehren, nachdem sich das Gefäß gleichmäßig mit Gas gefüllt hätte. Würden sie dann nicht alle ihre Bahnen rückwärts durchlaufen, dorthin, woher sie gekommen sind, und sich wieder in die ursprüngliche Hälfte zurückziehen? Wie können Ereignisse, die auf mikroskopischer Ebene vollkommen reversibel sind, so zusammenwirken, daß auf makroskopischer Ebene der Eindruck von Irreversibilität entsteht?

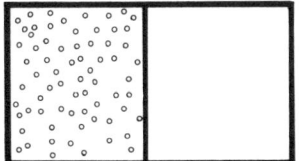 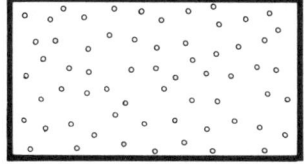

Abb. 1.4: *Betrachten wir aber das Verhalten einer großen Zahl von Atomen in einer gasgefüllten Schachtel, so können wir die Asymmetrie der Zeit leicht erkennen. Wird die Trennwand entfernt, breitet sich das Gas aus und füllt die ganze Schachtel. Ohne Schwierigkeit können wir angeben, welches Bild »vorher« und welches »nachher« ist. Dazu bedarf es keiner Beschriftung und keiner Pfeile. Das liegt daran, daß Newtons Gesetze uns nicht die ganze Wahrheit über die Stöße zwischen Atomen mitteilen.*

Dieser Sachverhalt läßt sich nun auch anders ausdrücken. Im 19. Jahrhundert wies der französische Physiker Henri Poincaré nach, daß ein solches »ideales« Gas, wenn es sich in einem Behälter befindet und seine Atome von den Wänden ohne Energieverlust abprallen, im Lauf der Zeit jeden möglichen Zustand annehmen muß, der sich mit dem Energieerhaltungssatz, dem ersten Hauptsatz der Thermodynamik, deckt. In der Schachtel muß früher oder später *jede* Anordnung von Atomen auftreten. Wenn wir lange genug warten, *müssen* sich die Atome, die sich zufällig in dem Gefäß umherbewegen, irgendwann alle in der einen Hälfte –

oder in jedem anderen erlaubten Zustand – befinden. Anders gesagt: Wenn wir lange genug warten, muß jedes System irgendwann zu seinem Ausgangspunkt zurückkehren.

Entscheidend ist der Begriff »lange genug«. Ein kleines Gefäß voller Gas mag etwa 10^{22} Atome (eine Eins mit 22 Nullen) enthalten. Die Zeit, die sie benötigten, um wieder ihren Anfangszustand anzunehmen, würde ein Vielfaches des Alters unseres Universums betragen. In der Regel weisen solche »Poincaréschen Wiederkehrzeiten«, wie man sie heute auch nennt, mehr Nullen auf als die Gesamtzahl der Sterne in allen bekannten Galaxien. Diese Zahlen sind so groß, daß es überhaupt keinen Unterschied macht, ob man in Sekunden, Stunden oder Jahren mißt. Sie bezeichnen die Wahrscheinlichkeit, die dagegen spricht, daß ein bestimmter Zustand zufällig in einer bestimmten Sekunde, einer bestimmten Stunde oder einem bestimmten Jahr eintritt, während man das gasgefüllte Gefäß beobachtet.

Das ist die »Standardlösung« für das Problem, wie eine Welt, die auf der mikroskopischen Ebene reversibel ist, auf der makroskopischen irreversibel sein kann. Die traditionelle Irreversibilität ist eine Illusion. Der Satz von der zunehmenden Entropie sei ein *statistisches* Gesetz, so heißt es. Danach wird eine Entropieabnahme nicht ausdrücklich ausgeschlossen, sondern für außerordentlich unwahrscheinlich erklärt. Wir müßten nach dieser Auffassung eine Tasse lauwarmen Kaffee nur lange genug beobachten, um zu sehen, wie sich spontan ein Eiswürfel bildet, während die umgebende Flüssigkeit wärmer wird*. Nur bedarf es, damit dieser Fall eintritt, so viel mehr Zeit, als das Universum alt ist, daß wir die Möglichkeit nach menschlichem Ermessen außer acht lassen können.

Die Auffassung, der Satz von der zunehmenden Entropie sei eine statistische Regel und kein unumstößliches Naturgesetz, ist, wie wir noch sehen werden, unlängst in Frage gestellt worden.

---

* Wenn das dem einen oder anderen Leser irgendwie bekannt vorkommen sollte, dann wahrscheinlich aus dem Buch *The Hitch Hiker's Guide to the Galaxy* von Doug Adams, wo der Verfasser das Wirken der »unendlichen Unwahrscheinlichkeit« beschreibt. Wissenschaftliche Theoriebildung kann ebenso merkwürdige Ergebnisse zeitigen wie die Phantasie von Science-fiction-Autoren.

Doch lange bevor diese Zweifel erhoben wurden, führte die Wahrscheinlichkeitsinterpretation zu einer der merkwürdigsten Theorien über den Ursprung des uns bekannten Universums und des Zeitpfeils – einer Theorie, die es bei aller Merkwürdigkeit wohl wert ist, daß wir uns noch einmal mit ihr beschäftigen (obwohl sie heute niemand mehr ernst nimmt).

Ein Universum bar aller Wahrscheinlichkeit

Der Gedanke, daß alle Zustände, die der erste Hauptsatz der Thermodynamik erlaubt, ständig wiederkehren, wenn wir nur lange genug warten, läßt sich schwer mit dem zweiten Hauptsatz vereinbaren, nach dem die Entropie ständig zunimmt und der Zeitpfeil nur eine Richtung kennt. Ludwig Boltzmann, 1844 in Wien geboren und einer der großen Theoretiker der Thermodynamik, fand eine Möglichkeit, die beiden Gesetze in Einklang zu bringen. Allerdings war man gezwungen, das »alltägliche« Verständnis des Zeitflusses aufzugeben und von der Idee eines Universums auszugehen, das unvorstellbar viel größer ist als alles, was wir sehen können*.

Poincaré hatte gezeigt, daß jedes geschlossene, dynamische System sich endlos wiederholen und jeden möglichen Zustand annehmen muß, wenn ihm genügend Zeit zur Verfügung steht. Das gilt nicht nur für gasgefüllte Gefäße, sondern für *jedes* System,

---

* Wie der Autor hier in einer Fußnote darlegt, folgt er einer Konvention des angelsächsischen Sprachraums, wenn er mit dem großgeschriebenen *Universe* die Welt der Sterne und Galaxien bezeichnet, die wir sehen können, während er mit dem kleingeschriebenen *universe* eine mehr oder minder spekulative Vorstellung theoretischer Physiker meint. Entsprechend bedeutet bei ihm *Galaxy* unser Milchstraßensystem, *galaxy* dagegen eine beliebige Galaxie im Universum. Im Deutschen mußte aus naheliegenden Gründen auf eine entsprechende Unterscheidung verzichtet werden. Deshalb wurde, wann immer möglich, das großgeschriebene *Universe* der Vorlage mit »unser Universum« wiedergegeben.
Im Deutschen wird ferner unser Milchstraßensystem als »Galaxis«, ein anderes Sternsystem als »Galaxie« bezeichnet. *Milchstraße* ist nur die Bezeichnung für das am Himmel sichtbare Band, welches das Milchstraßensystem (die Galaxis) erzeugt. (Anmerkungen des Übersetzers und von R. L.)

auch das Universum und unsere Milchstraße. In einem wirklich unendlichen Universum, das sich grenzenlos im Raum ausbreitet und dem ewige Dauer beschieden ist, muß alles, was nicht ausdrücklich von den physikalischen Gesetzen ausgeschlossen wird, irgendwo und irgendwann geschehen (oder vielmehr an unendlich vielen Orten und zu unendlich vielen Zeiten). Boltzmann vertrat die Auffassung, unser gesamtes sichtbares Universum sei nur ein kleiner Ausschnitt eines viel größeren Ganzen, ein Ausschnitt, in dem es zu einer jener seltenen, aber unvermeidlichen Fluktuationen gekommen sei, vergleichbar der Ansammlung aller Atome in dem einen Ende der Gasschachtel oder der Bildung des Eiswürfels in der Kaffeetasse, nur in ungleich größerem Maßstab.

Zu Boltzmanns Zeit verstand man unter »Universum« unser Milchstraßensystem. Erst im 20. Jahrhundert wurde den Astronomen ganz klar, daß unsere Galaxis mit ihren mehreren hundert Milliarden Sternen nur eine von vielen Milliarden Galaxien ist, die über die ungeheure Ausdehnung des Raumes verstreut sind. Doch das ändert nichts an dem Argument – es stattet Zahlen, die das menschliche Vorstellungsvermögen ohnehin weit übersteigen, nur mit ein paar zusätzlichen Nullen aus.

Das Argument lautet wie folgt: Nehmen wir an, das Universum sei unendlich viel größer als alles, was sich unseren Blicken darbietet, und es hätte im großen und ganzen einen Zustand thermischen Gleichgewichts mit maximaler Entropie angenommen. In Boltzmanns Worten:

>»Es müssen dann im Universum, das sonst überall im Wärmegleichgewichte, also tot ist, hier und da solche verhältnismäßig kleine Bezirke von der Ausdehnung unseres Sternenraumes (nennen wir sie Einzelwelten) vorkommen, die während der verhältnismäßig kurzen Zeit von Äonen, erheblich vom Wärmegleichgewicht abweichen.«*

Um die Beschreibung auf den neuesten Stand zu bringen, müssen wir nur statt »unseres Sternenraumes«»unser Universum« einset-

---

* Quelle: vgl. Fußnote auf S. 29.

zen. Boltzmann hat einfach erklärt, wir würden in einer Raumblase leben, in der eine kleine, lokale Abweichung vom Gleichgewicht stattgefunden habe. Jetzt kehre dieses Gebiet zum langfristigen und natürlichen Zustand des größeren Universums zurück. Der Zeitpfeil in einer solchen Blase von niedriger Entropie weise vom weniger wahrscheinlichen Zustand zum wahrscheinlicheren, d. h. in die Richtung zunehmender Entropie. Es gebe keinen Zeitpfeil, der für das ganze Universum gelte, sondern nur einen lokalen Zeitpfeil, zuständig für die Region, in der wir zufällig leben. Wie merkwürdig diese Deutung des Zeitpfeils ist (Boltzmann hat diesen Terminus noch nicht verwendet, denn er war damals noch nicht geprägt), läßt sich am besten anhand einer Skizze ersehen (Abb. 1.5), die deutlich macht, daß der Pfeil *überall* in der Blase mit niedriger Entropie in Richtung des höheren Entropiezustandes zeigt.

Nach dieser Auffassung ist das Universum, soweit wir es sehen können, ein außerordentlich unwahrscheinliches Ereignis, das jedoch in einem unendlichen Universum zwangsläufig eintreten müßte. Boltzmann erläutert auch, warum er diese Idee vorgeschlagen hat:

»Diese Methode scheint mir die einzige, wonach man den 2. Hauptsatz, den Wärmetod jeder Einzelwelt, ohne eine einseitige Änderung des ganzen Universums von einem bestimmten Anfangs- gegen einen schließlichen Endzustand denken kann.«*

Doch die Vorstellung einer einseitig gerichteten Veränderung, die Boltzmann verwarf, entspricht *genau* der Auffassung, die heutige Kosmologen vom Universum haben. Boltzmann wußte natürlich noch nichts von der Urknalltheorie und der kosmischen Hintergrundstrahlung. Damals »verstand es sich von selbst«, daß das Universum keinen bestimmten Anfang in der Zeit und kein be-

---

* Beide Boltzmann-Zitate sind dem Buch *Dialog mit der Natur* von Ilya Prigogine und Isabelle Stengers entnommen. Ursprünglich stammen sie aus Boltzmanns *Vorlesungen über Gastheorie*, Leipzig (J. A. Barth) 1912, S. 257.

stimmtes Ende hätte. Die meisten Kosmologen sind heute anderer Meinung. Die Idee, daß das Universum einen Anfang, eine bestimmte Lebensdauer und ein Ende habe, wird heute – zumindest als Möglichkeit – allgemein akzeptiert. Boltzmanns unwahrscheinliches Universum ist nur noch ein Kuriosum der Wissenschaftsgeschichte, das als Beschreibung der wirklichen Welt noch unwahrscheinlicher geworden ist, weil sich, wie wir gleich sehen werden, inzwischen ein neues Verständnis der Thermodynamik entwickelt hat. Doch Boltzmanns Auseinandersetzung mit dem Phänomen, das wir heute Zeitpfeil nennen, wirft ein interessantes Problem auf, das unsere Aufmerksamkeit durchaus verdient und das wir für den Rest dieses Buches im Gedächtnis behalten sollten.

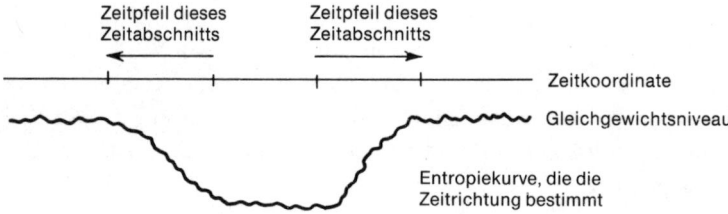

Abb. 1.5: *Wenn wir den Zeitpfeil als einen Indikator für die Richtung verstehen, in der die Entropie zunimmt, so ist denkbar, daß das uns bekannte Universum durch eine zufällige Entropiefluktuation entstanden ist. In diesem Fall wird der lokale »Zeitpfeil« in Richtung zunehmender Entropie zeigen, ganz gleich, wo sich ein Beobachter in der Region niedriger Entropie aufhält. Vielleicht ist der Zeitpfeil aber auch gar keine universelle Konstante.*

Es gibt einen grundlegenden Unterschied zwischen dem Begriff des Zeitpfeils, der in eine bestimmte Richtung weist, und dem subjektiven Eindruck eines Zeit*flusses*, der sich in eine bestimmte Richtung bewegt. Mit diesem Aspekt, der implizit schon in Boltzmanns Überlegungen berücksichtigt ist, hat sich in den letzten Jahren Paul Davies von der Universität Newcastle-upon-Tyne eingehender auseinandergesetzt. Auch er demonstriert seine Überlegungen an einem Film, ähnlich unserem fiktiven Streifen vom Feueranzünden. Nähme man einen solchen zeitasymmetrischen

Prozeß mit der Filmkamera auf, zerschnitte man den Film dann in seine Einzelbilder und mischte sie durcheinander, so könnte man sie – laut Davies – trotzdem wieder in die richtige Reihenfolge bringen, weil man sich nur an den Unterschieden zwischen den einzelnen Bildern zu orientieren hätte. Der Film müßte nicht »ablaufen«, die Zeit nicht verstreichen, damit die inhärente Asymmetrie zutage träte. Der Zeitfluß ist ein psychologisches Phänomen, das sich aus unserer Wechselwirkung mit einem zeitasymmetrischen Universum ergibt*.

Um diesen Gedanken zu verdeutlichen, benutzt Davies die Analogie mit der Kompaßnadel eines Schiffs auf See. Die Nadel zeigt stets zum magnetischen Nordpol und weist damit auf eine Asymmetrie hin. Das bedeutet indessen nicht, daß das Schiff stets nach Norden fährt. Es könnte sich direkt nach Süden wenden (oder in jede andere Himmelsrichtung), trotzdem wiese der Pfeil weiterhin nach Norden. Wir könnten unsere Kompaßnadeln auch so verändern, daß die Pfeile nach Süden wiesen. Sie wären ebenso brauchbar wie vorher, obwohl ihnen durch eine willkürliche Übereinkunft eine umgekehrte »Richtung« zugewiesen worden wäre. Natürlich liegt es nahe, die Richtung des Zeitpfeils als die Richtung zu definieren, in der wir den Zeitfluß wahrnehmen. Wir müssen aber im Gedächtnis behalten, daß Asymmetrie eine dem Universum innewohnende Eigenschaft ist, während unsere Wahrnehmung des Zeitflusses ein Phänomen ist, von dem niemand behaupten kann, er verstehe es. »Flösse« die Zeit nämlich rückwärts, würde dies nichts an der Asymmetrie und an der Gültigkeit der thermodynamischen Argumente ändern.

Das mag wie philosophische Haarspalterei klingen, doch merken wir uns diesen Gedanken; er wird uns später noch einmal beschäftigen. Zunächst aber wollen wir einen Blick auf die neueren thermodynamischen Ideen werfen, die die traditionellen Vorstellungen auf den Kopf stellen, Poincaré und Boltzmann den Boden unter den Füßen fortziehen und die These aufstellen, die Irreversibilität sei in Wahrheit eine grundlegende Eigenschaft unseres Universums, sobald man den Zeitpfeil definiert habe.

---

* Paul Davies in seinem Buch *Space and Time in the Modern Universe*.

Das irreversible Universum

Die neuen Ideen stammen größtenteils von Ilya Prigogine, der 1917 in Moskau geboren wurde und seit 1947 an der Freien Universität in Brüssel lehrt, in jüngster Zeit auch an der University of Texas in Austin. 1977 wurde er für seine Arbeiten über die Thermodynamik irreversibler Prozesse mit dem Nobelpreis für Chemie ausgezeichnet. Prigogines Gedanken warten allerdings noch darauf, in die Lehrbücher der Thermodynamik Eingang zu finden.

Prigogines Versuch, die makroskopische Irreversibilität mit der mikroskopischen Reversibilität zu vereinbaren, läßt sich – unter Hinzunahme einiger Ideen aus der Quantentheorie – anhand der Poincaréschen Wiederkehrzeit verstehen. Die Quantenphysik wurde in der ersten Hälfte des 20. Jahrhunderts entwickelt; sie beschreibt das Verhalten von Atomen und kleineren Teilchen besser als die älteren, klassischen Ideen des Elektromagnetismus und der Newtonschen Mechanik. Nur die Quantenphysik erlaubt dem modernen Wissenschaftler, die Funktionen von Atomen und die Wechselwirkungen zwischen Teilchen und elektromagnetischen Feldern zu verstehen. Wir brauchen uns hier nicht mit den Einzelheiten auseinanderzusetzen*, aber es gibt zwei wichtige Eigenschaften der Quantenphysik, die für die Thermodynamik unseres Universums eine Rolle spielen.

Der erste wichtige Aspekt besagt, daß die Gleichungen der Quantenphysik wie die der klassischen Physik zeitsymmetrisch sind. Es gibt in der Quantenphysik keinen inhärenten Zeitpfeil. Die Reaktionen oder Wechselwirkungen können, diesen Gleichungen zufolge, ebensogut »rückwärts« wie »vorwärts« ablaufen. Damit scheinen wir vor demselben Problem zu stehen wie Boltzmann mit seinem Konflikt zwischen der Reversibilität der Newtonschen Mechanik und dem Altern der wirklichen Welt. Doch die zweite markante Eigenschaft der neuen Physik eröffnet uns einen Ausweg aus dieser Klemme.

---

* Der interessierte Leser findet eine ausführliche Schilderung der Quantenrevolution in meinem Buch *Auf der Suche nach Schrödingers Katze* (vgl. Literaturhinweise S. 263 ff.).

Werner Heisenberg, dem wesentliche Beiträge zur Quantentheorie zu verdanken sind, entdeckte, daß die Gleichungen es verbieten, zur selben Zeit den Ort und den Impuls eines Teilchens genau zu messen. Es ist prinzipiell unmöglich, genau zu wissen, wo ein Teilchen ist *und* wohin es sich bewegt. Jede Eigenschaft *für sich* können wir so genau bestimmen, wie wir wollen, doch je genauer wir den Ort messen, desto weniger erfahren wir über den Impuls, und umgekehrt. Dieselbe Regel gilt übrigens auch für andere Paare, sogenannte »konjugierte Variable«, doch das interessiert im Augenblick nicht.

Als Heisenberg die Unschärferelation erstmals erläuterte, meinten viele, ihm gehe es um praktische Einschränkungen der menschlichen Beobachtungsfähigkeit. Sie glaubten, ein Elektron könne sich zwar an einem bestimmten Ort befinden und mit einer bestimmten Geschwindigkeit bewegen, aber es übersteige unsere Fähigkeit, beide gleichzeitig zu messen. Sogar heute noch ist diese Meinung weit verbreitet. Aber sie ist falsch. Der entscheidende Aspekt der Heisenbergschen Entdeckung – in mancher Hinsicht der entscheidende Aspekt der Quantenphysik überhaupt – ist der Gedanke, daß das Gebilde, welches wir »Elektron« nennen, *nicht gleichzeitig* einen genau definierten Ort *und* einen genau definierten Impuls besitzt. Es handelt sich um eine *inhärente* Unschärfe, eine besondere Eigenschaft unseres Universums, die nichts mit den Techniken oder anderen Aspekten menschlicher Experimentalphysik zu tun hat.

Das leuchtet dem gesunden Menschenverstand nicht unbedingt ein. Warum sollte es auch? Der gesunde Menschenverstand gründet sich auf unsere alltägliche Erfahrung mit Dingen, die dem menschlichen Maß entsprechen, und diesem Maßstab entzieht sich der Unschärfeeffekt, weil er viel zu klein ist. Wir haben keine Möglichkeit zu beurteilen, wie der »gesunde Menschenverstand« die Dinge in der Größenordnung von Atomen und Elektronen beurteilen würde, es sei denn mit Hilfe von Theorien, die vorhersagen, wie sich viele solche Teilchen unter bestimmten Umständen verhalten. Die Theorie, die die besten, genauesten und in sich schlüssigsten Vorhersagen macht, ist die Quantentheorie einschließlich der Unschärferelation. Tatsächlich haben wir damit nur die Spitze des Eisbergs, d. h. der Quantenmerkwürdigkeiten, im Blick, denn die einleuchtendste Interpretation der Quantentheorie besagt, daß es *gar keine* »Wirklichkeit« gibt, die der makroskopischen Welt zugrunde liegen und sie aufbauen soll. Das einzig Wirkliche seien die konkreten Ereignisse, die wir beobachten – der Ausschlag einer Nadel auf einer Anzeigetafel, wenn ein elektrischer Strom fließt, das Klicken des Geigerzählers, wenn geladene Teilchen seinen Detektor passieren, und so fort. Alles sei erst wirklich, wenn es beobachtet werde, sagt die Quantenphysik, und es sei sinnlos, sich auszumalen, was Atome und Elektronen »täten«, wenn sie nicht Gegenstand unserer Beobachtung seien.

Alle diese Ideen münden in Prigogines Version der Thermodynamik. Die Wirklichkeit, die wir beobachten, ist die makroskopische Welt mit ihrem inhärenten Zeitpfeil und ihrer Asymmetrie. Warum, so fragt Prigogine, sollen wir uns vorstellen, diese Welt baue sich in irgendeiner Weise aus dem Verhalten zahlloser winziger Teilchen auf, die sich nach absolut umkehrbaren, zeitsymmetrischen Verhaltensgesetzen richteten? Der zweite Hauptsatz der Thermodynamik, den man aus der makroskopischen Welt entwickelt habe, sei die grundlegende Wahrheit, ein *präzises* Gesetz, das unter allen Umständen gültig sei – keine statistische Daumenregel, die meistens und mehr oder weniger zutreffe. Für Prigogine ist das anscheinend zeitsymmetrische Verhalten kleiner Kugeln, die miteinander kollidieren, nur eine Annäherung an die Wirklichkeit. »Irreversibilität«, so sagt er, »ist entweder auf *allen* Ebenen wahr oder auf keiner. Sie kann nicht wie durch ein Wunder beim Übergang von einer Ebene zur anderen auftauchen.«*

Wir werden sehen, worum es ihm geht und welche konkrete Bedeutung die Quantenphysik für die Thermodynamik hat, wenn wir ein anderes Beispiel für ein geschlossenes System betrachten – eines jener Systeme also, die nach Poincaré zu ihren Ausgangsbedingungen zurückkehren müssen, sofern genug Zeit zur Verfügung steht. Abermals beginnen wir mit einem Gefäß voll Gas. Doch diesmal komplizieren wir die Verhältnisse etwas, indem wir

---

* Übersetzt aus: *Order out of Chaos*, S. 285. (Vgl. hierzu Literaturhinweise S. 265.)

auf dem Boden des Behälters eine sanft ansteigende Erhöhung anbringen, die völlig symmetrisch ist und einen abgerundeten »Gipfel« hat. Stellen wir uns vor, auf diesem Gipfel balanciere eine vollkommen runde Kugel, während das Gefäß wie gewöhnlich geschlossen ist, um sein Inneres vom Rest des Universums thermodynamisch zu isolieren. Was wird mit der Kugel geschehen? Natürlich rollt sie die Erhöhung hinab. Aber wohin? Die Richtung, welche die Kugel nimmt, und die ganze folgende Geschichte der Materie in dem Gefäß hängen von der Summe der winzigen Stöße ab, die die Gasatome der Kugel versetzen, wenn sie von ihr abprallen. Es wird zufällig ein winziger Druck in eine bestimmte Richtung entstehen, der die Kugel in Bewegung setzt. Nach Poincaré wird die Kugel irgendwann wieder an ihren Ausgangspunkt zurückkehren. Wenn sie von der Erhöhung herunterrollt, gibt sie an das Gas die Energie ab, die aus ihrem Fall, also letztlich der Schwerkraft, resultiert. Wenn wir lange genug warten (viele, viele Male länger, als unser Universum existiert!), wird der Zufall es so einrichten, daß die meisten Atome, die von der Kugel abprallen, sich in die gleiche Richtung bewegen und ihr einen kleinen Stoß versetzen – mit genau demselben Energiebetrag, den sie vorher an das Gas abgegeben hat –, so daß sie die Erhöhung wieder hinaufrollt, während das Gas abkühlt. Es wird andere Situationen geben, in denen die Kugel einen Stoß in die falsche Richtung erhält oder einen Stoß, der zu heftig oder zu schwach ist, um sie wieder die Erhöhung hinaufzubefördern und dort oben im Gleichgewicht verharren zu lassen. Doch nach einer hinlänglich ausgedehnten Zeitspanne wird eine Situation eintreten, in der der Stoß exakt so bemessen ist, daß die Kugel auf den Gipfel zurückrollt und dort im Gleichgewicht verharrt. Das System ist, wie vorhergesagt, in seinen Ausgangszustand zurückgekehrt. Oder nicht?

Wenn die Gasatome die Kugel auch nur um eine Winzigkeit anders anstoßen als beim erstenmal, da sie sich auf der Erhöhung befand, wird sie in eine andere Richtung davonrollen, so daß die ganze künftige Geschichte der kleinen Welt im Inneren des Behälters völlig anders verlaufen wird. Und es *muß* solche winzigen Unterschiede im Zusammenprall zwischen Atomen und Kugel geben, weil die Quantenunschärfe es nicht gestattet, *alle* Bedingungen der Atome präzis zu definieren. Selbst in diesem sehr einfachen Fall können wir uns die Kugel in einem so vollkommenen Gleichgewicht vorstellen, daß jede auch noch so winzige Veränderung der Bedingungen ihr künftiges Verhalten verändern wird. Unser Universum ist unvergleichlich komplizierter als die Welt in dem Behälter, und da man weiß, daß komplexe Systeme, die aus vielen Teilchen aufgebaut sind, in der Regel viel instabiler sind, wird eine winzige Veränderung der Ausgangsbedingungen tiefgreifenden Einfluß auf das künftige Verhalten des Systems haben.

Wem es leichter fällt, der kann sich diesen Sachverhalt auch an der Reversibilität der Atombewegungen in einem Behälter voll Gas vergegenwärtigen. Beim Gedanken an das System, in dem sich das Gas aus der einen Hälfte über das ganze Gefäß ausbreitet, ist leicht gesagt:»Man stelle sich vor, daß sich die Bewegung jedes Atoms gleichzeitig umkehrt.« Das Vorstellungsbild, das dadurch heraufbeschworen wird, ähnelt in etwa dem eines Billardtisches, auf dem die Kugeln plötzlich ihre Bahnen umkehren und wieder in ihre Ausgangspositionen zurückrollen. Wir bringen dieses Kunststück zwar nicht fertig, aber wir können es uns in der Tat vorstellen. Doch machen wir uns klar, was diese einfache Feststellung tatsächlich bedeutet: Die Position *jedes* Atoms muß genau bestimmt sein, und *gleichzeitig* muß auch seine Geschwindigkeit präzis ermittelt werden. Anschließend muß eine exakte Umkehrung erfolgen, während die Atome ihre Position nicht im mindesten verändern. Nun sagt uns aber die Quantenphysik, daß genau dies unmöglich ist: Kein Atom hat die beiden Merkmale (genaue Position und genaue Geschwindigkeit) zur gleichen Zeit. Nach unserem heutigen Verständnis der Naturgesetze ist es unmöglich, die Richtung aller Atome im Gas umzukehren – *prinzipiell* und nicht nur, weil unseren menschlichen Fähigkeiten Grenzen gesetzt sind*. Kein Zauber wäre mächtig genug, das Kunststück zu voll-

---

* Sogar Atome sind nach den Maßstäben der Quantenphysik noch ziemlich groß. Deshalb ist auf dieser Ebene der Effekt der Unschärferelation auch ziemlich gering. Doch das gleiche Argument läßt sich genauso auf der Ebene von Elektronen und Protonen anwenden, und daher gilt es ohne Einschränkung, wobei die winzigste Abweichung von der Vollkommenheit natürlich Unvollkommenheit bedeutet.

bringen. Abermals stellen wir also fest, daß ein System, welches reversibel zu sein scheint, in Wahrheit irreversibel ist.

Damit ist nur ein Aspekt von Prigogines Neufassung der Thermodynamik auf höchst einfache Weise wiedergegeben. Doch der Kern seiner Aussage ist unmißverständlich: Wir könnten jene lauwarme Tasse Kaffee *noch so lange* beobachten, *niemals* wird sie einen Eiswürfel spontan hervorbringen und sich erwärmen – wir könnten noch so lange bei dem gasgefüllten Gefäß ausharren, das Gas wird sich *niemals* in dessen einer Hälfte versammeln, so daß wir es in einem Zustand geringerer Entropie einzufangen vermöchten. Die Herrschaft des zweiten Hauptsatzes der Thermodynamik erstreckt sich über das ganze Universum und ist absolut.

Das sind schwierige Vorstellungen, die nicht gerade leichter zu verstehen sind, wenn man sie mit der quantentheoretischen Idee verknüpft, nach der die Natur keine grundlegende Wirklichkeit besitzt. Nach Prigogine ist Wirklichkeit nur in den irreversiblen Prozessen, die in der Welt vonstatten gehen – nicht im »Sein«, um es mit seinen eigenen Worten auszudrücken, sondern im »Werden«. Ich habe warnend darauf hingewiesen, daß in diesem Buch keine Fragen über die Beschaffenheit unseres Universums beantwortet, sondern nur neue aufgeworfen werden. Ist Prigogines Fassung der Thermodynamik besser als die traditionelle Standardversion? Bislang ist es weitgehend dem persönlichen Geschmack überlassen, an welche Fassung man sich hält. Doch Prigogine hat ein gewichtiges Argument auf seiner Seite, das mich veranlaßt, so lange seine Partei zu ergreifen, bis er widerlegt ist: Niemand hat bis zum heutigen Tag einen Verstoß gegen den zweiten Hauptsatz der Thermodynamik beobachten können. Bevor das nicht geschehen sein wird, halte ich es für das beste, den zweiten Hauptsatz als ein unumstößliches Naturgesetz anzusehen.

Für die Betrachtung des großräumigen Universums brauchen wir jedoch diese Frage im Moment nicht weiter zu erörtern. Wir leben ganz zweifellos in einer Region von wachsender Entropie, einer expandierenden Blase dunklen Raumes, die von wenigen hellen Lichtflecken gepunktet ist: den Sternen und Galaxien. Die Zeit, wie wir sie wahrnehmen, fließt in der Tat vom Urknall vorwärts zum Punkt Omega, dem Tod des Universums. Wie sich herausgestellt hat, hängt das endgültige Schicksal des Universums davon ab, wieviel Materie es enthält, nicht nur in Gestalt der hellen Sterne, sondern auch als dunkle Materie zwischen den Sternen und Galaxien. Aber dieses Schicksal wird auch von der Frage bestimmt, wie das Universum zu dem wurde, was es heute ist – und gegenwärtig ist der »beste Tip« unter den kosmologischen Theorien himmelweit von der Boltzmannschen Vision eines gigantischen Poincaréschen Kreislaufs entfernt.

2. KAPITEL
Das Universum in der Nußschale

Um die Zukunft zu erkennen, müssen wir die Vergangenheit verstehen. Um das Universum zu begreifen, in dem wir leben, und um eine leidliche Vorstellung von seinem vermutlichen Schicksal zu gewinnen, müssen wir uns – so gut wir können – klarmachen, woher es kommt und wie es zu dem wurde, was es heute ist. Dabei äußern sich Kosmologen sehr viel bereitwilliger über die Entstehung unseres Universums als über sein weiteres Schicksal. Während sich niemand ganz sicher ist, wie das Universum eines Tages enden wird, gibt es unter Astronomen kaum Zweifel, daß es in einem heißen, dichten Zustand begonnen hat und sich von da an in ständiger Ausdehnung befindet – seit ungefähr 15 Milliarden Jahren.

Das Urknall-Modell ist inzwischen so bekannt, daß kaum noch jemandem bewußt wird, welchen Einschnitt diese Theorie für das menschliche Denken bedeutet. Sie zählt zu den größten wissenschaftlichen Leistungen nicht nur unseres Jahrhunderts, sondern der gesamten Geistesgeschichte, und sie befähigt die heutigen Astronomen, mit Hilfe einer detaillierten, im wesentlichen vollständigen und schlüssigen Theorie – eben eines Modells – zu beschreiben, wie unser Universum vor etwa 15 Milliarden Jahren in einem Feuerball glühendheißer Strahlung entstand und wie aus diesem expandierenden Feuerball ein kaltes, dunkles Universum wurde, gesprenkelt mit Inselchen des Lichts und des Lebens – den aus Sternen bestehenden Galaxien, zu denen auch unser Milchstraßensystem gehört. Kluge Kosmologen behaupten nie, irgendeine letzte Wahrheit gefunden zu haben. Deshalb bezeichnen sie ihre Überlegungen zum Urknall lediglich als »Standardmodell« und legen Wert auf die Einschränkung, daß sie – weil sie nicht das gesamte Universum beobachten können – ihre Theorien niemals auf eine so feste Erfahrungsgrundlage zu stützen vermögen, wie sie etwa Newtons Gravitationsgesetz hier auf der Erde dank der Beobachtung fallender Körper zur Verfügung steht. Sie haben natürlich recht, solche Vorbehalte zu machen, doch nach menschlichem Ermessen ist am Standardmodell nicht zu deuteln. Es ist die beste und zuverlässigste Vorstellung von der Entstehung der Welt, die die Menschheit jemals gehabt hat. Ich werde mich also in diesem Buch, und speziell in diesem Kapitel, mit dem Standardmodell beschäftigen – das, wie meine Freunde unter den Kosmologen betonen würden, lediglich ein Modell und vielleicht nicht die endgültige Wahrheit ist. Trotzdem werde ich so tun, als liefere es eine vollständige Beschreibung des wirklichen Universums, und von »Universum« sprechen, wenn ich genaugenommen »Modell« sagen müßte. Das Standardmodell *ist* nun einmal die beste Beschreibung des Universums, deshalb sei mir die kleine literarische Freiheit gestattet *.

Der Maßstab des Universums

Zunächst einmal müssen wir eine Vorstellung von der Größe des Universums gewinnen. Unser Universum ist gewaltig – weit größer in Zeit und Raum als alles, was menschlicher Erfahrung zugänglich ist. Entfernungen innerhalb unserer Galaxis lassen sich ganz gut durch die Zeit angeben, die das Licht benötigt, um sie zurückzulegen. Das Licht bewegt sich mit einer konstanten Geschwindigkeit von rd. 30 Milliarden Zentimetern pro Sekunde durch den Raum – gut einer Milliarde Kilometern in der Stunde. Selbst bei dieser Geschwindigkeit benötigt es noch mehr als vier Jahre, um die Entfernung zwischen uns und dem nächstgelegenen Stern zurückzulegen. Man sagt deshalb, dieser Stern, Alpha Centauri, sei 4,3 Lichtjahre entfernt. Ein Lichtjahr ist ein Maß der Entfernung, nicht der Zeit – der Entfernung, die in einem Jahr vom Licht zurückgelegt wird. Nach diesem Maß ist unser Milchstraßensystem, die Galaxis, eine abgeflachte Sternscheibe mit

---

* Sicherlich wird der Stoff dieses Kapitels manchen Lesern bekannt vorkommen, vor allem jenen, die meine früheren Bücher kennen. Wer über das Standardmodell des Urknalls hinreichend unterrichtet zu sein glaubt, mag sich daher ohne weiteres gleich dem 3. Kapitel zuwenden – falls ein kurzer Wiederholungskurs in Sachen Kosmologie nicht sogar willkommen ist.

einem Durchmesser von ungefähr 100000 Lichtjahren und einer Dicke von 2000 Lichtjahren, eingebettet in eine kugelförmige »Wolke«, den galaktischen Halo, mit einem Durchmesser von 500000 Lichtjahren. (Möglicherweise gehört, wie wir noch sehen werden, zur Galaxis mehr als nur leuchtende Sterne.) Astronomen haben die Helligkeit einzelner Sterne in den nächstgelegenen Galaxien gemessen und konnten auf diese Weise deren Entfernungen bestimmen. Der Andromedanebel, auch unter der Bezeichnung M 31 bekannt, ist für das menschliche Auge gerade noch als blasser Lichtfleck im Sternbild Andromeda zu erkennen; von allen mit bloßem Auge sichtbaren Himmelsobjekten ist diese Galaxie am weitesten entfernt, mehr als zwei Millionen Lichtjahre. Wir sehen sie heute in dem Licht, das vor zwei Millionen Jahren die betreffende Galaxie verlassen hat – das war, als unsere Vorfahren bereits zur Gattung *Homo* gehörten, vom *Homo sapiens* aber noch zwei Stufen entfernt waren.

Indes, für Kosmologen ist der Andromedanebel ein so naher Nachbar, daß uns sein Verhalten keine Auskunft darüber gibt, wie das Universum zu dem geworden ist, was es heute ist. Um diesen Geheimnissen auf den Grund zu kommen, müssen sie viel weiter in den Weltraum hinausblicken, was infolge der Zeit, die das Licht braucht, um uns zu erreichen, ein Blick zurück in die Vergangenheit ist. Dabei werden noch Galaxien erfaßt, die viele Millionen Lichtjahre entfernt sind. Entscheidendes Ergebnis dieser Untersuchungen war die Entdeckung, daß sich jede Galaxiengruppe des Universums von jeder anderen entfernt: Das Universum als Ganzes expandiert.

Dieser Sachverhalt wurde in den zwanziger Jahren von dem amerikanischen Astronomen Edwin Hubble enthüllt. Hubble und seine Mitarbeiter hatten festgestellt, daß die Expansion des Universums einem einfachen Gesetz folgt: Die Geschwindigkeit, mit der zwei Galaxiengruppen auseinanderrücken, ist der Entfernung zwischen ihnen proportional. Dies wird als Hubblesches Gesetz bezeichnet und gewöhnlich aus irdischer Sicht angegeben: Die Fluchtbewegung einer fernen Galaxie *von uns weg* ist der Entfernung von uns proportional. Tatsächlich aber ist es ein universelles Gesetz, das für jedes Paar von Galaxien gilt, die nicht derselben

Gruppe oder demselben Haufen angehören – die Erde genießt keine Sonderstellung im expandierenden Universum.

Hubble verdankte seine Entdeckung einer Reihe von Messungen, die Schritt um Schritt weiter in das Universum hinausgriffen. Die Helligkeit einzelner Sterne in anderen Galaxien läßt sich nur bei unseren näheren Nachbarn im Universum messen, denn nur dort kann man mit Hilfe großer Teleskope individuelle Objekte unterscheiden (auflösen). Besonders gut eignet sich dazu ein bestimmter Sternentyp, die sogenannten Delta-Cephei-Sterne (klassisch *Cepheiden*), denn diese weisen regelmäßige Helligkeitsschwankungen auf, die den Astronomen Aufschluß über die tatsächliche Helligkeit geben. Das Verfahren läßt sich mit dem Versuch vergleichen, die Entfernung einer 100-Watt-Glühlampe zu messen, indem man ihre scheinbare Helligkeit mißt und errechnet, inwieweit ihre tatsächliche Helligkeit durch die Entfernung beeinträchtigt wird. Immerhin genügte das Verfahren, um den Astronomen die ersten Schritte über unser Milchstraßensystem hinaus zu ermöglichen. Für die weiteren Schritte brauchte man andere Kunstgriffe – etwa Helligkeitsschätzungen von Sternhaufen oder ganzen Galaxien. Auf dieser Grundlage konnte Hubble seine berühmte Rotverschiebung-Abstand-Beziehung vorschlagen.

Wenn sich ein Objekt von uns fortbewegt, wird das von ihm ausgesandte Licht auf dem Weg zu uns gestreckt. Das verlängert die Wellenlänge des Lichts, was auf das Spektrum des sichtbaren Lichts bezogen heißt, daß sich die Wellenlänge zum roten Ende des Spektrums verschiebt. In ähnlicher Weise wird das Licht, das ein auf uns zukommendes Objekt aussendet, durch die Bewegung zusammengedrängt, zu den kürzeren Wellenlängen bewegt, also einer Blauverschiebung unterworfen. Natürlich müssen sich die Objekte schon mit einem beträchtlichen Prozentteil der Lichtgeschwindigkeit bewegen, damit der Effekt feststellbar wird – obwohl es prinzipiell auch bei alltäglichen Objekten, die sich auf der Erde umherbewegen, zu winzigen Rot- oder Blauverschiebungen kommt. Doch sie sind, selbst wenn es sich bei dem bewegten Objekt um eine *Concorde* handelt, viel zu gering, als daß unser Auge sie registrieren könnte. (Beim Schall verhält es sich anders. Die

Schallgeschwindigkeit ist sehr viel geringer als die Lichtgeschwindigkeit, nur ein paar hundert Kilometer in der Stunde, so daß sich auch alltägliche Objekte mit einem erheblichen Prozentteil der Schallgeschwindigkeit bewegen. Aus diesem Grund sind unsere Ohren durchaus in der Lage, das Gegenstück zur Rot- oder Blauverschiebung im Geräusch eines in Bewegung befindlichen Objekts wahrzunehmen. Man nennt das die Doppler-Verschiebung, die beispielsweise erklärt, warum uns das Pfeifen eines Zugs tiefer erscheint, wenn er von uns fortfährt.)

Hubble und Mitarbeiter fanden heraus, daß mit Ausnahme unserer nächsten kosmischen Nachbarn das Licht aller Galaxien rotverschoben ist, daß sie sich also von uns (und natürlich auch voneinander) fortbewegen. Soweit Entfernungsschätzungen möglich sind, ist die Rotverschiebung jedes Sternsystems proportional zur Entfernung von uns. Da die Rotverschiebung andererseits auch der Fluchtgeschwindigkeit proportional ist, ergibt sich das Hubblesche Gesetz, nach dem diese zur Entfernung proportional ist – ein Eckpfeiler der modernen Kosmologie.

Das expandierende Universum

Die Erde hat keine Sonderstellung im Universum inne, obwohl von unserem Blickpunkt aus die fernen Galaxien gleichmäßig zurückweichen, als bewegten sie sich von uns fort. Das Hubblesche Gesetz erweist sich als die einzige Beziehung zwischen Rotverschiebung und Abstand, bei der sich von jeder Galaxie unseres Universums derselbe Anblick böte. Stellen wir uns einen Luftballon vor, der mit Farbflecken übersät ist und langsam aufgeblasen wird. Jeder Farbfleck bewegt sich von jedem anderen fort. Es läßt sich mathematisch beweisen, daß ein imaginärer»Beobachter«, der auf einem dieser Farbflecken säße, die anderen Flecken entsprechend dem Hubbleschen Gesetz zurückweichen sähe – weiter entfernte Flecken in rascherer Flucht begriffen als die näheren. Wenn ein Farbfleck anfangs doppelt so weit von dem Beobachter entfernt ist wie ein anderer Fleck, dann hat sich zu dem Zeitpunkt, da der nähere Fleck den Abstand zum Beobachter verdoppelt hat, auch der Abstand des weiter entfernten Farbflecks verdoppelt, so daß sich dieser mit der zweifachen Geschwindigkeit bewegt zu haben scheint. Ganz gleich, welchen Farbfleck man als Blickpunkt wählt, es bietet sich dasselbe Bild. Ebenso böte sich in unserem Universum von jeder Galaxie aus derselbe Anblick.

Die Galaxien bewegen sich nicht »durch den Raum«, genausowenig wie sich die Farbflecken durch die Haut des Luftballons bewegen. Wie der Ballon dehnt sich auch der leere Raum aus (der, wie wir seit Einstein wissen, eine konkrete Sache ist und den Gesetzen der allgemeinen Relativitätstheorie gehorcht), wobei er die Galaxien mit sich führt. Diese Ausdehnungsbewegung im Raum besitzt keinen Mittelpunkt, sondern läßt nur darauf schließen, daß das Universum einen Anfang in der Zeit gehabt haben muß – einen Schöpfungsaugenblick.

Wenn sich die Galaxien mit der Expansion des leeren Raumes ständig voneinander fort bewegen, dann müssen sie vor langer Zeit sehr viel dichter zusammengelegen haben. Bei größerer Dichte wäre das Universum wärmer gewesen – aus denselben einleuchtenden thermodynamischen Gründen, aus denen eine Fahrradpumpe sich erwärmt, wenn man mit ihr Luft in einen Fahrradschlauch pumpt. Wenn wir in der Zeit weit genug zurückgehen, müssen die Galaxien zu einem amorphen Klumpen zusammengepreßt gewesen sein, einer Riesenkugel aus Sternenmaterial, so heiß wie die Sonne heute. Und davor? Nach allgemeiner kosmologischer Überzeugung läßt sich diese Analogie bis zu einem Zeitpunkt in der Vergangenheit führen, da sich unser Universum – vor dem Urknall – in einem extrem heißen und extrem dichten Zustand befunden hat. Die Kosmologen messen, wie schnell sich die Galaxien heute voneinander entfernen, rechnen diese Bewegung zurück und kommen so zu dem Ergebnis, daß seit dem Urknall ungefähr 15 Milliarden Jahre vergangen sind. Nach manchen Schätzungen sind es nur 10 Milliarden Jahre, nach anderen 20 Milliarden. Die Gründe für diese Unterschiede sind nicht unwichtig; ich komme später auf sie zu sprechen. Doch die Expansion des Universums sagt uns, daß es einen Anfang gegeben *hat*, und dies ist im Augenblick der wichtigere Gesichtspunkt.

Der Urknall

Einige Physiker sind heute der Überzeugung, sie könnten das Universum und seinen extrem heißen und dichten Zustand im Augenblick der Schöpfung selbst erklären. Diese Ideen haben auch mit dem endgültigen Schicksal des Universums zu tun. Deshalb werde ich mich im nächsten Kapitel mit ihnen beschäftigen. Doch das Standardmodell des Urknalls, das Mitte der sechziger Jahre entwickelt wurde und deshalb nach dem Maßstab kosmologischer Theoriebildung als sehr alt und ehrwürdig zu gelten hat (immerhin weiß man von der Expansion des Universums erst seit sechzig Jahren), behandelt Ereignisse, die einen Sekundenbruchteil nach dem Schöpfungsaugenblick stattgefunden haben – also nach dem Beginn der Zeit, da das Universum, nimmt man die Konsequenzen der Expansion ernst, bei unendlicher Dichte und Temperatur nur einen einzigen mathematischen Punkt des Raum-Zeit-Kontinuums eingenommen hat.

Bereits eine Zehntausendstelsekunde nach dem Schöpfungsaugenblick hatte sich das Universum auf 10^{12} K (eine Billion K) abgekühlt. Die Dichte entsprach etwa der eines heutigen Atomkerns, und die damals herrschenden Bedingungen lassen sich ohne Schwierigkeiten mit den physikalischen Gesetzen beschreiben, die heute überall bei der Arbeit mit Atomkernen und Elementarteilchen zur Anwendung kommen. Das Standardmodell des Urknalls bringt uns »nur« bis auf diese Zehntausendstelsekunde (10^{-4} sec) an den Schöpfungsaugenblick heran, beschreibt von da an aber alles, was geschehen ist, in sämtlichen Einzelheiten.

Es gibt ein paar Rätsel um die Ereignisse, die in den ersten Sekundenbruchteilen stattgefunden haben, obwohl auch sie von den neuesten kosmologischen Modellen allmählich aufgeklärt werden. Am rätselhaftesten ist der Umstand, daß unser Universum anfangs überhaupt keine Materie enthielt. Bei den sehr hohen Temperaturen, die in der ersten Zehntausendstelsekunde herrschten, war der stabile Zustand der Energie Strahlung in Form extrem energiereicher Photonen. In thermodynamischem Gleichgewicht kann ein solches Meer von heißen Photonen entsprechend der Einsteinschen Gleichung $E = mc^2$ ständig Teilchen hervorbringen, wie sie normale Materie enthält. Ein Photon mit der Energie E kann sich in ein Teilchenpaar verwandeln, das gemäß der Gleichung die Masse m besitzt, und diese beiden Teilchen können wiederum durch ihre Verbindung eine erneute Strahlung mit der Energie E erzeugen. Da c für die Lichtgeschwindigkeit steht und c^2 eine sehr große Zahl ist, wird eine enorme Energiemenge benötigt, um auch nur ein so bescheidenes Teilchen wie ein Elektron zu erzeugen. Anders ausgedrückt: Die Strahlung muß sehr heiß sein – und deshalb ist der Vorgang heute selten. Doch in den ersten Sekundenbruchteilen unseres Universums waren Photonen und Teilchen austauschbar. Erst als das Universum abkühlte, wurden diese Reaktionen unmöglich. Mit der Expansion »gefror« die gegenwärtige Materiemenge.

Wie kam es dazu? Ich habe gesagt, daß ein Photon in ein Teilchenpaar verwandelt werden kann und umgekehrt. Doch nicht in ein beliebiges Paar von Teilchen – ganz abgesehen von der Notwendigkeit, daß Energie und Masse im Gleichgewicht bleiben. Ich hätte sagen sollen, ein Photon kann in ein Teilchen und das entsprechende Antiteilchen verwandelt werden. Jedes normale Materieteilchen, z. B. ein Elektron, hat nämlich ein spiegelbildliches Gegenstück: im Fall des Elektrons das Antielektron (oder Positron). Antiteilchen sind in vielerlei Hinsicht das Gegenteil ihrer Entsprechungen. So ist die elektrische Ladung eines Positrons genauso groß wie die des Elektrons, nur daß sie positiv ist statt negativ – daher auch der Name. Treffen ein Teilchen und sein Antiteilchen aufeinander, vernichten sie sich gemäß der Formel $E = mc^2$ in einem Strahlenausbruch.

Dieselben Gesetze gelten auch für Teilchen mit größerer Masse. Besonders wichtig sind in der heutigen Welt die Neutronen und Protonen, die zur Familie der Baryonen gehören und der Stoff sind, aus dem die Atomkerne gemacht sind. Die materielle Welt – die Masse der sichtbaren Sterne und alle hellen Galaxien des Universums – bestehen aus Elektronen, Protonen und Neutronen. Doch warum gibt es sie überhaupt?

Der Reaktionsfluß, der Strahlung in Teilchen-Antiteilchen-Paare verwandelt und diese wiederum in Strahlung, ist, wie erwähnt, symmetrisch. Das Universum ist, so meinen wir, in einem

Feuerball von Strahlung entstanden, und als es jung und heiß gewesen ist, da hat seine Strahlung Neutronen, Protonen und Elektronen jeweils mit den entsprechenden Antiteilchen erzeugen können. Dann ist es so weit abgekühlt, daß auf diese Weise keine Baryonen mehr entstehen konnten (was nach einer Zehntausendstelsekunde der Fall gewesen sein müßte). Warum haben sich dann aber nicht alle Baryonen und Antibaryonen gegenseitig vernichtet und im expandierenden Universum nichts zurückgelassen als abkühlende Strahlung? Das war ja auch weitgehend der Fall – aber eben nicht ganz. Die Gründe dafür haben Physikern und Kosmologen jahrelang Kopfzerbrechen bereitet. Die neuesten physikalischen Theorien lassen indessen vermuten, daß den Naturgesetzen ein winziges Ungleichgewicht innewohnt, dem es zu verdanken ist, daß in den ersten Momenten nach dem Schöpfungsaugenblick etwas mehr Baryonen als Antibaryonen erzeugt wurden und daß sich dieses Überschußverhältnis exakt bei den Elektronen und Positronen wiederholt hat. Es gab im Feuerball für jeweils 1 000 000 001 Baryonen nur 1 000 000 000 Antibaryonen, für jeweils 1 000 000 001 Elektronen nur 1 000 000 000 Positronen. So ein kleines Ungleichgewicht spielte kaum eine Rolle, bis das Universum abkühlte und keine Teilchen mehr aus Photonen entstanden. Da bekam es entscheidende Bedeutung.

Diese Theorien geben bisher nur ungefähre Anhaltspunkte; es bleiben noch viele Einzelheiten zu klären. Tatsache ist jedoch, daß das Universum nach diesen allerersten Augenblicken ein winziges Mehr an Materie im Vergleich zur Antimaterie aufwies. Wie gering dieser Überschuß war, ergibt sich aus dem Vergleich zwischen der Zahl der Baryonen (Protonen und Neutronen), die sich nach Schätzung von Fachleuten in allen sichtbaren Sternen und Galaxien befinden, und der Photonenzahl in der kosmischen Hintergrundstrahlung, d. h. der rotverschobenen Hinterlassenschaft des Urknallfeuerballs, die den gesamten leeren Raum zwischen den Galaxien füllt. Gemessen an der Temperatur der heutigen Hintergrundstrahlung muß es für jedes Baryon im sichtbaren Universum rund eine Milliarde Photonen geben. Das zeigt, wie winzig die Unregelmäßigkeit der Naturgesetze ist: Einer Abweichung von eins pro einer Milliarde verdanken wir es, daß wir hier sind und nach dem Ursprung des Universums fragen können. Die genaue Zahl, eine Milliarde Photonen pro Baryon, erweist sich als bedeutsam für den Fortgang des Prozesses, d. h. die weitere Abkühlung des Feuerballs in den Sekunden und Minuten nach der ersten Zehntausendstelsekunde. Möglicherweise spielt dieses Verhältnis auch eine Rolle für das endgültige Schicksal des Universums (doch davon später; hier und jetzt lassen sich all diese Prozesse nur andeuten).

Sobald die winzigen Materiemengen in Form von Neutronen und Protonen aus dem abkühlenden Universum ausgefällt waren – während die Strahlung fortdauerte, um von uns schließlich als schwache elektromagnetische Strahlung mit einer Temperatur von knapp 3 K entdeckt zu werden –, konnte die Kernphysik beginnen. Alle Atome bestehen aus relativ kleinen, sehr dichten Kernen, die aus Protonen und Neutronen zusammengesetzt sind. Jedes Proton trägt eine positive Ladungseinheit. Neutronen sind, wie ihr Name schon sagt, elektrisch neutral. Die Zahl der positiv geladenen Protonen in jedem Atomkern wird exakt ausgeglichen durch die Zahl der negativ geladenen Elektronen, die den Kern in einer Wolke von weit größerem Durchmesser umgeben. Ein einziges Proton bildet den Kern des leichtesten Elements, des Wasserstoffs. In einem Wasserstoffatom ist ein Proton mit einem Elektron verbunden. Es gibt noch eine weitere Form des Wasserstoffs, schwerer Wasserstoff oder Deuterium genannt, wo ein Proton und ein Neutron den Kern bilden; in der Hülle ist aber auch hier nur ein einziges Elektron vorhanden*. Eine Stufe höher in der Komplexitätsskala folgt Helium, das zweitleichteste Element, mit zwei Protonen im Kern und zwei Elektronen in der Wolke außerhalb des Kerns. Eine Spielart des Heliums, Helium–3, hat ein Neutron im Kern (der also drei Teilchen enthält, daher der Name). Der Kern des Helium–4 besteht aus zwei Protonen und zwei Neutronen.

So baut sich nach und nach die ganze komplexe Struktur der

---

* Warum Atome diese Gestalt besitzen, ist in meinem Buch *Auf der Suche nach Schrödingers Katze* nachzulesen (vgl. Literaturhinweise S. 263 ff.).

Chemie auf – über Elemente wie den Sauerstoff mit acht Protonen in jedem Kern und Eisen mit 26 Protonen bis hin zum Uran, einem der schwersten natürlich vorkommenden Atome, mit 92 Protonen. Je mehr Protonen ein Kern besitzt, desto mehr Neutronen kann er auch enthalten – die häufigste Form des Eisens besitzt 30 bei insgesamt 56 Baryonen, während eine Form des Urans sogar 143 Neutronen aufweist. Doch diese schweren Elemente haben in der Geschichte des Urknalls nichts zu suchen. Sie sind im Inneren von Sternen durch thermonukleare Reaktionen entstanden, die aus den einfachen Strukturen des Wasserstoffs und Heliums die komplexeren Atomkerne aufgebaut haben.

Wasserstoff ist offensichtlich beim Urknall entstanden. Als es Protonen und Elektronen gab und als das Universum so weit abgekühlt war, daß sie sich elektrisch anziehen konnten, ohne von energiereichen Photonen auseinandergesprengt zu werden, mußte es unvermeidlich zur Entstehung von Wasserstoffatomen kommen. Nicht ganz so einleuchtend ist die Bildung von Helium, denn es bedarf einer gewissen Energie, um für den Zusammenhalt zweier Protonen zu sorgen – stoßen sie sich doch durch ihre positiven elektrischen Ladungen ab. Wenn jedoch zwei Protonen eng genug zusammengebracht werden (und zwar so eng, daß sie sich berühren), geraten sie unter den Einfluß einer anderen Kraft, der sogenannten starken Wechselwirkung, die alle Protonen oder Neutronen an alle anderen Protonen oder Neutronen bindet. Sie überwindet die elektrische Abstoßung jedoch nur, wenn die Teilchen sehr nahe zusammengebracht werden. Genau das geschieht, wenn die Mixtur aus Neutronen, Protonen und Strahlung heiß genug ist. Für die Teilchen bedeutet größere Wärme, daß sie sich rascher bewegen, daß sie mehr kinetische Energie besitzen. Wenn also zwei Protonen zusammenprallen, ist die Wahrscheinlichkeit groß, daß der Stoß sie eng zusammenpreßt und sie in den Wirkungsbereich der starken Kraft kommen, statt daß die elektrische Abstoßung ihre Bewegung abbremst und sie auseinanderschleudert.

Die Bedingungen in den späteren Urknallstadien waren ideal für die Zusammenführung von Protonen, so daß sich viele Paare bildeten, die noch zusätzlich Neutronen einfingen und Heliumkerne bildeten. Es entstand auch eine winzige Menge komplexerer Kerne, vor allem Lithium–7, doch kühlte das Universum so rasch ab, daß es zu dem Zeitpunkt, als es sich aus 75 Prozent Wasserstoff und 25 Prozent Helium zusammensetzte, für die Fortdauer dieses Prozesses bereits zu kalt geworden war. Das Ganze geschah in den ersten vier Minuten nach dem Schöpfungsaugenblick, während die Temperatur unter 900 Millionen K sank. Nur die Neutronen in Heliumkernen überstanden dieses Entwicklungsstadium des Universums, denn ein isoliertes Neutron ist instabil und hat nur eine Lebensdauer von wenigen Minuten. Nach Ablauf dieser Frist verwandelt es sich unter Abgabe eines Elektrons in ein Proton.

Die genaue Menge des Heliums und anderer Spurenelemente wie des Lithium–7, die im Urknall entstanden, richtet sich unter anderem nach der Temperatur des Feuerballs, der Expansionsgeschwindigkeit (und damit der Abkühlungsrate) unseres Universums und dem genauen Verhältnis zwischen den überzähligen Baryonen und der Masse der heißen Photonen, die damals noch die Evolution des Universums bestimmten. Diese Faktoren sind auch bei dem Versuch zu berücksichtigen, die künftige Entwicklung des Universums vorherzusagen. Um eine Vorstellung von den Veränderungen zu gewinnen, denen das Universum im Alter unterworfen sein wird, kann man beispielsweise untersuchen, wieviel Helium alte Sterne enthalten, und diese Zahlen in die Gleichungen des Urknall-Standardmodells einsetzen. Doch bevor wir uns damit beschäftigen, gilt es noch einige Rätsel zu lösen, die unser gegenwärtiges Universum betreffen -- Rätsel, die sich nach dem Standardmodell nur schwer erklären lassen, die aber durch neueste Theorien über den Schöpfungsaugenblick erhellt zu werden scheinen und wichtige Hinweise auf das endgültige Schicksal des Universums geben.

Einige kosmologische Rätsel

Die Kosmologen brauchten lange für die Erkenntnis, daß sich das Universum, das uns umgibt, in einem sehr merkwürdigen Zustand befindet und daß das Standardmodell ebenso viele Fragen aufwirft, wie es beantwortet. Eine Merkwürdigkeit folgt aus dem ersten Kapitel dieses Buches. Selbst wenn man berücksichtigt, daß die Entropie des Universums größtenteils in den Photonen der Hintergrundstrahlung enthalten ist, scheint die Behauptung, ein ursprünglich homogenes, chaotisches Universum, welches gleichförmig mit Materie und Strahlung gefüllt war, habe sich mit der Entstehung der Sterne und Galaxien zu größerer Ordnung hin entwickelt, ein krasser Verstoß gegen den zweiten Hauptsatz der Thermodynamik zu sein.

Ferner gibt die Existenz der Hintergrundstrahlung ein Rätsel auf, das sich auch im Muster der Galaxien am Himmel zeigt. Nach allen Richtungen, in die wir blicken, sieht das Universum gleich aus. Natürlich gibt es leichte Variationen. Die Galaxien sind nicht völlig gleichartig verteilt. Doch die Verteilung besitzt ein hohes Maß an Einheitlichkeit, und noch wesentlich gleichförmiger ist die Hintergrundstrahlung. Ein Maß für die Gleichförmigkeit liefert die Temperatur, d. h. die Abweichung von den durchschnittlich 2,7 K, die für den kosmischen Hintergrund charakteristisch sind. Und diese Abweichungen sind winzig. Ganz gleich, in welche Himmelsregion wir blicken, die Temperatur bleibt unverändert, sofern wir den Dopplereffekt berücksichtigen, der sich aus der Bewegung der Erde um die Sonne und des Sonnensystems um das Zentrum der Galaxis ergibt. Warum ist das Universum so einheitlich? Machen wir uns das Rätsel klar: Wenn wir nach entgegengesetzten Richtungen in den Weltraum blicken, »sehen« wir (mit unseren Radioteleskopen) die Hintergrundstrahlung, die in den späten Stadien des kosmischen Feuerballs emittiert wurde, sicherlich weniger als eine Milliarde Jahre nach dem Schöpfungsaugenblick. Dabei hat sich die Strahlung aus der einen Richtung die ganze Zeit über durch den expandierenden Raum bewegt, um uns zu erreichen; und die Strahlung aus der entgegengesetzten Richtung ist ebenso lange unterwegs. Also haben Photonen aus entgegengesetzten Himmelsrichtungen, die keinen Kontakt miteinander hatten und eine Reise von mindestens zehn Milliarden Jahren hinter sich haben, exakt dieselbe Temperatur! Das Universum ist, so scheint es, ein sehr gleichförmig strukturiertes Gebilde. Wenn also das Universum, wie sich an seiner Hintergrundstrahlung zeigt, so gleichförmig ist, wie können dann überhaupt irgendwelche Unregelmäßigkeiten – irgendwelche Galaxien – in ihm auftreten? Wie können Galaxien in einem gleichförmigen, expandierenden Universum entstehen? Das sind sehr konkrete Probleme, für die das Standardmodell in den sechziger und siebziger Jahren keine Lösungen zu liefern vermochte.

Doch die bemerkenswerteste Eigenschaft unseres expandierenden Universums ist – von der Tatsache abgesehen, *daß* es expandiert – die Geschwindigkeit, mit der dies geschieht. Wir können uns zwei extrem verschiedene Arten von expandierenden Universen vorstellen – und mathematisch beschreiben –, die beide durch die Gleichungen der allgemeinen Relativitätstheorie genau festgelegt sind. Die Expansion wird von der Gravitation aller in unserem Universum vorhandenen Materie bestimmt – der Schwerkraft, die es zusammenhält. Diese Gravitation wird über das endgültige Schicksal des Universums entscheiden. Obwohl daran erinnert sei, daß wir es mit expandierender Raumzeit zu tun haben und nicht mit Materie, die sich durch den Raum bewegt, haben die beiden Möglichkeiten große Ähnlichkeit mit dem Schicksal einer Rakete, die man von der Erde abschießt. Wird die Rakete schnell genug abgefeuert, wird sie der Erde entkommen und ihren Weg unbegrenzt fortsetzen. Doch wenn sie die sogenannte Fluchtgeschwindigkeit nicht erreicht, fällt sie auf die Erdoberfläche zurück.

Daraus wird in der allgemeinen Relativitätstheorie – auf unser ganzes Universum bezogen – die Alternative von »offen« und »geschlossen«. Offen ist ein Universum, wenn es zeitlich unbegrenzt expandiert, so daß sich die Galaxien immer weiter und weiter voneinander entfernen. Dagegen muß ein geschlossenes Universum unvermeidlich wieder in sich zusammenstürzen, da die Gravitation die Expansionsbewegung erst zum Stillstand bringt und dann umkehrt. Auf der Grenzlinie zwischen diesen beiden Zuständen gibt es die Möglichkeit des sogenannten »flachen« Universums, das *gerade eben* in der Lage ist, seine Expansion ewig fortzusetzen, gewissermaßen auf des Messers Schneide balancierend (vgl. Abb. 2.1 auf S. 54).

Anhand der Rotverschiebungen können sich die Astronomen eine recht genaue Vorstellung von der heutigen Expansionsgeschwindigkeit unseres Universums machen. Und durch Auszählen der Galaxien können sie eine ungefähre Vorstellung von der Materiemenge im Universum gewinnen. Es gibt eine kritische Dichte der Materie im Universum, die dem flachen Zustand entspricht. Ein bißchen mehr Dichte, und das Universum ist geschlossen, ein bißchen weniger, und es ist offen. Natürlich verändert sich die Dichte ununterbrochen. Mit der Expansion des Universums nimmt sie ab, wird die Materie dünner. Doch wenn die Dichte ausreicht, um das Universum zu einem bestimmten Zeitpunkt seiner Entwicklung als geschlossen zu klassifizieren, dann reicht sie *immer* aus, weil sich nämlich bei der Expansion des Universums die Ausdünnung und die Verlangsamung infolge der Gravitation in einer bestimmten Weise ausgleichen. Doch wie wir gleich sehen werden, können im Gleichgewicht der beiden durchaus einschneidende Veränderungen auftreten, auch wenn die Dichte stets auf der einen oder der anderen Seite der kritischen Trennungslinie bleiben muß.

Wenn wir die heutige Dichte des Universums messen und sie mit der Expansionsgeschwindigkeit vergleichen, können wir ein für allemal bestimmen, ob das Universum offen oder geschlossen ist. Leider läßt sich die Materiedichte im Universum nur schwer schätzen. Kosmologen bezeichnen die Dichte mit dem Buchstaben Ω. Die kritische Dichte, die einem flachen Universum entspricht, ist als $\Omega = 1$ definiert. Erstaunlicherweise liegt die heutige Dichte unseres Universums sehr nahe bei dem kritischen Wert – zwischen 0,1 und 2,0.

Das mag auf den ersten Blick nicht besonders erstaunlich wirken, doch wir müssen bedenken, daß das Universum im Prinzip jede Dichte besitzen könnte – den milliardsten Teil oder das Milliardenfache der kritischen Dichte, irgendeinen Wert zwischen diesen Größen oder weit darüber hinaus. Warum sollte der tat-

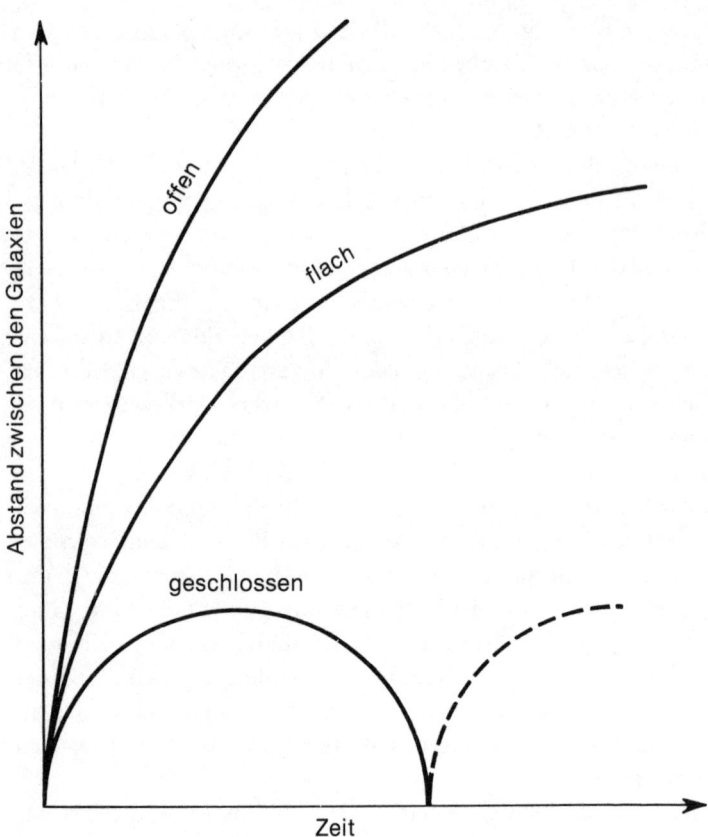

Abb. 2.1: *Mögliche Universen*

Unser Universum muß einem der drei Typen entsprechen. Enthält es genug Materie, ist es geschlossen und stürzt eines Tages in sich zusammen. Besitzt es zu wenig Materie, kann die Gravitation der gegenwärtigen Expansion niemals Einhalt gebieten: Das Universum ist offen. Genau auf der Trennungslinie zwischen diesen beiden Modellen liegen die »flachen« Modelle. Die Beobachtungen zeigen, daß unser Universum der flachen Form sehr nahe kommt, doch es läßt sich nicht entscheiden, auf welcher Seite der Trennungslinie.

sächliche Wert also so nahe an der *einzigen* speziellen Dichte liegen, die in den kosmologischen Gleichungen der Relativitätstheorie vorkommt? Das kann wohl kaum ein Zufall sein. Und wenn es kein Zufall ist, so haben einige Kosmologen spekuliert, muß man

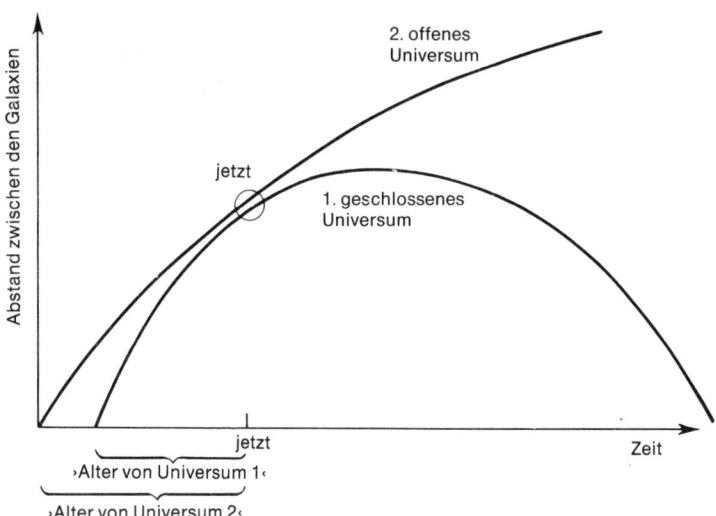

Abb. 2.2: *Das Alter des Universums*
Ob das Universum gerade noch offen oder eben geschlossen ist, spielt für sein heutiges Aussehen kaum eine Rolle. Doch da die Expansionsgeschwindigkeit in einem geschlossenen Modell rascher abgebremst wird, wäre das tatsächliche Alter unseres Universums – sofern es geschlossen wäre – weit geringer, als erkennbar wird, wenn man einfach mißt, wie schnell die Galaxien auseinanderdriften. Die einfachen Messungen ergeben ein »Alter« von ungefähr 20 Milliarden Jahren. Das wirkliche Alter beträgt vermutlich etwa zwei Drittel dieses Wertes.

dann nicht annehmen, daß das Universum exakt die kritische Dichte besitzt?

Der Zufall springt noch mehr ins Auge, betrachtet man ihn im Kontext des Standardmodells. Danach würde nämlich die Expansion des Universums den Unterschied zwischen der Dichte des Universums und dem kritischen Wert vergrößern, ganz gleich, auf welcher Seite der Trennungslinie der Prozeß beginnt. Obwohl ein geschlossenes Universum stets geschlossen und ein offenes Universum stets offen ist, werden beide im Lauf der Zeit in gewisser Hinsicht »noch geschlossener« beziehungsweise »noch offener«. Der Gleichgewichtspunkt von $\Omega = 1$ ist nach diesem Modell wahrhaftig eine außerordentlich feine Wasserscheide. Je weiter wir zurückblicken, desto näher muß die Dichte des Universums dem kritischen Wert gewesen sein. Um den beobachteten Zustand des heutigen Universums zu erklären, nach dem Ω im Bereich zwischen 0,1 und 2,0 liegt, kann die Dichte eine Sekunde nach dem Schöpfungsaugenblick vom kritischen Wert höchstens um 10^{-15} (eins durch eine Billiarde) abgewichen sein. Noch früher – zu einem Zeitraum, der außerordentlich wichtig für die Entstehungsgeschichte des Universums nach dem Urknallmodell ist – muß das Universum noch »flacher« in der kosmologischen Bedeutung des Wortes gewesen sein. Man mag einfach nicht an einen Zufall glauben. Irgend etwas muß noch vor dem Ende der ersten Sekunde mit dem Universum geschehen sein, daß es so flach hat werden können.

Betrachten wir also, wie sich diese ungewöhnliche Eigenschaft des Universums erklären läßt, wie die neuen Theorien, welche die Flachheit des Universums erläutern, noch interessantere Fragen über das Verhältnis von Zeit und Universum aufwerfen und welche Bedeutung dies alles für das künftige Schicksal unseres Universums hat.

3. KAPITEL
Zeit und Universum

Am besten läßt sich die Gleichförmigkeit und Flachheit des heutigen Universums durch den neuen Begriff der»Inflation« erklären, der in den achtziger Jahren entwickelt wurde. Das Fundament der neuen kosmologischen Theorien stammt nicht aus der Astronomie, sondern aus der Teilchenphysik, in der man sich mit den Wechselwirkungen sogenannter»Elementarteilchen« – Protonen, Neutronen, Elektronen und anderer – bei sehr hohen Energien beschäftigt. Mit Beschleunigern wie solchen bei CERN, dem europäischen Labor für Teilchenphysik in Genf, werden solche Teilchen, etwa Protonen, mit hoher Geschwindigkeit aufeinandergeschossen, um so die Wechselwirkungen während des Urknalls nachzuahmen.

Die vier Naturkräfte

Ziel dieses Forschungsgebietes, die letzte Wahrheit, die alle Forscher, die hier tätig sind, zu finden hoffen, ist eine einheitliche Theorie, die mit einem einzigen Gleichungssystem alle Naturgesetze erklärt. In der makroskopischen Welt gibt es nur zwei Kräfte von Bedeutung: die Gravitation und die elektromagnetische Kraft. Wir alle erleben die Gravitationskraft am eigenen Leib und haben im wahrsten Sinne des Wortes ein Empfinden für das, was sie bewirkt: Sie hält die Sterne zusammen, läßt hier auf der Erde die Dinge zu Boden fallen und entscheidet über das künftige Schicksal des Universums. Die elektromagnetische Kraft hat zwei Seiten, Elektrizität und Magnetismus, die wir alle kennen, wenn unser Wissen hier auch etwas metaphorischer ist. Elektromagnetismus ist jene grundlegende Kraft, die festlegt, wie Lichtwellen, Radiowellen und andere Bereiche elektromagnetischer Strahlung erzeugt und verbreitet werden. Sie bestimmt das Verhalten der Elektronen in Atomen (das sich am besten in der modernen Form der Quantenelektrodynamik oder QED verstehen läßt) sowie die Art und Weise, wie sich Atome zu Molekülen verbinden. Der Elektromagnetismus ist die entscheidende Kraft in der Chemie und folglich auch im Leben, denn unsere Körper bauen sich wie die anderer Lebewesen aus komplexen biochemischen Molekülen auf. Die beiden anderen Naturkräfte sind in kleineren Dimensionen wirksam. Sie entscheiden, wie sich subatomare Teilchen – etwa Neutronen und Protonen – verhalten, wie Atomkerne zusammenhalten und wie ein isoliertes Neutron in ein Proton und ein Elektron zerfällt. Man bezeichnet diese Kräfte als starke und schwache Kernkraft. Heute haben Physiker sehr gut funktionierende Modelle der Teilchenwelt, nach denen Protonen und Neutronen sich ihrerseits aus noch kleineren Einheiten, den Quarks, zusammensetzen. Nach dieser Auffassung manifestiert sich mit der starken Kraft auf nuklearer Ebene eine noch grundlegendere Wechselwirkung, die zwischen den Quarks besteht. Doch aus Gründen der Einfachheit wollen wir uns die vier Naturkräfte auch weiterhin als Gravitation und Elektromagnetismus, starke und schwache Kernkraft vorstellen.

Wie diese Kräfte entstanden sind und wie sie heute auf Teilchen wirken, läßt sich am besten verstehen, wenn man sie als verschiedene Aspekte einer einzigen, einheitlichen Kraft beschreibt, ähnlich wie Elektrizität und Magnetismus zwei Aspekte des Elektromagnetismus sind. Im Teilchenbeschleuniger zeigt sich, daß es keinen Unterschied mehr zwischen Elektromagnetismus und schwacher Kraft gibt, wenn die Energien hoch genug sind, und daß viele Wechselwirkungen zwischen Teilchen sich am besten mit Hilfe einer kombinierten Kraft, der »elektroschwachen« Wechselwirkung, beschreiben lassen. Man nimmt an, daß bei noch höheren Energien diese elektroschwache Kraft mit der starken Kernkraft zu einer einheitlichen Wechselwirkung verschmilzt und daß sich schließlich auch, als schwächste der vier Kräfte, die Gravitation – allerdings erst bei wirklich außerordentlich hohen Energien – in den Rahmen einer vollständig vereinheitlichten Theorie einfügen wird.

Die Glättung des Universums

All dies hat mit der Geschichte des sehr frühen Universums zu tun, weil natürlich die Temperatur des Universums um so größer wird – und damit auch die Energiemenge pro Volumeneinheit –, je mehr wir uns (in unserer Vorstellung) dem Schöpfungsaugenblick annähern. Am erfolgreichsten sind solche vereinheitlichten Theorien, nach denen das Universum aus diesem superheißen Feuerball mit einem winzigen Überschuß an Materie gegenüber der Antimaterie hervorgegangen ist. Zugegebenermaßen spekulative, aber durchaus ernst zu nehmende Weiterführungen dieser Theorien bieten eine Erklärung für die Gleichförmigkeit des Universums.

Protonen, Neutronen und Elektronen waren nicht die einzigen Teilchen, die in dem extrem energiereichen Feuerball geschaffen und zerstört wurden. Soweit wir aus der modernen Teilchenphysik wissen, sind die Baryonen ihrerseits aus noch »elementareren« Teilchen aufgebaut. Diese fundamentalen Einheiten der Teilchenwelt heißen Quarks. Es gibt sechs verschiedene Arten von Quarks, die sich zu Dreiergruppen zusammenschließen und Baryonen bilden können, sich aber auch paarweise verbinden und dann eine andere Familie von Teilchen, die Mesonen, aufbauen. Sie können aber nie einzeln auftreten. Verschiedene Quarkkombinationen können sich zu viel komplexeren Teilchen zusammenschließen, als es die Protonen und Neutronen sind*. Die meisten davon sind instabil und zerfallen wieder in eine Vielzahl anderer Teilchen (letztlich in Neutronen und Protonen), wenn sie in den großen Teilchenbeschleunigern erzeugt werden. Doch im sehr frühen Universum mit seinen extrem hohen Energien entstanden die verschiedensten exotischen Teilchenpaare, die sich in Sekundenbruchteilen wieder gegenseitig vernichteten.

Die Einzelheiten brauchen uns hier nicht zu beschäftigen, aber in diesem Malstrom von Aktivität veränderten sich die Bedingungen unablässig, während das Universum expandierte und sich ab-

---

* Die Elektronen hält man für stabil, für wirklich »elementare« Teilchen. Sie gehören zur Familie der Leptonen. Leptonen und Quarks sind die fundamentalsten Bausteine der Natur, die man bisher entdeckt hat.

kühlte. Mit dem Absinken der Temperatur konnten sich die massereichsten Teilchen nicht mehr bilden, weil die Photonen inzwischen zuviel Energie eingebüßt hatten. Damit verschwanden im Lauf der Zeit verschiedene Teilchenarten von der Bildfläche. Nach den neuesten Theorien vollzogen sich diese Veränderungen aber nicht gleichförmig. Es müssen vielmehr Vorgänge stattgefunden haben, welche die Teilchenphysiker als »Phasenübergänge« bezeichnen: plötzliche Wechsel von einem Zustand, der bei einer hohen Temperatur stabil ist, zu einem anderen Zustand, der bei einer niedrigeren Temperatur stabil ist. Man vergleicht es mit den drei Aggregatzuständen des Wassers: dem gasförmigen, flüssigen und festen. Wenn Dampf abkühlt, geschieht das bis zu einer bestimmten Temperatur sehr gleichförmig, dann verweilt er eine Zeitlang bei dieser kritischen Temperatur, bis er zu Wasser kondensiert. Dabei gibt er Wärme ab, die als latente Wärme bezeichnet wird. (Diese latente Wärme, weniger die eigentliche Dampftemperatur, ist für die Bösartigkeit der Brandwunden verantwortlich, die entstehen, wenn Dampf auf menschlicher Haut kondensiert.) Nach fortschreitender Abkühlung erreicht das Wasser abermals eine kritische Temperatur, bei der es wiederum, ungeachtet weiterer Kühlung, eine Weile bleibt, sich in Eis verwandelt und noch mehr latente Wärme abgibt. Dies sind Phasenübergänge, bei denen Energie freigesetzt wird, während die Wassermoleküle einen niedrigeren Energiezustand mit höherer Entropie annehmen.

Ähnliche Vorgänge müssen sich im sehr frühen Universum bei weit höheren Energien etwa 10^{-33} Sekunden nach dem Schöpfungsaugenblick ereignet haben. Verschiedene Theorien liefern verschiedene Versionen dieser Ereignisse, in einem Punkt sind sie sich indessen alle einig: Der Phasenübergang (oder die Phasenübergänge) im sehr frühen Universum hat auf die gleiche Weise, wie latente Wärme abgegeben wird, Energie freigesetzt, und dadurch kam es zu einer kurzen, aber heftigen Beschleunigung der allgemeinen Expansion des Universums. Eine solche plötzliche Superexpansion nennt man Inflation.

Halten wir fest: Angesichts der äußerst winzigen Zeitspannen, die im Spiel sind, kann man mit unseren alltäglichen Begriffen hier kaum etwas anfangen. *Alles ist in weniger als 10^{-33} Sekunden geschehen**. Doch die Expansion, die sich in der diesen Sekundenbruchteil währenden »Inflation« vollzieht, ist exponentiell, d. h. jede betroffene Region des Universums verdoppelt in jedem winzigen Sekundenbruchteil ihre Größe. Die exponentielle Inflation kann sich sehr rasch selbst davonlaufen. Wenn eine Verdoppelung 10^{-35} dauert, dann finden in einem Zeitraum von nur 10^{-34} Sekunden zehn Verdoppelungen statt, und hundert Verdoppelungen brauchen nicht mehr als 10^{-33} Sekunden. Hundert Verdoppelungen genügen aber, um die Gleichförmigkeit des Universums zu erklären. Nimmt man als Ausgangspunkt einen Keim von lediglich 10^{-25} Zentimetern Durchmesser (zum Vergleich: ein Atom ist in der Regel 10^{17} mal größer, nämlich ungefähr 10^{-8} cm im Durchmesser**), so würde er von einer Inflation solchen Ausmaßes zu 10 cm Durchmesser, der Größe einer Grapefruit, aufgebläht werden. Und das alles in einem unvorstellbar kleinen Bruchteil einer Sekunde.

Auf diese Weise läßt sich auch das frühe Universum mit dem Standardmodell in Einklang bringen. Nach dem Ende der inflationären »Ära« (ganzen 10^{-33} Sekunden) setzt das Universum seine Expansion in Übereinstimmung mit dem Standardmodell und in erheblich ruhigerem Tempo fort. Jede beliebige Region unseres heutigen Universums würde ungefähr 60 Milliarden Jahre (das Vierfache seines gegenwärtigen Alters) benötigen, um ihre Größe abermals zu verdoppeln. Doch dieses stetig expandierende Universum wurde, als es noch die Größe einer Grapefruit hatte, von der Inflation in einem sehr bruchlosen, gleichförmigen Zustand geschaffen. Der winzige Keimling, aus dem das ganze beobachtbare Universum gewachsen ist, war einfach zu klein, um irgend-

---

* = 0,000000000000000000000000000000001 sec (eine Null mit 33 Nullen und einer Eins hinter dem Komma).

** Vielleicht hilft dem Leser die Vorstellung, daß ein Atom einhundert Millionen Milliarden mal größer ist als der Keim, aus dem mit Hilfe der Inflation unser gesamtes Universum gewachsen ist. Keine dieser Zahlen sagt mir viel. Bildhaft fassen läßt sich wohl nur, daß eine Region, weit kleiner noch als ein Atom, sich sehr rasch (*augenblicklich*, nach menschlichen Maßstäben) zur Größe eines alltäglichen Gegenstands, z. B. einer Grapefruit, ausdehnt.

welche Unregelmäßigkeiten zu enthalten – er hatte nach den Regeln der Quantenphysik die Größe eines »Korns« in der Struktur des vorinflationären Zustands. Was geschah mit all den anderen Körnern im präexistenten Universum*? Als eine der erstaunlichsten Konsequenzen folgt aus dem Inflationsszenario, daß unser Universum möglicherweise von einer Vielzahl anderer Universen umgeben ist – Regionen der Raumzeit, die leicht abweichende Ausdehnungsprozesse durchlaufen haben und über die wir nie etwas in Erfahrung bringen können. Andererseits können sie aber auch keinen Einfluß auf das Schicksal unseres Universums nehmen. Deshalb werde ich auf den restlichen Seiten dieses Buches auch nicht wieder auf sie zu sprechen kommen. Im Augenblick interessiert uns nur, daß die Inflation unser Universum aus dem mikroskopischen in den makroskopischen Zustand überführt und dabei für seine Gleichförmigkeit sorgt. Zugleich bewirkt sie eine Abflachung der Raumzeit.

Die Abflachung des Universums

Die drei möglichen Arten von Universen – offen, flach oder geschlossen – entsprechen in der allgemeinen Relativitätstheorie drei verschiedenen Raumgeometrien. Da der Raum dreidimensional ist, können die meisten Menschen (wie auch ich) sich nicht recht vorstellen, was diese verschiedenen Geometrien im dreidimensionalen Raum bedeuten. Glücklicherweise lassen sich die besonderen Merkmale der genannten Geometrien verstehen, indem man eine zweidimensionale Fläche betrachtet.

Eine ebene zweidimensionale Fläche ist genau das: eine flache Ebene, z. B. diese Seite 62 meines Buches. Eine geschlossene Fläche krümmt sich in sich selbst zurück und hat keine Ränder. Das einfachste Beispiel ist die Oberfläche einer Kugel, etwa die des oben erwähnten Luftballons mit seinen Farbflecken, der uns begreiflich machen sollte, wie sich die Galaxien bei der Expansion des Universums auseinanderbewegen. Die Oberfläche der Erde

---

* Originaltext an dieser Stelle: *universe* (vgl. Anmerkung auf S. 27).

ist eine geschlossene Fläche (obwohl unser Planet keine vollkommene Kugel ist); sie hat einen begrenzten Flächeninhalt, aber keine Ränder. Eine offene Fläche ist nicht ganz so leicht vorstellbar. Das beste Beispiel ist die sogenannte »Sattelfläche« oder die Form eines Bergpasses. Diese krümmt sich niemals in sich selbst zurück, sondern stets nach außen. Sie setzt ihre Ausdehnung unendlich fort, wenn sie nicht einen eindeutig festgelegten Rand besitzt. Unser dreidimensionales Universum muß sich in Übereinstimmung mit einer der drei Geometrien befinden. Wir wissen, daß es sich der flachen Form weitgehend annähert, aber wir wissen nicht, ob es gerade eben offen, gerade eben geschlossen ist oder exakt dem flachen Modell entspricht. Die Inflation erklärt, wie ein Universum, das bei seiner Entstehung eine beliebige Krümmung aufweisen kann, durch die Phase exponentiellen Wachstums immer flacher werden muß.

Nehmen wir an, das Universum beginnt vor der Inflation in einem sehr geschlossenen Zustand. Die zweidimensionale Analogie wäre eine kleine Kugel, auf der jeder hypothetische Beobachter (vielleicht eine vernunftbegabte Ameise) den Horizont sehr nahe sehen würde. Nun beträgt auf einer gekrümmten Fläche die Winkelsumme im Dreieck nicht 180° wie auf einer ebenen Fläche, sondern stets mehr. Die Differenz richtet sich nach der Größe des Dreiecks im Verhältnis zur Größe der Kugel, auf die es gezeichnet ist. Um diesen Effekt auf der Erde zu messen, könnte man z. B. ein riesiges Dreieck in die Sahara zeichnen und feststellen, um wieviel die Winkelsumme 180° übertrifft. Auf dem Mond ließe sich der gleiche Größeneffekt schon mit einem kleineren Dreieck nachweisen, und für einen intelligenten Beobachter auf einer kleinen Kugel wäre es ein leichtes, die Krümmung seiner Welt mit einfachen geometrischen Mitteln zu messen. Stellen wir uns nun vor, der Radius der Kugel würde um das Hundertfache erweitert. Diese gewaltige Inflation würde den Horizont mit dem Anwachsen der Kugel in weite Ferne rücken. Würde man ein kleines Dreieck auf die Oberfläche zeichnen – genauso groß wie das Dreieck auf der ursprünglichen kleinen Kugel –, so läge die Winkelsumme sehr nahe bei 180°. Abweichungen von der ebenen Geometrie

63

würden sich jetzt nur zeigen, wenn man Dreiecke zeichnen könnte, die einen beträchtlichen Prozentteil der gewaltig aufgeblähten Oberfläche einnähmen – Dreiecke, die ebenfalls hundertmal größer wären als das ursprüngliche Dreieck. Mit anderen Worten: Die Inflation flacht die Oberfläche ab.

Dasselbe gilt für drei Dimensionen. Dabei spielt es keine Rolle, ob das Universum anfangs offen oder geschlossen ist. Die Inflation erzwingt eine Entwicklung zur Flachheit, und zwar mit solchem Nachdruck, daß alle ursprünglichen Abweichungen von der Flachheit um das *Quadrat* der exponentiellen Wachstumsrate verringert werden.

Die Inflationstheorie kann uns nicht sagen, ob das Universum offen oder geschlossen ist, doch abgesehen davon, daß sie einige rätselhafte Eigenschaften des Universums erklärt, liefert sie uns auch eine neue Vorhersage – nämlich daß das Universum, in dem wir leben, so nahe an der Trennungslinie zwischen offen und geschlossen liegt, daß kein Mensch jemals den Unterschied zu einem vollkommen flachen Universum wird ermitteln können. Trifft also die Inflationstheorie zu, so muß Omega nach allen denkbaren Meßmethoden *exakt* gleich eins sein.

Es sieht so aus, als teilten uns die Inflationsmodelle etwas Wichtiges über das Universum mit, in dem wir leben, auch wenn die genauen Einzelheiten des Inflationsmechanismus noch lange nicht ausgearbeitet sind. Ein Aspekt dieser Beschreibung des Universums sollte uns allerdings merkwürdig vorkommen. Wenn es in einem chaotischen, vorinflationären Zustand entstanden ist, wie konnte es dann im Urknall so viel Ordnung gewinnen, daß es mit einem eindeutig festgelegten Zeitpfeil aus ihm hervorging, während die Entropie doch bestrebt ist, alles wieder ins endgültige Chaos zu überführen? Wodurch wurde das Uhrwerk des Universums aufgezogen?

Die Entstehung der Zeit

Die Existenz der kosmischen Hintergrundstrahlung und die Gleichförmigkeit, mit der sie den Raum zu füllen scheint, belegen, daß sich das Universum vor langer Zeit im thermischen Gleichgewicht befunden haben muß. Heute sehen wir helle Sterne am dunklen Himmel. Auch wenn es ein hohes Maß an Entropie in der Hintergrundstrahlung gibt und wenn die Sterne nur eine geringe Abweichung vom Gleichgewicht im thermodynamischen Sinn darstellen, so bleibt dieser Umstand doch ein Rätsel. Um ihn unter thermodynamischen Gesichtspunkten zu verstehen, müssen wir uns zunächst klarmachen, wie dieses Sternenlicht zustande kommt.

Sterne leuchten, weil sie heiß sind, und sie sind heiß, weil tief in ihrem Inneren die Kerne leichter Elemente, vor allem des Wasserstoffs, zu Kernen schwererer Elemente, vor allem des Heliums, verschmelzen. Gemäß der Formel $E = mc^2$ wird dabei ein Teil der Masse von jedem der verschmelzenden Kerne in Energie umgewandelt. So hat ein Kern von Helium-4 beispielsweise etwas weniger Masse als zwei Protonen und zwei Neutronen, wenn sie isoliert sind. Der Fusionsvorgang entspricht einfach dem natürlichen Bestreben aller Dinge, niedrigere Energiezustände anzunehmen und dabei den Entropiegehalt des Universums zu erhöhen. Komplexere Fusionsreaktionen im Sterneninneren erzeugen kleine Mengen noch schwererer Elemente, etwa Kohlenstoff, der die Grundlage aller Lebewesen ist, und den Sauerstoff der Luft, die wir atmen. Bei der Explosion sterbender Sterne werden die schweren Elemente in alle Richtungen davongeschleudert, und einige dieser Sternenreste verbinden sich schließlich mit anderem interstellaren Material zu neuen Planeten, die neue Sterne umkreisen, und zu den Lebewesen, die diese Planeten bevölkern. Doch hier braucht uns nur zu interessieren, daß Energie freigesetzt wird, wenn leichte Kerne zu schwereren verschmelzen.

Obwohl Heliumkerne sich in einem niedrigeren Energiezustand befinden als Wasserstoffkerne, kann der Verschmelzungsprozeß nur dort stattfinden, wo Druck und Temperatur sehr hoch sind, weil zwei positiv geladene Kerne durch eine Schranke daran gehindert werden, sich zu »berühren«. Diese Schranke ist die bereits erwähnte elektrische Abstoßung. Irgend etwas muß die beiden verschmelzenden Kerne so weit zusammenpressen, daß sich die nur über kurze Abstände wirksame, aber sehr intensive starke Kernkraft gegenüber der elektrischen Kraft durchsetzen kann. Das geschah für einen kurzen Zeitraum im Urknall selbst. Nun ist ein einzelner Stern als Kernfusionsofen sicherlich nicht so leistungsfähig wie der Urknall, aber dafür arbeitet er über einen sehr langen Zeitraum – Jahrmilliarden hindurch erzeugt ein Stern wie unsere Sonne gleichmäßige Wärme- und Druckverhältnisse in seinem Inneren. Dank dieser langen Zeitspanne kann der Fusionsprozeß noch weiter vorankommen als im Urknall und schwerere Elemente als Helium hervorbringen.

Doch wenn das Sterneninnere den späteren Stadien des Urknalls gleicht, wie waren dann die früheren Stadien dieses Ereignisses? Damals (oder dort) waren die Bedingungen *noch* extremer. Bei bestimmten Temperatur- und Druckverhältnissen zeigen einfache Kerne, die miteinander kollidieren, infolge der starken Kraft das Bestreben, aneinander haftenzubleiben. Was geschieht jedoch, wenn die Kerne sich noch schneller bewegen, so daß die Kollisionen noch heftiger sind? Genau dies muß nämlich bei höheren Temperaturen und höherem Druck geschehen. Unter solchen Bedingungen zeigen alle komplexeren Kerne die Neigung, bei Kollisionen in ihre Grundbausteine zu zerfallen, in Neutronen und Protonen. Bei noch extremeren Temperatur- und Druckverhältnissen werden die Kollisionen zwischen Neutronen und Protonen so heftig, daß sogar diese Teilchen in die sie konstituierenden Quarks zerschlagen werden.

Mithin war das thermodynamische Gleichgewicht im frühen Universum so beschaffen, daß sich nicht nur Teilchen und Strahlung infolge des Paarbildungsprozesses miteinander im Gleichgewicht befanden, sondern daß auch, trotz der Anziehung der starken Kraft, keine komplexen Kerne existieren konnten. Unter diesen Bedingungen hätte es keine Asymmetrie der Zeit gegeben, wäre da nicht die Expansion des Universums gewesen. Der ursprüngliche Zeitpfeil resultierte einfach aus der Expansion: Er wies aus der wärmeren Vergangenheit in die kältere Zukunft.

Mit der Expansion und Abkühlung erreichte das Universum einen Zustand, in dem sich stabile Kerne bilden konnten. Der niedrige Energiezustand, der in Kernen wie Helium vorliegt, wurde für die Protonen und Neutronen verfügbar. Doch nur ein kleiner Teil dieser Teilchen konnte sich den geeigneten Energiezustand zunutze machen, bevor Expansion und Abkühlung einen Punkt erreichten, wo die Kollisionen zwischen den Teilchen die elektrische Schranke nicht mehr überwanden. Als direkte Folge der Expansion des Universums entstand in der materiellen Welt ein Ungleichgewichtszustand. Die Kernreaktionen, die im Inneren der Sterne fortdauern, sind der Mechanismus, durch den das Universum trotz seiner Expansion ein exaktes thermodynamisches Gleichgewicht wiederherzustellen sucht.

Doch das Rätsel hat noch eine weitere Seite. Wie kam es überhaupt zur Erwärmung des Sterneninneren? Wenn genügend Wärme vorhanden ist, um eine Kernfusion in Gang zu setzen, sorgen die Fusionsreaktionen für ausreichende Wärme, solange das Brennmaterial – Wasserstoff – reicht. Ein Stern beginnt sein Leben als kalte Wolke aus Gas und Staub im Weltraum. Unter dem Einfluß der eigenen Schwerkraft wird die Wolke dichter und kompakter. Die Atome im Zentrum der Wolke erwärmen sich unter dem Druck von außen. Die Gravitationsenergie aus der sich zusammenziehenden Masse der Wolke verwandelt sich in Wärmeenergie, bis die Temperatur den Punkt erreicht, an dem die Kernfusion beginnen kann *. Natürlich gibt es hier eine enge Beziehung zwischen Gravitation und Thermodynamik. Diese Beziehung erhielt ein festes Fundament, als sich in den siebziger Jahren ein Vertreter der mathematischen Physik mit den Gleichungen beschäftigte, welche die extremste Erscheinungsform der Gravitation beschreiben – die Schwarzen Löcher.

---

* Das ist selbstverständlich die Umkehrung der Expansion nach dem Urknall. Expandierende Dinge kühlen sich ab und speichern ihre Energie als potentielle Gravitationsenergie. Kollabierende Dinge erwärmen sich, da diese potentielle Gravitationsenergie freigesetzt und in Wärme umgewandelt wird.

Fluchtpunkt Schwarzes Loch

Ein Schwarzes Loch ist eine Region der Raumzeit, die vollkommen von der Schwerkraft beherrscht wird. Die Fluchtgeschwindigkeit von einem solchen Objekt ist so groß, daß nicht einmal Licht aus einem Schwarzen Loch entweichen kann, welchem Umstand es auch seinen Namen verdankt. Trotzdem ist der Name etwas irreführend, weil jedes Schwarze Loch, das möglicherweise in unserem Universum existiert, unter Umständen von wirbelnden Wolken aus Gasen und Staubpartikeln umgeben ist, die von dem Gravitationsfeld des Lochs angezogen und eingesogen werden. Wie immer, wenn Materie unter dem Einfluß der Gravitation auf ein kleineres Volumen zusammengepreßt wird, entsteht Wärme. Die wirbelnde Wolke des Materials, das ein Schwarzes Loch umgibt und in seiner Materiemenge einem Stern vergleichbar ist (ein »Schwarzes Loch von stellarer Masse«), muß in der Tat sehr heiß werden und Energie abstrahlen, die über die ganze Bandbreite des elektromagnetischen Spektrums reicht, von Radiowellen bis hin zu Röntgen- und Gammastrahlen. Nach Auffassung vieler Astronomen sind sogar in unserer Galaxis und in ihrer unmittelbaren Nachbarschaft ein oder zwei Schwarze Löcher an genau dieser Art von energiereicher Strahlung entdeckt worden. Doch die Thermodynamik Schwarzer Löcher läßt sich am besten anhand weniger drastischer Effekte verstehen.

Ein Schwarzes Loch hat eine scharfe »Kante«, den sogenannten Ereignishorizont. Alles innerhalb des Ereignishorizonts ist gefangen und kann niemals entweichen. Alles außerhalb des Ereignishorizonts kann sich, sofern es genügend Geschwindigkeit hat, der Umklammerung durch die Schwerkraft des Lochs entziehen und in die Weite des Universums entweichen. Die Ausdehnung dieser das Schwarze Loch umgebenden Fläche, die Größe des Ereignishorizonts, ist die wichtigste Eigenschaft des Lochs und ein Maß für seine Größe. Sie hängt natürlich von der Masse des Lochs und, gegebenenfalls, der Rotationsgeschwindigkeit ab. Ich will mich hier auf den einfachsten Fall, den kugelförmigen, nicht-rotierenden Zustand, beschränken. Auch ohne unnötige Komplikationen sind die Konsequenzen faszinierend und verwirrend genug.

Stephen Hawking von der Universität Cambridge stellte fest, daß es eine enge Beziehung zwischen der Beschreibung eines Schwarzen Lochs anhand der allgemeinen Relativitätstheorie, der Thermodynamik und der Quantentheorie gibt. Damit schuf er eine Verbindung zwischen den beiden größten physikalischen Theorien des 20. Jahrhunderts und der wichtigsten des 19. Jahrhunderts.

Entscheidend ist der Beitrag der Quantenphysik vor allem wegen ihres Kernstücks, der Unschärferelation. In der Quantenwelt gibt es mehrere Paare konjugierter Variablen, und in jedem Fall ist es unmöglich, daß beide Mitglieder des Paares gleichzeitig einen genau definierten Wert aufweisen. Ort und Impuls sind die archetypischen Eigenschaften – ein Quantenteilchen *hat nicht* sowohl Ort als auch Impuls. Doch auch die Parameter Energie und Zeit sind konjugierte Variable, und obwohl hier die Konsequenzen in gewisser Weise noch schwerer zu begreifen sind als die Unschärfe von Ort und Impuls, sind sie mindestens ebenso wichtig.

Stellen wir uns zum Verständnis der Unschärferelation von Energie und Zeit ein winziges Raumvolumen irgendwo im Universum vor. Wenn wir die Photonen der Hintergrundstrahlung außer acht lassen, die es zufällig durchqueren mögen, würden wir meinen, daß dieses winzige Stückchen Weltraum keinerlei Energie enthält. Doch können wir dessen sicher sein? Die Unschärferelation sagt, dieses kleine Volumen *könne* eine gewisse Energie E enthalten, vorausgesetzt, es werde eine bestimmte Zeit t nicht überschritten. Die Beziehung zwischen E und t wird von den Quantengesetzen genau festgelegt, dergestalt, daß t um so kleiner sein muß, je größer E ist. Irgendwo kann eine kleine Energieblase auftauchen und sofort wieder verschwinden, ohne entdeckt zu werden. Da Energie sich in Masse verwandeln kann, bedeutet das auch, daß aus dem Nichts, dem Vakuum des leeren Raums, Teilchen-Antiteilchen-Paare auftauchen können – vorausgesetzt, sie vernichten sich sofort wieder.

Nach Auffassung der Quantenphysiker *muß* alles geschehen, was die Gesetze der Quantentheorie nicht ausdrücklich verbieten. Die flüchtige Paarbildung wird nicht verboten, also ist sie unvermeidlich. Nach der Quantentheorie wimmelt es im Universum von diesen »virtuellen« Teilchen, die ununterbrochen auftauchen und verschwinden. Und ihre Existenz zeigt sich auch indirekt durch einen leichten Einfluß auf die Wechselwirkung gewöhnlicher Teilchen. Dieser Einfluß bestätigt – wenn auch indirekt – das Vorhandensein virtueller Teilchen, die sich auf direktem Weg nicht beobachten lassen, weil sie zu kurzlebig sind. Dies ist eine der vielen zutreffenden Vorhersagen, auf die sich das Vertrauen der Physiker in die Quantentheorie gründet.

Doch wenn unser ganzes Universum mit solchen Teilchen gefüllt ist und wenn sich der Raum, den wir uns leer vorgestellt haben, als ein brodelndes Meer virtueller Teilchenbildung erweist, was geschieht dann in der Nähe eines Schwarzen Lochs? Hawking hatte den genialen Einfall, sich vorzustellen, daß ein solches virtuelles Paar direkt am Rand eines Schwarzen Lochs gebildet wird, eine Winzigkeit über dem Ereignishorizont. Das muß ständig und über die ganze Fläche verteilt geschehen, doch wir betrachten aus Gründen der Einfachheit nur ein einziges Paar. Die beiden Teilchen besitzen ihre eigenen Impulse, wobei die Geschwindigkeiten sich nach den Gesetzen der Quantenphysik richten, und sind für einen kurzen Moment real. So ist es möglich, daß sich eines der Teilchen des Paars in den Horizont hineinbewegt, während das andere nach außen entweicht. In einer Zeitspanne, die kürzer ist als die, die das Paar zur gegenseitigen Vernichtung braucht, ist ein Teilchen für immer im Schwarzen Loch verschwunden und das andere in die Weite des Universums entflohen. Damit scheint ein Verstoß gegen die Quantengesetze vorzuliegen, ist doch, soweit es das Universum außerhalb des Schwarzen Lochs angeht, ein Teilchen aus dem absoluten Nichts geschaffen worden. Hawking konnte jedoch nachweisen, daß die Quantengesetze nicht verletzt werden, sondern daß die Energie mc^2 des »neuen« Teilchens aus dem Schwarzen Loch selbst stammt, das nämlich einen Teil seiner selbst in ein reales Teilchen der Außenwelt verwandelt hat. Dieser Prozeß, so Hawking, vollziehe sich an der gesamten Oberfläche eines isolierten Schwarzen Lochs, so daß es seine Masse langsam in einer Flut von Elementarteilchen verliere. Hawking zeigte, daß dieser Teilchenstrom an der Oberfläche für jedes Schwarze Loch eine bestimmte Temperatur festlegt – eine Temperatur, die von seiner Masse abhängt. Masse ist eine relativistische Eigenschaft, die mit der Gravitation zusammenhängt; die Temperatur ist eine thermodynamische Eigenschaft; und beide werden durch die Quantenphysik miteinander verbunden.

Aus Hawkings Berechnungen ergibt sich, daß kleinere Schwarze Löcher wärmer sind. Ein Loch mit ungefähr einer Milliarde Tonnen Materie (weniger als einem Billionstel der Erdmasse) hätte beispielsweise eine Temperatur von 10^{12} K, während eines mit der zehnfachen Sonnenmasse nur eine Temperatur von 10^{-7} K aufwiese. Je mehr Teilchen das Schwarze Loch verliert, desto kleiner und wärmer wird es. Deshalb geht die »Verdampfung« immer rascher vonstatten, bis sich schließlich die Reste seiner Masse in einem letzten Energieausbruch verflüchtigen. Doch »schließlich« kann einen sehr langen Zeitraum meinen. Ein Schwarzes Loch, das aus dem Urknall mit einer Masse von 100 Millionen Tonnen hervorgegangen und seither stetig verdampft ist, ohne sich weitere Materie durch Massenanziehung anzueignen, dürfte erst jetzt seinen Endzustand erreicht haben und sich zur Explosion anschicken. Ein Schwarzes Loch von der Masse unserer Sonne würde erst nach 10^{66} Jahren völlig verdampft sein – d. h. nach einem Zeitraum, der sich ergibt, wenn man das gegenwärtige Alter des Universums mit 10^{56} multipliziert.

Die Konsequenzen aus der Verdampfung von Schwarzen Löchern liefern den Theoretikern hinreichend Stoff zum Nachdenken. Man hat sogar gelegentlich starke Strahlungsausbrüche aus den Tiefen des Raums aufgefangen. Sie könnten von Schwarzen Löchern mit relativ kleiner Masse stammen, die ihren Geist aufgaben, aber sicher ist sich da niemand. Doch alle diese Ideen und Spekulationen sind lange nicht so bedeutsam wie die Entdeckung, welche die Grundlage dieser Arbeit bildet. Hawking hat nämlich festgestellt, daß es eine grundsätzliche Beziehung zwischen allgemeiner Relativitätstheorie (also der Gravitation), Thermodynamik und Quantenphysik gibt. Wenn die Einzelheiten dieser Beziehung auch noch nicht im mindesten geklärt sind, so vermitteln uns doch auch ihre allgemeinen Prinzipien eine ganz neue Einsicht in die Thermodynamik des Universums und die Natur der Zeit.

Aus Hawkings Arbeiten wissen wir, daß Gravitationsfelder über Entropie verfügen. Paul Davies von der Universität von Newcastle hat sich mit der Bedeutung dieser Erkenntnis im Kontext des expandierenden Universums beschäftigt, indem er sie auf Inflation und Zeitpfeil angewendet hat. Jedes Gravitationsfeld hat eine genau festgelegte Entropie; sie ist niedrig, wenn die Dinge gleichförmig und eben sind, und hoch, wenn die Dinge eng zusammengedrängt sind, d. h. wenn der Raum, wie in den Gleichungen von Einsteins Relativitätstheorie beschrieben, stark gekrümmt ist. Wenn die Materie sich zu Galaxien und Sternen und letztlich Schwarzen Löchern zusammenballt, erhöht sie die Entropie des Universums. Roger Penrose von der Universität Oxford betont, der Urknall sei eine ganz außergewöhnliche, gleichförmige Singularität mit geringer Entropie gewesen. Dagegen werde der Große Endkollaps, wenn es denn zu ihm komme, eine sehr gewöhnliche, ungeordnete Singularität sein, die sich aus der Verschmelzung Schwarzer Löcher mit hoher Entropie ergeben werde. Nach dieser Darstellung nimmt die Entropie *immer* zu, auch wenn das frühe Universum sich in thermodynamischem Gleichgewicht befunden hat. Damit haben wir, so Davies, ein weiteres Beispiel für die Asymmetrie der Zeit, und die neue Frage, die es zu beantworten gelte, laute: Warum ging das Universum aus dem Urknall in einem gleichförmigen Gravitationszustand hervor, während doch die Thermodynamik für einen extrem chaotischen, gekrümmten Zustand spricht, einen Zustand, in dem einige Regionen expandieren, einige in sich zusammenstürzen, in dem überall Schwarze Löcher verdampfen und explodieren?

Vielleicht, so meint Davies, habe *tatsächlich* alles so begonnen. In einem solchen chaotischen Universum müsse es zwangsläufig einige Regionen, winzige Körnchen, gegeben haben, die reif für jene Art von Inflation gewesen seien, die ich bereits beschrieben habe. Die Raumzeit unserer Region des Universums sei durch Inflation »aufgezogen« worden, auf dieselbe Weise (nur stärker), wie die Asymmetrie, die in der Kernfusion in den Sternen zum Ausdruck komme, in der späteren, ruhigeren Expansionsphase des Urknalls »aufgezogen« worden sei. Doch die *Richtung* des Entropieflusses hänge nicht von der Inflation ab.

In Davies' eigenen Worten:

»Die verbleibende Geschichte des Universums ist der Versuch, dies alles abzuspulen – durch Schwereballung (Galaxien→ Sterne → Schwarze Löcher) und durch Kernfusion (Wasserstoff→ Helium → Eisen). Zusammen erklären diese beiden Entwicklungsketten jedwede makroskopische Zeitasymmetrie, die in der Welt zu beobachten ist, und prägen unserer Umwelt einen eindeutigen Zeitpfeil auf.«*

Doch damit ist die Geschichte noch nicht zu Ende. Hawking ist noch einen Schritt weitergegangen. Er hat ein theoretisches Modell entwickelt, ein Gleichungssystem, das beschreibt, wie ein Universum noch *vor* der Inflationsphase, aus dem Nichts entstehen kann. Seine Modelle setzen die Inflation als notwendig voraus und verlangen auch, daß das Universum geschlossen ist (Omega muß etwas größer als eins sein).

Die Aufhebung der Grenzen

Für die meisten von uns ist schon der Versuch, sich die Entstehung eines Elektrons und eines Positrons, wenn auch nur für einen flüchtigen Augenblick, aus dem absoluten Nichts vorzustellen, alles andere als leicht. Doch Kosmologen haben – um Lewis Carroll (den Autor von »Alice im Wunderland«) abzuwandeln – keine Schwierigkeiten, schon vor dem Frühstück drei unmögliche Dinge zu glauben. Anfang der siebziger Jahre hat Ed Tryon die Meinung vertreten, das Universum könnte nicht mehr und nicht weniger als eine einzige Vakuumschwankung dieser Art sein.

Tryon ging dabei von der Theorie aus, daß Teilchen aus Singularitäten, Zuständen von unendlicher Dichte, entstehen und wieder in ihnen verschwinden können. Eine solche Singularität steht am Anfang des Universums, und Singularitäten werden auch im Mit-

---

* *Nature*, Bd. 301, 1983, S. 398. Der Gedanke wird fortgeführt in *Nature*, Bd. 312, 1984, S. 524.

telpunkt Schwarzer Löcher vermutet. Nun gibt es keinen Anhaltspunkt dafür, daß unser Universum gleiche Mengen von Materie und Antimaterie enthält. Erinnern wir uns: Zu den Glanzleistungen der modernen Kosmologie gehört die Erklärung, wie im frühen Universum auf jede Milliarde Photonen ein übrigbleibendes Baryon kam. Deshalb ist die Analogie mit der Bildung und Vernichtung von Teilchen-Antiteilchen-Paaren nicht ganz richtig.

Doch Tryon wies darauf hin, daß im Gegensatz zu einem solchen virtuellen Teilchen, dessen Lebenszeit durch die in seiner Masse gespeicherte Energie begrenzt werde, ein Universum aus dem absoluten Nichts geschaffen werden könne – mit einer Energie, die unter dem Strich *gleich Null* sei.

Das ist ein verblüffendes Kunststück. Es beruht auf der Art und Weise, wie Energie in einem Gravitationsfeld gespeichert wird, das negativ ist, da die Massen-Energie mc^2 eines Teilchens positiv ist*. Danach gäbe es eine zweite Art von Vakuumschwankung, bei der es nicht zu einem Ausgleich zwischen Teilchen und Antiteilchen käme, sondern zwischen Massen-Energie und Gravitationsenergie. Wie oben hinge die Lebenszeit einer solchen Schwankung von ihrer Gesamtenergie ab. Nach den Quantengesetzen könnte sie um so länger existieren, je weniger Energie sie enthielte. Doch was ist, wenn sie überhaupt keine Energie enthält? Ganz einfach, dann lebt sie ewig.

Tryon meinte, unser Universum sei vielleicht eine solche Blase gewesen, in einem Zustand extremer Dichte aus dem Nichts entstanden, wobei die Massen-Energie fast exakt durch die mit ihr verknüpfte Gravitationsenergie aufgewogen worden sei. Bei entsprechendem Gleichgewicht könne die Lebensdauer beliebig sein, wenn das Universum auch eines Tages wieder in das Nichts zurückfallen müsse, aus dem es gekommen sei. Diese Hypothese fand damals wenig Zustimmung, weil sie eine offenkundige Schwäche enthielt. Zwar ist nach den Quantengesetzen die Bildung einer solchen ungeheuer dichten Vakuumschwankung möglich, sie könnte auch von unbegrenzter Lebensdauer sein, aber es

---

* In meinem Buch *In Search of the Big Bang* setze ich mich näher mit Tryons Arbeit und dieser unwahrscheinlich klingenden Hypothese auseinander.

gibt in den Gesetzen keinen Anhaltspunkt dafür, daß sie ewig leben *müßte.* Und wenn die gesamte Massen-Energie des Universums in einem winzigen Keim konzentriert gewesen wäre, dann hätte es nach den Standardtheorien der siebziger Jahre unter dem Einfluß der eigenen Schwerkraft sehr rasch in sich zusammenstürzen und wieder von der Bildfläche verschwinden müssen – ebenso rasch, wie sich die Vernichtung eines Teilchen-Antiteilchen-Paars vollzieht. Doch dank der Inflationstheorie ist die Idee in den achtziger Jahren zu neuen Ehren gelangt. Durch Inflation kann jeder winzige, superdichte Keim – ganz gleich, wie er sich bildet – zu makroskopischer Größe aufgebläht werden, bevor er die Möglichkeit hat, in sich zusammenzustürzen. Sobald das Universum die Größe einer Grapefruit angenommen hat, genügt die vergleichsweise bescheidene Expansion, die wir heute erleben, um ihm ein Wachstum von Jahrmilliarden zu garantieren, auch wenn es am Ende wieder zu einem Feuerball zusammenstürzen, dann zu einem Keim werden und schließlich ganz verschwinden muß. Deshalb sind Tryons Ideen, so spekulativ sie auch seien, inzwischen von einigen Forschern wieder aufgegriffen worden, die nach präzisen mathematischen Beschreibungen von Vorgängen suchen, die etwas aus nichts entstehen lassen.

Hawking ist das Problem auf einem etwas anderen Weg angegangen und dabei zu einem Modell gelangt, das sich, oberflächlich betrachtet, von diesem Bild des Universums gar nicht so sehr unterscheidet. Es gibt jedoch einen grundlegenden Unterschied: Statt sich den Kopf darüber zu zerbrechen, wie im Schöpfungsaugenblick aus nichts etwas habe werden können, hat er versucht, ganz ohne Schöpfungsaugenblick auszukommen.

Er geht von der Überlegung aus, daß das Universum mit dem Schöpfungsaugenblick einen »Rand« bekommt, eine Begrenzung in der Zeit. Wenn das Universum geschlossen ist, ist der Raum ohne Grenze, so wie die Oberfläche der Erde keinen Rand hat. Der Rand in der Zeit wird als Singularität bezeichnet, und Mathematiker verabscheuen Singularitäten; jede Theorie, die Singularitäten enthält, gilt gewöhnlich als mangelhaft. Warum sollte also die allgemeine Relativitätstheorie eine Ausnahme sein? Hawking hat versucht, die Singularität zu beseitigen, indem er die Beschreibung, die die allgemeine Relativitätstheorie vom Universum liefert, durch einige Aspekte der Quantenphysik ergänzt.

Wenn Kosmologen die Erdoberfläche als Analogie für ein geschlossenes Universum heranziehen, dann fügen sie hinzu, daß das geschlossene Universum natürlich noch eine zusätzliche Dimension habe. Hawking geht in seiner quantenphysikalischen Behandlung des Schöpfungsaugenblicks noch einen Schritt weiter:

>Zieht man die Quantenmechanik in Betracht, besteht die Möglichkeit, daß sich die Singularität aufhebt und daß Raum und Zeit gemeinsam eine geschlossene vierdimensionale Fläche ohne Grenze oder Rand bilden – wie die Erdoberfläche, nur mit zwei weiteren Dimensionen. Dies würde bedeuten, daß das Universum völlig in sich geschlossen wäre und keiner Grenzbedingungen bedürfte..., daß es keine Singularitäten gäbe, an denen die physikalischen Gesetze ihre Gültigkeit verlören. Man könnte sagen, das Universum hat die Grenzbedingung, keine Grenze zu haben.«*

Hawkings Modell hat den entscheidenden Vorteil, daß es durch Aufhebung der Singularität das gesamte Universum in Übereinstimmung mit den bekannten physikalischen Gesetzen zu beschreiben vermag. Die Physik kann keine Unendlichkeiten oder Singularitäten handhaben, und Hawking hat beide umgangen, indem er den »Schöpfungsaugenblick« und damit die Annahme eines unendlich dichten Zustands zu Beginn des Universums aufhob. Um dieses höchst befriedigende Ergebnis zu erzielen, müssen wir unseren Verstand lediglich dazu bringen, sich eine geschlossene Fläche vorzustellen, die gegenüber einer Kugeloberfläche noch zwei weitere Dimensionen aufweist – statt einer. Das Modell hat noch weitere wichtige Aspekte. Zum einen setzt es, wie alle guten Theorien über unser Universum, eine Phase exponentiellen Wachstums voraus, die es mit allen uns mittlerweile bekannten Vorzügen der Inflation versorgt. Zum anderen *muß* das

---

* Zitiert aus Hawkings Essay *The Edge of Spacetime* in: William Kaufmann: *Universe*. (Vgl. Literaturhinweise S. 263 ff.)

Universum geschlossen sein – und zwar in der dreidimensionalen Bedeutung, von der schon die Rede war –, oder der Kunstgriff mit den Grenzbedingungen läßt sich nicht anwenden. Soweit es uns betrifft, die wir in drei Dimensionen leben und das Universum mit unseren natürlichen Wahrnehmungsmöglichkeiten und unseren wissenschaftlichen Instrumenten beobachten, beginnt das Universum seine Expansion in einem superdichten Zustand, erreicht einen Ruhepunkt und stürzt dann wieder in einen superdichten Zustand zurück. In Hawkings Universum ist Omega unvermeidlich größer als eins. Dieses Universum zeigt auch ein merkwürdiges thermodynamisches Verhalten und wirft damit einige jener unbeantworteten Fragen auf, vor denen ich bereits gewarnt habe.

Die Umkehrung des Universums

In Hawkings Universum hat die Zeit auch zu dem Zeitpunkt, den wir uns gewöhnlich als Schöpfungsaugenblick vorstellen, keine besondere Bedeutung. Er zieht eine Kugeloberfläche, etwa die Erdoberfläche, zum Vergleich heran und weist darauf hin, daß wir mit unserer Richtungsmessung an den Polen in Schwierigkeiten kommen, obwohl eine solche Fläche keine Ränder aufweist. Am Nordpol gibt es weder die Richtung »Norden« noch »Osten« oder »Westen«. Vom Nordpol aus ist in allen Richtungen »Süden«. Entsprechend hat die Zeit im Schöpfungsaugenblick keine »Vergangenheit«, denn alle Zeitpfeile zeigen in die Zukunft. Die Zukunft ist die Richtung, in die das Universum expandiert. Eine ähnliche Verwirrung herrscht auf der Erde am Südpol, wo es nur die Richtung »Norden« gibt. Doch damit endet die Analogie mit der Zeit in Hawkings Universum, weil der thermodynamische Zeitpfeil *noch immer* in Richtung der Expansion weisen muß. Hawking kann die Analogie zwischen Universum und Kugeloberfläche, die ihm zur Beschreibung von Expansion und Kollaps dient, nur aufrechterhalten, wenn sich der Zeitpfeil im Augenblick der maximalen Expansion umkehrt.

Hawking vergleicht den Vorgang mit einer Reise vom Nordpol zum Südpol. Auf der ganzen Strecke bis zum Äquator expandiere das Universum – die Breitenkreise werden immer größer. Der Zeitpfeil zeige immer in dieselbe Richtung. Doch vom Äquator an werden die um die Erdkugel laufenden Breitenkreise kleiner: Das Universum schrumpfe. Trotzdem, so Hawking, zeige die Zeit noch immer vom Pol fort zum Äquator – also in umgekehrte Richtung wie auf der nördlichen Halbkugel. In etwas wissenschaftlicherer Sprache heißt das: Das Universum ist endlich in Raum und Zeit, und es ist zeitsymmetrisch, denn sein Verhalten ist zu beiden Seiten des Augenblicks maximaler Expansion spiegelbildlich.

Das unterscheidet sich erheblich von Penroses Entwurf, nach dem der Verlauf vom Urknall zum großen Endkollaps ein gleichförmiger thermodynamischer Prozeß ist. Vom Ausnahmezustand des Beginns bis hin zur komplizierten Situation der Verschmelzung von Schwarzen Löchern nimmt die Entropie stetig zu. Nach Hawkings Modell ist der große Endkollaps die *exakte* Umkehrung des Urknalls und wie dieser ebenfalls sehr gleichförmig. Folglich muß die Entropie *abnehmen*, während das Universum schrumpft. Aus unserer Sicht würde die schrumpfende Hälfte eines solchen Universums in der Tat seltsam erscheinen. Es fänden keine Kernfusionen statt, die Energie produzierten, die Sterne erhitzten und Photonen freisetzten, sondern die Photonen würden sich von kalten Oberflächen lösen, durch den Raum bewegen und die Oberfläche der Sterne aufsuchen. Die eintreffenden Photonen verbänden sich exakt so miteinander, daß komplexe Kerne in ihre Bestandteile zerfielen. Auf der Oberfläche eines Planeten wie der Erde würden Wind und Wetter so zusammenwirken, daß sich Berge aus Sedimenten bildeten und Flüsse rückwärts flössen. Noch bizarrer wäre das Verhalten der Lebewesen. Die Prozesse, die wir als Verwesung bezeichnen, liefen umgekehrt ab, d. h. aus verstreutem Material würde sich der Körper eines alten Lebewesens bilden – eines Menschen zum Beispiel –, das im Lauf der Zeit immer jünger würde und dessen Körperfunktionen fast zu bizarr wären, um sie sich vorzustellen*.

---

* Fast, aber nicht ganz. Philip Dick ist es in seiner Science-fiction-Story *Counter-Clock World* (Berkeley Medallion, New York 1967) ganz famos gelungen.

Das klingt verrückt. Doch wie Paul Davies betont, ist es eigentlich merkwürdig, daß sich die Beschreibung so lächerlich anhört, denn sie schildert unsere gegenwärtige Welt nur in einer zeitumgekehrten Sprache. Die Welt eines kollabierenden Universums sei nicht nur um keinen Deut bemerkenswerter als unsere Alltagswelt, sie *sei* diese Welt. Die Unterschiede der Beschreibungen seien rein semantischer Art. Weiter heißt es bei Davies:

>»Ein Mensch in einer zeitumgekehrten Welt hätte auch ein umgekehrtes Gehirn, umgekehrte Sinne und vermutlich ein umgekehrtes Denken. Er würde sich an die Zukunft erinnern und die Vergangenheit vorhersagen, wenn diese Wörter auch in seiner Sprache nicht dieselbe Bedeutung hätten wie in unserer. Seine Welt erschiene ihm in jeder Hinsicht genauso wie die unsere uns.«*

Thermodynamisch heißt das: Jedes intelligente Wesen »sähe« in jeder Hälfte des Universums den Zeitfluß von einem dichteren zu einem weniger dichten Zustand, wie Hawking es verlangt. In jeder Hälfte des Universums würden sich die Bewohner einbilden, sie lebten in der ersten Hälfte, der Expansionsphase, und der Kollaps stünde noch aus. Insofern enthält ein solches geschlossenes Universum *zwei* Anfänge und kein Ende.

Die Fragen, die ein Modell dieser Art aufwirft, sind unbequem. *Wie* kehrt sich die Zeit um, wenn sich das Universum im Zustand maximaler Ausdehnung befindet? Geschieht das plötzlich, mit einem Schlag, im ganzen Universum? Wie soll es überall im selben Augenblick davon Kenntnis erhalten, wenn kein Signal schneller als das Licht sein kann? Oder könnte es eine Übergangsperiode geben, in der die Zeit langsamer und langsamer verstriche, zum Stillstand käme und sich umkehrte? Was würde das thermodynamisch bedeuten? Viele Physiker empfinden beide Möglichkeiten als so unbefriedigend, daß sie die Idee des geschlossenen Universums aufgegeben haben und von einem einzigen Urknall ausgehen, einer ewigen Expansion und einem Zeitpfeil, der sich nicht

---

* *Space and Time in the Modern Universe*, S. 196.

umkehrt, sondern stets in dieselbe Richtung zeigt. Doch damit stehen sie wieder vor dem Problem der Singularität, dem Rand der Raumzeit, dem Rätsel des Schöpfungsaugenblicks und der Frage, was »vorher« war.

Mit welchen Rätseln man lieber leben möchte, ist gegenwärtig weitgehend eine Frage des persönlichen Geschmacks. Ich selbst ziehe Hawkings Universum ohne Ränder vor. Einer der Gründe, die nach meiner Meinung dafür sprechen, daß das Universum gerade eben geschlossen und nicht gerade noch offen ist (in beiden Fällen *muß* Omega sehr nahe bei eins liegen), ist eine weitere Asymmetrie in der Natur – ein elektromagnetischer Zeitpfeil, der ebenfalls in Richtung der Expansion weist.

Die Aufzehrung der Vergangenheit

Wie Newtons Bewegungsgesetze haben die Gleichungen, die das Verhalten elektromagnetischer Strahlung beschreiben, keinen inhärenten Zeitpfeil. Sie sind ebensogut geeignet, Ereignisse zu beschreiben, die sich – aus unserer Sicht – rückwärts in der Zeit bewegen, wie Ereignisse, die in der Zeit vorwärts ablaufen. Das läßt sich am besten verstehen, wenn man sich die elektromagnetische Strahlung in Wellengestalt vergegenwärtigt. Nach der Quantentheorie lassen sich die Phänomene auf dieser Wirklichkeitsebene je nach den Umständen entweder als Wellen oder als Teilchen (Photonen) behandeln. Der Wellenbeschreibung, die hier angebracht ist, liegen eine Reihe von Gleichungen zugrunde, die im 19. Jahrhundert von dem Schotten James Clerk Maxwell entdeckt und nach ihm benannt wurden. Unter anderem beschreiben sie, wie die Signale vom Fernsehsender über die örtliche Sendeantenne zu unserer Hausantenne gelangen.

Diesen Gleichungen ist zu entnehmen, wie sich veränderliche elektrische und magnetische Felder mit Lichtgeschwindigkeit durch den Raum bewegen. Man stelle sich einen Stein vor, den man in einen stillen See fallen läßt: Vom Einschlagpunkt des Steins aus breiten sich Wellen über den ganzen See aus. Auf ganz ähnliche Weise gehen von einem Draht, durch den ein Wechselstrom fließt, oder von einem Radio- oder Fernsehsender, die mit einem solchen Strom gespeist werden, elektromagnetische Wellen in alle Richtungen aus. Es dauert eine gewisse Zeit, bis die Wellen, von dem Draht oder der Sendeantenne kommend, irgendeinen Punkt im Raum erreichen, weshalb Physiker ein solches Verhalten als »retardierte« Wellenbewegung bezeichnen. Maxwells Gleichungen beschreiben exakt, wie sich Wellen dieser Art verbreiten, aber sie leisten noch mehr.

(a)   (b)

Abb. 3.1: *Zeitasymmetrie bei Wellen*
Wir kennen alle die kleinen Wellen, die nach außen laufen, wenn wir einen Kieselstein in einen See werfen (a). Man bezeichnet sie als retardierte Wellen. Doch die physikalischen Gesetze lassen auch die Existenz avancierter Wellen zu, die in einem Punkt zusammenlaufen, ihre Energie abgeben und einen Kieselstein hoch in die Luft schießen (b). Die Abwesenheit avancierter elektromagnetischer Wellen im Universum ist eine weitere Manifestation der Zeitasymmetrie und möglicherweise eng verknüpft mit dem endgültigen Schicksal des Universums.

Es gibt nämlich zwei Gruppen Maxwellscher Gleichungen (genaugenommen zwei Gruppen von *Lösungen* für diese Gleichungen). Die zweite Gruppe beschreibt die zeitumgekehrte Version des eben Dargelegten. Hiernach müßten elektromagnetische Wellen aus den fernsten Winkeln des Universums in einem Draht (oder einer Antenne) zusammenlaufen und sich dort zu einem Wechselstrom verbinden. Da sich solche Wellen lange, *bevor* sie den Draht erreichen könnten, im Raum abzeichnen würden, nennt man sie »avancierte« Wellen. In der wirklichen Welt sind sie nicht zu beobachten, aber die Symmetrie der Maxwellschen Gleichungen bescheinigt beiden Wellenarten gleiche Gültigkeit. Das Fehlen avancierter Wellen legt für unser Universum einen elektromagnetischen Zeitpfeil fest, der vom thermodynamischen Pfeil unabhängig zu sein scheint, jedoch in dieselbe Richtung weist. Und wie wir noch sehen werden, teilt uns der Umstand, daß wir Strahlung dieser Art niemals ankommen sehen, etwas sehr Grundsätzliches über die Beschaffenheit unseres Universums und sein Schicksal mit.

Ich habe die beiden Lösungen der Maxwellschen Gleichungen als Wellen beschrieben, die von einer Quelle ausgehen oder in ihr zusammenlaufen. Man kann aber auch sagen, die avancierten Wellen bewegen sich nicht von der Quelle »nach außen«, sondern »rückwärts« in der Zeit. Diese Sichtweise ist angemessener, weil sie der Tatsache Rechnung trägt, daß der elektrische Strom im Draht der Ursprung der Wellen ist, die Ursache ihrer Existenz. Viele Physiker sind deshalb glücklich, daß sich keine avancierten Wellen in unserem Universum beobachten lassen – jeder »weiß« schließlich, daß die Wirkungen ihren Ursachen immer *folgen*, wie es das »Kausalitätsprinzip« verlangt. Zuerst kommen die Ursachen, dann die Wirkungen, und deshalb ist es nur »natürlich«, daß wir keine avancierten Wellen sehen. Doch damit bewegen wir uns in bloßer Semantik. Es bleibt die Frage, *warum* in unserem Universum die Wirkungen stets den Ursachen folgen. Und das führt geradewegs zum Zeitpfeil zurück.

In den vierziger Jahren unseres Jahrhunderts suchten die beiden amerikanischen Physiker John Wheeler und Richard Feynman nach einer guten mathematischen Beschreibung für die Wechselwirkung zwischen geladenen Teilchen, etwa den Elektronen, und elektromagnetischen Feldern. Ihren Bemühungen war nur ein Teilerfolg beschieden, aber sie entwickelten ein mathematisches Verfahren zur Behandlung avancierter und retardierter Wellen, das beide Lösungen der Maxwellschen Gleichungen gleichberechtigt nebeneinanderstellt und die Verantwortung für den elektromagnetischen Zeitpfeil eindeutig der großräumigen Struktur unseres Universums zuweist. Die Wheeler-Feynman-Theorie war in der Wissenschaft nie besonders einflußreich, galt aber bei mathematischen Physikern häufig als interessanter Nebenaspekt. Angesichts neuerer Entwicklungen in der Kosmologie muß sie nun vielleicht erheblich ernster genommen werden.

Ein Wechselstrom erzeugt elektromagnetische Wellen, weil die Elektronen im stromführenden Draht beschleunigt werden. Normalerweise werden sie dabei hin- und hergeschüttelt, können aber eine elektromagnetische Welle hervorrufen, wenn sie kontinuierlich entlang eines geraden Drahtes oder einer großen Schleife beschleunigt werden. Auch ein geladenes Teilchen, das den Vorübergang einer elektromagnetischen Welle »spürt«, reagiert mit einer Bewegung. Zum Verständnis des Vorgehens von Wheeler und Feynman betrachten wir am besten das Verhalten eines einzigen geladenen Teilchens (beispielsweise eines Elektrons), das im Universum beschleunigt wird, und die Reaktion aller anderen geladenen Teilchen im Universum auf die Welle, die durch dieses Elektron hervorgerufen wird.

Da es in den Maxwellschen Gleichungen keine Asymmetrie gibt, stützten sich Wheeler und Feynman gleichermaßen auf die Lösungen für avancierte und retardierte Wellen, um die Wechselwirkung beschleunigter geladener Teilchen mit dem elektromagnetischen Feld zu beschreiben. Das beschleunigte Elektron erzeugt sowohl eine retardierte Welle, die sich nach außen in die Zukunft ausbreitet, als auch eine avancierte Welle, die sich zurück in die Vergangenheit bewegt. Die avancierte Welle erreicht andere Teilchen und setzt sie in Bewegung, *bevor* noch das ursprüngliche Elektron beschleunigt worden ist. Doch nun werden die Dinge kompliziert. Das bedeutet nämlich, daß die anderen Teilchen – alle zu verschiedenen Zeiten, je nachdem, wann die Wellen sie erreichen – einmal beschleunigt werden, bevor das Ursprungselektron beschleunigt wurde, und entsprechende Zeit später, wenn die retardierte Welle sie schließlich erreicht, *nachdem* das Ursprungselektron beschleunigt wurde.

Jedes geladene Teilchen erzeugt unter Einwirkung einer avancierten oder retardierten Welle seinerseits avancierte und retardierte Wellen. Aus der kurzzeitigen Beschleunigung eines einzigen Elektrons resultiert daher eine Fülle einander überschneidender – retardierter wie avancierter – elektromagnetischer Wellen, die sich auch von allen anderen geladenen Teilchen ausbreiten und sich in der Zeit vorwärts wie rückwärts bewegen. Doch alle diese Wellen haben in der Bewegung des ersten Elektrons ihren gemeinsamen Ursprung und zeigen deshalb große Ähnlichkeit untereinander. Ihre Interferenz folgt genau festliegenden mathematischen Gesetzen, so wie sich die Wellen zweier in einen See geworfener Kieselsteine kreuzen und ein neues Wellenmuster bilden. Vom Ursprungselektron her gesehen tritt die komplexe Fülle dieser Wechselwirkungen augenblicklich ein, wie ein einfaches Beispiel verdeutlicht:

Nehmen wir an, ein anderes geladenes Teilchen wäre von dem Elektron so weit entfernt, daß die elektromagnetische Welle, die sich mit Lichtgeschwindigkeit fortbewegt, eine Stunde braucht, um den Abstand zurückzulegen. Das löst bei dem zweiten Teilchen eine Reaktion aus, die sich teilweise als avancierte Welle niederschlägt. Diese bewegt sich mit Lichtgeschwindigkeit in der Zeit zurück und erreicht das Ursprungselektron eine Stunde, bevor sie das zweite Teilchen verlassen hat – genau in dem Augenblick, in dem das Ursprungselektron strahlt. Dieselbe Überlegung gilt für alle Teilchen, ganz gleich, wie weit sie vom Ursprungselektron entfernt sind. Wie wirken aber unter diesen seltsamen Umständen die beiden Wellen (und all die anderen Wellen von all den anderen geladenen Teilchen) aufeinander ein? Die große Leistung Wheelers und Feynmans bestand in dem – mathematisch ziemlich komplizierten – Nachweis, daß sich unter entsprechenden Umständen alle avancierten Wellen aufheben. Die avancierten Wellen von allen anderen geladenen Teilchen im Universum heben nicht nur die avancierten Wellen des Ursprungselektrons auf, sondern bewirken auch die exakte Verdoppelung seiner retardierten Welle. Die gesamte Strahlungsenergie verteilt sich also nicht im Verhältnis von 50:50 auf beide Lösungen der Maxwellschen Gleichungen, sondern kommt allein der retardierten Welle zugute. Allerdings legt die Theorie dem Universum dabei gewisse Einschränkungen auf, so daß die Physiker sie bis vor kurzem nicht sehr attraktiv fanden.

Die Lösung von Wheeler und Feynman gibt nur dann eine zufriedenstellende Antwort auf die Frage, warum wir keine avancierten Wellen beobachten können, wenn das Universum, das die beiden mit ihren Gleichungen beschreiben, mathematisch einer geschlossenen Schachtel entspricht, einem der geschlossenen Systeme, die in der Thermodynamik so beliebt sind. Nur wenn die Wände der Schachtel undurchlässig sind, können sich die avancierten Wellen aufheben und die retardierten entsprechend verstärken. Wenn die Schachtel offen ist und Energie entweichen läßt, dann funktioniert das Ganze nicht. Kann die von einem beschleunigten Teilchen ausgehende Strahlung im Raum verschwinden, ohne jemals auf ein anderes geladenes Teilchen zu treffen, so besteht natürlich keine Möglichkeit, daß sich in der Zukunft des Universums jene avancierten Wellen bilden, die sich mit den avancierten Wellen des Ursprungsteilchens aufheben. Wissenschaftlich ausgedrückt: Es muß in der Zukunft unseres Universums einen »idealen Absorber« geben – das Universum muß eine »geschlossene Schachtel« sein.

Was würde mit der Strahlung geschehen, die von den Sternen ausgeht, wenn unser Universum geschlossen wäre? Während der Kontraktionsphase des Universums müßte sie natürlich in den kalten Sternen zusammentreffen, sie erwärmen, die Kernreaktionen rückwärts ablaufen lassen und so fort – ganz so, wie es dem merkwürdigen Verhalten eines schrumpfenden Universums bei rückwärts verlaufender Zeit entspricht. Das ist kein Zufall. Wheelers und Feynmans Beschreibung elektromagnetischer Strahlung ist nur in einem Universum gültig, in dem sich, wie in Hawkings Universum, der Zeitpfeil umkehrt, sobald der Zustand maximaler Expansion erreicht ist. Und diese Umkehr des Zeitpfeils erklärt auch, warum sich in unserem Universum die avancierte Welle aufhebt und warum die retardierte erhalten bleibt. Entscheidend ist, daß sich *eine* der beiden Lösungen für die Maxwellschen Gleichungen aufhebt; für uns ist die erhaltene Welle in jedem Fall die retardierte Welle in einem expandierenden Universum. Die übrigbleibende Welle könnte nach dieser Theorie auch die avancierte Welle in einem kollabierenden Universum sein, doch wie zuvor hätte jedes intelligente Wesen in *beiden* Hälften des Universums den Eindruck, daß der thermodynamische wie der elektromagnetische Pfeil in Richtung der Expansion zeige und daß retardierte Wellen der Normalfall seien.

In den sechziger und siebziger Jahren waren die Kosmologen jedoch meist der Auffassung, unser Universum sei offen und werde

ewig expandieren. Sie meinten das vor allem, weil die Materiemenge, die wir in Form von Sternen und Galaxien erblicken, nicht
für ein geschlossenes Universum ausreicht. Deshalb wurde die
»Absorbertheorie« von Wheeler und Feynman verworfen. Man
war überzeugt, sie müsse irgendeinen noch nicht entdeckten Fehler enthalten. Ein Beispiel für die Auffassung, die noch vor kurzem herrschte, findet sich bei Paul Davies:

»Die ewig expandierenden Friedmann-Modelle [des Univer-
sums] erfüllen nicht die Voraussetzung der Undurchlässig-
keit. Das kollabierende Modell ist jedoch für Strahlung vollkommen undurchlässig. Die Anhaltspunkte, die gegenwärtig
für ein ewig expandierendes Universum mit geringer Dichte
sprechen, sind deshalb auch als Widerlegung der Absorbertheorie zu werten.«*

Davies' Buch erschien erst 1977. Inzwischen sind die Inflationsmodelle entwickelt worden, die für das vertrackte Problem, warum
unser Universum so gleichförmig und flach erscheint, eine Lösung
anbieten, und Hawking hat mit seinen Arbeiten eine solide theoretische Grundlage für die Annahme geschaffen, daß das Universum geschlossen und folglich strahlenundurchlässig ist. Mitte der
achtziger Jahre, zehn Jahre nach der zitierten Äußerung von
Davies, ist der Erfolg der Wheeler-Feynman-Theorie, die den
elektromagnetischen Zeitpfeil in einem geschlossenen Universum
erklärt, ein weiterer Hinweis dafür, daß sich allmählich die Überzeugung durchsetzt, unser Universum *müsse* geschlossen sein
und so viel Masse besitzen, daß Omega – wenn auch nur um einen
winzigen Bruchteil – größer als eins sei. Doch nach wie vor gibt es,
wie Davies vor zehn Jahren völlig zu Recht feststellte, eine Fülle
von Belegen dafür, daß alle Baryonen in allen Sternen aller Galaxien nicht so viel Masse aufweisen, wie unser Universum braucht,
um geschlossen zu sein.

Wo ist die fehlende Masse? Welcher Art ist sie? Und wieviel ist
erforderlich?

---

* *Space and Time in the Modern Universe*, S. 186 und 187.

Wenn wir die letzte Frage zuerst beantworten wollen, müssen wir nur herausfinden, wieviel oder wie wenig Baryonenmaterial – also Materie in Form von Protonen, Neutronen und normalen Atomen – es im Universum gibt.

4. KAPITEL
Elementare Hinweise

Seit gut fünfzig Jahren wissen die Astronomen, daß unser Universum mehr enthält, als das menschliche Auge wahrzunehmen vermag. Anfang der dreißiger Jahre unseres Jahrhunderts hat der holländische Astronom Jan Oort als einer der ersten aus der Bewegung der sichtbaren Sterne Rückschlüsse auf die Beschaffenheit des Milchstraßensystems gezogen. Diese Messungen ergaben eindeutig, daß die Sterne unserer Galaxis alle um einen Mittelpunkt kreisen, der ziemlich weit von der Sonne entfernt ist. Dabei erinnert ihre Bewegung an die Art und Weise, wie die Planeten um die Sonne kreisen. Unser Sonnensystem liegt in den galaktischen »Vororten«, auf zwei Dritteln der Strecke vom Zentrum zu den äußersten Rändern dieses kreisenden Systems. Die Bewegung der Sterne in unserer unmittelbaren Nachbarschaft läßt sich recht eingehend verfolgen. Sie bewegen sich nicht genau in einer Ebene, sondern bewegen sich ein bißchen auf und ab, während sie den Mittelpunkt der Galaxis umkreisen – sie weichen von ihrer Hauptebene nach oben und unten ab. Wie weit ein Stern, der sich mit einer bestimmten Geschwindigkeit bewegt, die Ebene verlassen kann, bevor er von der Schwerkraft des anderen Materials in dieser Ebene zurückgezogen wird, hängt natürlich von der Gesamtmasse der galaktischen Scheibe in der Nachbarschaft des betreffenden Sterns ab. Je größer die Masse ist, desto dichter wird jeder einzelne Stern von der Schwerkraft an der Ebene gehalten. Oort hat gemessen, wie sich die Sterne um die Ebene der Galaxis verteilen, und damit gezeigt, daß es in der Nachbarschaft der Sonne dreimal soviel Materie geben muß, wie in Gestalt heller Sterne sichtbar ist.

Natürlich konnte er nicht beobachten, wie ein einzelner Stern sich nach oben oder unten durch die Ebene bewegt. Solche Veränderungen dauern Jahrtausende oder Jahrmillionen. Doch die Gesamtverteilung der Sterne – die Zahl, die sich in einem bestimmten Abstand ober- oder unterhalb des Mittelpunkts der

Ebene befindet – läßt sich bestimmen und mit den Verteilungen vergleichen, die sich aus den Gesetzen der Bahndynamik ergeben. Diesen Zahlen kann man ziemlich genau entnehmen, in welchem Umfang die Schwerkraft die Bewegung der Sterne einengt. Solche Untersuchungen zeigen, daß auf die Sterne ein Mehrfaches des Materials einwirkt, das wir in Form heller Sterne sehen können. Seit den dreißiger Jahren hat man ungefähr die gleiche Masse, die in den sichtbaren Sternen nahe unserer Sonne versammelt ist, in Gestalt kalter Gas- und Staubwolken zwischen diesen Sternen entdeckt. Doch damit kommt man, zusammen mit den Sternen selbst, immer noch auf nur zwei Drittel der Materiemenge, die erforderlich wäre, um die lokale Dynamik der Galaxis zu erklären.

Masse und Licht

Die unsichtbare dunkle Materie läßt sich durch eine Zahl wiedergeben, die als das Masse-Leuchtkraft-Verhältnis oder M/L bezeichnet wird. Sie ist für unsere Sonne mit dem Wert 1 festgelegt: Eine Sonnenmasse Materie, in Gestalt eines Sterns, erzeugt eine Sonnenleuchtkraft Licht. Für die Region in der Umgebung unseres Sonnensystems ergab sich aus Oorts Zahlen ein Masse-Leuchtkraft-Verhältnis von ungefähr 3. Das schien keine sensationelle Entdeckung zu sein, doch zur selben Zeit, da Oort Hinweise auf dunkle Materie (»fehlende Masse«) in unserem Gebiet des Universums fand, stieß der Schweizer Astronom Fritz Zwicky, der sich ein Lebenlang mit entfernten Galaxien beschäftigte, auf Anhaltspunkte für ein weit umfangreicheres Vorkommen dunkler Materie.

Zwicky untersuchte Galaxienhaufen: Gruppen, die in räumlicher Nachbarschaft mehrere Systeme wie unsere Galaxis enthalten. Diese gehört zu einem kleinen Haufen, der als Lokale Gruppe bezeichnet wird und nur eine Handvoll Mitglieder hat. Es gibt Supersysteme mit Hunderten von Galaxien. Die Astronomen nehmen an, daß in diesen Gruppen die Galaxien durch die Schwerkraft zusammengehalten werden. Sie kreisen umeinander, bewegen sich aber wie ein Bienenschwarm gemeinsam durch den Raum. Doch als Zwicky mit Hilfe des allgegenwärtigen Dopplereffekts die Geschwindigkeiten einzelner Galaxien im Coma-Haufen maß, stellte er fest, daß sie sich relativ zueinander viel zu schnell bewegen, als daß sie durch die Gravitation aller Sterne in allen Galaxien der Gruppe hätten zusammengehalten werden können. Die Bewegung der Galaxien hätte eigentlich schon längst, noch in der Frühzeit unsres Universums, zur Auflösung der Gruppe führen müssen. Zum selben Ergebnis kam Zwicky, als er andere Galaxienhaufen beobachtete: Überall stieß er auf Galaxien, die sich so schnell bewegen, daß sie durch die Schwerkraft der sichtbaren Sterne nicht zusammengehalten werden können. Gewiß, das Verfahren ist mit vielen Fragezeichen zu versehen. So ist der Schluß von der Helligkeit auf die Masse der Galaxien nur unter der Voraussetzung möglich, daß ein durchschnittlicher Stern in einer fernen Galaxie dieselbe Leuchtkraft besitzt wie ein durchschnittlicher Stern in unserer Galaxis. Dazu ist die Entfernung der Galaxien ungewiß, was ebenfalls die Zuverlässigkeit der Schlußfolgerungen Zwickys mindert. Doch neben der Größenordnung des von Zwicky entdeckten Effekts, der inzwischen durch eine Fülle ähnlicher Studien bestätigt worden ist, schrumpft jeder denkbare Fehler dieser Art erheblich. Grob gerechnet ist die Materiemenge, die erforderlich ist, um die Galaxienhaufen am Auseinanderdriften zu hindern, so groß, daß sich der Wert von M/L auf 300 beläuft – mit anderen Worten, es sollte in den Galaxienhaufen dreihundertmal mehr dunkle Materie als Materie in Form heller Sterne geben. Zum Vergleich: Schon beim dreifachen Betrag wäre das Universum geschlossen. Es brauchte einen über alles gemittelten M/L-Wert von ungefähr 1000, um geschlossen zu sein.

Das alles bereitete den Astronomen in den dreißiger Jahren des 20. Jahrhunderts wenig Kopfzerbrechen, auch in den vierziger, fünfziger und sechziger Jahren nicht. Die Erkenntnis, daß unser Universum expandiert, und die Entdeckung, daß es weit über die Grenzen der Galaxis hinausreicht, waren vor fünfzig Jahren so neu für die Astronomie, daß man viele Vermutungen hatte, wie

91

sich diese Beobachtungen ins Bild fügen könnten. Auf den kleinen Maßstab der Oortschen Entdeckung bezogen, schien es unsinnig anzunehmen, die Astronomen hätten jedes in der Milchstraße möglicherweise vorkommende Objekt entdeckt. Man nahm an, es gäbe sehr schwach leuchtende Sterne (»Braune Zwerge«) oder große Planeten (»Jupiter«), die viel Masse und wenig Licht zur Milchstraße beisteuern. Wie wir sehen werden, haben diese Vermutungen durch neuere Entdeckungen an Wahrscheinlichkeit gewonnen. Zwickys Beobachtungen gaben mehr Rätsel auf. Doch da kein Beweis für das Gegenteil vorhanden war, konnte man annehmen, innerhalb der Supersysteme sei der Raum zwischen den Galaxien mit einem Gasmeer angefüllt, das dicht genug sei, um die Galaxien durch seine Schwerkraft zusammenzuhalten. Diese Vermutung ist durch spätere Beobachtungen nicht bestätigt worden, doch das konnten die Pioniere der modernen Astronomie nicht wissen. Erst nachdem sich die Urknalltheorie als realistische Beschreibung des Universums durchsetzte, gewann das Rätsel der fehlenden Masse verstärkte Bedeutung für die Astronomie. Denn durch eine Ironie des Schicksals erwies sich nun ein Umstand, der in den vierziger Jahren als Einwand gegen das Urknallmodell galt, als so aufschlußreich für die Beschaffenheit unseres Universums, daß die Astronomen seit den sechziger Jahren sehr genau vorhersagen können, wieviel Materie eigentlich in allen Sternen und Galaxien zusammengefaßt sein »müßte« – zumindest in Form von Baryonen.

Die Entstehung von Atomen

Unsere Alltagswelt besteht aus Atomen. Sie kommen in zahlreichen Spielarten oder Elementen vor – Wasserstoff und Sauerstoff (die sich manchmal zu Wassermolekülen verbinden), Kohlenstoff, Eisen und vielen anderen. Die materielle Welt und auch das Leben sind auf das Zusammenspiel und die vielfältigen Verbindungen der Atome angewiesen. Das Ergebnis sind so verschiedenartige Stoffe wie die DNA, die den genetischen Code in unseren Zellen trägt, und das Gold, das wir seiner

Farbe und seiner Seltenheit wegen schätzen. Doch woher kommen die Atome? Warum ist Gold auf der Erde selten, Wasser hingegen im Überfluß vorhanden? Auf diese »philosophischen« Fragen können Astronomen heute sehr präzise Antworten geben, indem sie das Urknallmodell unseres Universums zu Rate ziehen.

Unser Heimatplanet ist beileibe kein typischer Teil des Universums. Betrachtet man die Atome, aus denen die Erde besteht, so ist sie noch nicht einmal ein typischer Teil unseres Sonnensystems. Der bei weitem größte Teil der Masse des Sonnensystems ist in der Sonne konzentriert, um die alle Planeten kreisen. Allein aus der Sonne könnte man 332300 Planeten wie die Erde machen, während alle Planeten des Sonnensystems zusammen noch nicht einmal 450 Erdmassen aufweisen – weniger als 0,15 Prozent der Sonnenmasse. Die Sonne ist weit charakteristischer für das Universum als die Erde. Sie scheint im wesentlichen den Milliarden anderer Sterne zu gleichen, aus denen das Milchstraßensystem besteht, das sich seinerseits nicht grundsätzlich von den Milliarden Galaxien unterscheidet, aus denen der sichtbare Teil unseres Universums besteht. Die Sonne und die Sterne enthalten *nicht* dieselben Elemente in derselben relativen Häufigkeit, die wir von der Erde her kennen.

Astronomen können am Licht der Sterne erkennen, woraus diese bestehen. Jede Atomart – jedes Element – erzeugt ein charakteristisches Linienmuster in den Spektren der Sterne, und die relative Stärke dieser Linien zeigt, in welchem Häufigkeitsverhältnis jedes Element vorhanden ist. Mit Hilfe radioastronomischer Techniken läßt sich aus der langwelligen Radiostrahlung auf diese Weise sogar herausfinden, wie die kalten Gaswolken zwischen den Sternen zusammengesetzt sind. Im großen und ganzen bietet sich den Astronomen stets dasselbe Bild, ganz gleich in welche Richtung unseres Universums sie blicken. Zum weitaus größtcn Teil bestehen die Sterne und Wolken aller Galaxien aus Wasserstoff, dem einfachsten Element. Ein beträchtlicher Teil des Sternenmaterials (ungefähr 25 Prozent) liegt in Form von Helium vor, dem zweiteinfachsten Element. Und nur wenige Prozent des Gesamtmaterials aller Sterne bestehen aus schwereren Elementen wie Kohlenstoff, Sauerstoff, Eisen und den übrigen Stoffen, die bei uns auf der Erde von so großer Bedeutung sind. Das Material einiger Sterne besteht zu weniger als einem hundertstel Prozent aus schweren Elementen. Und die Sterne, die den geringsten Anteil an schweren Elementen haben, scheinen – aufgrund anderer Anhaltspunkte – stets zu den ältesten Sternen der Galaxis zu gehören.

All das muß uns entscheidenden Aufschluß über die Beschaffenheit des Universums geben können. Schließlich ist Wasserstoff das einfachste Element – ein Atom Wasserstoff besteht aus einem einzigen Proton und einem einzigen Elektron. In der häufigsten Form des Heliums bilden zwei Protonen und zwei Neutronen den Kern, der von zwei Elektronen umkreist wird. Der größte Teil des Universums besteht aus diesen einfachsten Atomen. Im Inneren eines Sterns haben sich die Elektronen von den Kernen gelöst und führen ein eher unabhängiges Dasein; trotzdem besteht die Masse des sichtbaren Universums größtenteils aus den Kernen von Wasserstoff (Protonen) und Helium (auch als Alpha-Teilchen bezeichnet)*.

In den vierziger Jahren äußerte der Physiker George Gamow, der in Rußland geboren ist, aber den größten Teil seines Lebens in den Vereinigten Staaten gearbeitet hat, die Hypothese, daß *alle* schwereren Elemente unseres Universums während des Urknalls aus Wasserstoffkernen – Protonen – gebildet worden seien. Damals fingen die Physiker gerade erst an, den Prozeß der Kernfusion zu verstehen (dabei verschmelzen zwei leichtere Kerne zu einem schwereren und setzen Energie frei). Aus der Verschmelzung von Wasserstoff zu Helium stammt sowohl die Energie eines Sterns wie der Sonne als auch die Energie der Wasserstoffbombe. Doch das ist nur die erste Sprosse der »Fusionsleiter«, die im Prinzip bis zum Kohlenstoff, Sauerstoff und noch

---

* Da Protonen und Neutronen die Atomkerne (Nuklei) bilden, nennt man sie auch Nukleonen. Sie sind die Baryonen, aus denen sich Atomkerne aufbauen. Es gibt auch andere Arten von Baryonen, die sich durch »colliding beam«-Experimente in Teilchenbeschleunigern erzeugen lassen. Ihre Zahl ist jedoch in unserem heutigen Universum ohne Belang. Im vorliegenden Zusammenhang kann man die Begriffe »Nukleonen« und »Baryonen« synonym verwenden.

schwereren Elementen reichen kann. Will man dorthin gelangen, muß man die leichten Kerne zu einem sehr heißen und dichten Ball zusammenfügen – und wo wäre das besser gegangen, meinte Gamow, als im Feuerball des Urknalls?

Als Gamow und Mitarbeiter die entsprechenden Berechnungen durchführten, kamen sie allerdings zu dem Ergebnis, daß der Urknall doch nicht für die schweren Elemente verantwortlich sein könne. Der Feuerball hat sich einfach zu rasch ausgedehnt. Nachdem sich zunächst Wasserstoff(-Protonen) gebildet hatten, erfolgte in dem Feuerball ein Fusionsschub, der 20 bis 30 Prozent der Materie in Helium verwandelte – ein Ergebnis, das sich auch ziemlich genau aus den Untersuchungen über die Zusammensetzung der Sterne ergibt. Doch bevor die späteren Phasen des Fusionsprozesses einsetzen konnten, um die Atome zu bilden, aus denen (auch) unser Körper besteht, hatte das Universum seine Expansion fortgesetzt und war so weit abgekühlt, daß keine Fusionen mehr stattfinden konnten.

Dieses Problem bereitete den Physikern nicht lange Kopfzerbrechen, denn in den fünfziger Jahren fanden Fred Hoyle und Mitarbeiter eine Erklärung, wie die schwereren Elemente durch Kernfusion entstanden sein könnten. Sie vermuteten, daß die Reaktionen im Inneren der Sterne vor sich gehen, und gelangten bei ihren Berechnungen dann auch zu den richtigen Mengenverhältnissen. Sterne erreichen zwar nicht die Temperaturen des Urknalls, und die Atomkerne sind im Sterneninneren auch nicht so dicht gepackt, doch ein Stern hat als nuklearer »Druckkochtopf« den großen Vorteil einer langen Funktionsdauer, die sich über Millionen oder gar Milliarden Jahre erstreckt. Der langsame Prozeß der Kernfusion im Inneren der Sterne *kann* Wasserstoff in Helium verwandeln, Helium in Kohlenstoff, den Kohlenstoff in Sauerstoff, und so immer weiter die Leiter hinauf. Manche Sterne explodieren an ihrem Lebensende und erzeugen bei diesem Vorgang gelegentlich noch schwerere Elemente. Solche Produkte werden in den Weltraum hinausgeschleudert, wo sie sich zu Wolken zusammenballen, aus denen sich dann neue Sterngenerationen bilden. Diese Theorie erklärt einleuchtend, warum die ältesten Sterne (die noch aus dem Ursprungsmaterial des Urknalls bestehen) nur Wasserstoff, Helium und winzige Spuren schwererer Elemente enthalten, während jüngere Sterne wie unsere Sonne, die aus den Trümmern früherer Sterne bestehen, eine reichhaltigere Mischung schwerer Elemente aufweisen und ein Gefolge von Planeten besitzen können, deren Gesamtmasse lediglich ein Prozent des Sterns selbst beträgt. Nur auf einigen dieser Planeten, von denen der größte Teil des Wasserstoffs und Heliums in den Weltraum hinausgeschleudert worden ist, kann (für dortige Beobachter) der Eindruck entstehen, die schweren Elemente seien die wichtigsten Bestandteile des Universums.

Alle Atome, die für das Leben auf der Erde wichtig sind, mit Ausnahme des Wasserstoffs, entstanden im Inneren von Sternen, welche die Milchstraße erhellten, bevor die Sonne geboren wurde (Helium ist für das Leben auf der Erde ohne Bedeutung). Wir wissen, woher die Atome kommen und wie sie entstehen. Doch Gamows Idee, daß Atomkerne im Urknall erzeugt worden sein könnten (Urknall-Kernsynthese), trug in den sechziger Jahren unerwartete Früchte, als den Kosmologen klar wurde, wie gut das Urknallmodell unser Universum beschreibt.

Die Baryonen und unser Universum

Wenn sich ein Gas ausdehnt, kühlt es ab. Wenn sich ein heißer Feuerball aus Strahlung ausdehnt, kühlt er ebenfalls ab. In gewisser Weise kann man sich die Photonen auch als »Teilchen« der Strahlung vorstellen, die wie die Atome einer expandierenden Gaswolke Energie verlieren. Bei der Strahlung äußert sich dieser Energieverlust jedoch als Veränderung der Wellenlänge – es findet eine entsprechende Rotverschiebung statt. Energie, die ursprünglich als (kurzwellige) Gammastrahlung, Röntgenstrahlung oder in noch energiereicherer Form vorliegt, wird zunehmend rotverschoben – über das ultraviolette und sichtbare Spektrum in den Infrarot- und Radiowellenbereich hinein. Die Temperatur solcher Strahlung steht in exakter Beziehung zur Energieverteilung auf die verschiedenen Wellenlängenbereiche und zu derjenigen Wellenlänge, bei der die Strahlung ihren höchsten Wert erreicht. Man nennt diese Art von Strahlung *schwarze Strahlung* oder Hohlraumstrahlung und ihre Verteilung auf die verschiedenen Wellenbereiche Plancksche Verteilung – nach einem der Urheber der Quantentheorie.

Die Kosmologen, die in den vierziger und fünfziger Jahren dieses Jahrhunderts mit dem Gedanken spielten, es könnte einen Urknall und damit einen eindeutig festlegbaren Beginn des Universums gegeben haben, gelangten bald zu der Erkenntnis, daß der Urknall eine heute noch feststellbare Spur in Gestalt einer kalten Hohlraum-Hintergrundstrahlung hinterlassen haben müsse, die nur ein paar Grad über dem absoluten Nullpunkt liegen, nur wenige K betragen dürfe. Aber man machte keinen ernsthaften Versuch, diese Strahlung aufzufangen, woraus sich ersehen läßt, wie viel (oder wie wenig) Vertrauen die Astronomen damals in die Urknalltheorie hatten. Als die Hintergrundstrahlung in den sechziger Jahren dann tatsächlich als schwaches Rauschen im Mikrowellenbereich entdeckt wurde, das aus allen Richtungen des Weltraums eintraf, handelte es sich um einen Zufallsfund bei Experimenten in den USA, die ganz anderen Problemen gewidmet waren. Der Groschen sollte aber bald fallen, und inzwischen haben viele Studien in den verschiedensten Wellenbereichen gezeigt, wie genau die Hintergrundstrahlung der Planckschen Verteilung einer schwarzen Strahlung von 2,7 K folgt. Man kann sich Umstände – ziemlich künstlicher Art – vorstellen, die auch ohne Urknall dazu geführt hätten, daß das Universum heute mit einer solchen Strahlung angefüllt ist. Doch die einfachste Erklärung für die Hintergrundstrahlung ist der Urknall. Diese Entdeckung war für die Kosmologie der Anlaß, die moderne Version des Urknallmodells zu entwickeln, die sehr genau »vorhersagt«, welche Mengen der leichtesten Elemente im Urknall selbst entstanden sein müßten.

Ein paar Sekunden nach dem Schöpfungsaugenblick, als die Temperatur unseres Universums bei ungefähr 10 Milliarden K lag, war der Feuerball bereits mit einer Spur von Baryonenmaterial in Form von Neutronen und Protonen versetzt. In Anwesenheit von Elektronen sind die beiden Nukleonenarten bis zu einem gewissen Maß austauschbar, da ein Proton und ein Elektron bei hohen Energien dazu gebracht werden können, sich zu einem Neutron zu verbinden, während ein Neutron, sich selbst überlassen, in ein Proton und ein Elektron zerfällt. Der erste Prozeß – die Verbindung von Protonen und Elektronen zu Neutronen – wurde mit der Abkühlung des Universums immer seltener. Als die Temperatur auf ungefähr eine Milliarde K gesunken war – das Alter des Universums betrug jetzt etwa drei Minuten –, hatte sich das Gleichgewicht so verschoben, daß auf jeweils 16 Nukleonen 14 Protonen und nur 2 Neutronen kamen. Bei dieser Temperatur können ein isoliertes Proton und ein isoliertes Neutron aneinander haftenbleiben und einen Kern des Deuteriums oder schweren Wasserstoffs bilden. Als die Temperatur höher war, konnten sich zwar auch Deuteriumkerne bilden, wurden aber sofort durch sehr energiereiche Photonen auseinandergesprengt. Doch bei einer Temperatur von »lediglich« einer Milliarde K blieben die Deuteriumkerne nicht nur erhalten, sondern fügten sich auch umgehend zu Paaren zusammen, so daß aus jeweils zwei Protonen und zwei Neutronen Kerne des Helium-4 entstanden. Aus jeweils 16 Nukleonen waren vier zu Helium geworden – 25 Prozent. Der Rest blieb in Gestalt von Protonen erhalten, aus denen Wasserstoffatome wurden, sobald das Universum weiter abkühlte und diese Atome Elektronen an sich binden konnten.

Daß sich in den ältesten Sternen tatsächlich 25 Prozent Helium finden, ist – neben der Hintergrundstrahlung – der schlüssigste Beweis dafür, daß das Urknallmodell die Entstehung unseres Universums glaubhaft beschreibt.

Tatsächlich sind die Reaktionen der Kernfusionen etwas komplizierter, als aus meiner Darstellung hervorgeht. In der Regel verbinden sich nicht zwei Deuteriumkerne direkt zu einem Helium-4-Kern, sondern meist bilden sie einen Helium-3-Kern und ein isoliertes Neutron. Das »Ersatzneutron« kann sich nun mit einem anderen Helium-3-Kern zu Helium-4 zusammenschließen. Doch damit nicht genug: Es gibt zwar keine stabilen Kerne mit fünf oder sechs Nukleonen, die Kerne von Helium-3 und Helium-4 können jedoch zu Lithium-7 verschmelzen, bevor unser Universum so weit abkühlt, daß keine Kernfusionen mehr möglich sind. Jedenfalls ist vier Minuten nach dem Schöpfungsaugenblick diese Aktivität abgeschlossen und die Häufigkeit der Urelemente festgelegt.

Wenn wir die Häufigkeiten all dieser Elemente in den ältesten Sternen messen könnten, wüßten wir, welche Mischung aus dem Urknall hervorgegangen ist. Da der genaue Anteil der verschiedenen Elemente unter anderem von der Dichte des Feuerballs abhängt, in dem sie entstanden sind, wüßten wir also – falls das Universum nur aus Baryonen bestünde – augenblicklich, ob es offen oder geschlossen ist, und folglich auch, welches Schicksal ihm letztlich bestimmt ist.

Unter den leichten Elementen ist Helium-4 in seiner Entstehung am unabhängigsten von der Dichte. Doch die hervorgebrachte Helium-4-Menge hängt entscheidend von der damaligen (und heutigen) Expansionsgeschwindigkeit unseres Universums ab. Deshalb ist es außerordentlich wichtig, die Helium-4-Häufigkeit zu ermitteln. Sie dürfte genauer gemessen worden sein als die aller anderen Elemente, die schwerer als Wasserstoff sind, und die Ergebnisse entsprechen den Bedingungen des Standardmodells. Nach neuesten Schätzungen bestehen die alten Sterne zu 23 bis 25 Prozent aus Helium-4. Das Deuterium ist im Prinzip genauso interessant, in der Praxis aber sehr schwer zu messen. Nach den Erkenntnissen der Kernphysik entsteht im Inneren der Sterne kein Deuterium. Bei den Temperaturen, die dort herrschen, wird das Deuterium zerstört. Deshalb muß jede Messung der Deuteriumhäufigkeit im heutigen Universum einen Wert ergeben, der niedriger liegt als die Häufigkeit, die aus dem Urknall hervorging. Die Messungen sind schwierig, aber aus Untersuchungen von Meteoritenproben und der spektroskopischen Analyse der Jupiterwolken kann man schließen, daß auf jeweils hunderttausend Atome Wasserstoff im Universum nur zwei bis drei Atome Deuterium kommen. Die Astronomen nehmen an, daß etwa doppelt so viele Atome Deuterium – fünf auf 100000 Wasserstoffatome – aus dem Urknall hervorgegangen sind und daß der Rest im Inneren von Sternen zerstört worden ist.

Spektroskopische Untersuchungen des Sternenlichts erlauben den Schluß, daß der Urknall etwa genausoviel Helium-3 wie Deuterium hervorgebracht hat und Lithium-7 sogar in noch geringeren Mengen (etwa fünf Atome Lithium-7 auf je zehn Milliarden Atome Wasserstoff). Alle diese Werte für die Elementhäufigkeiten lassen sich im Rahmen des Urknall-Standardmodells erklären – vorausgesetzt, die Gesamtdichte der Baryonen in unserem Universum liegt deutlich unter einem Zehntel des kritischen Wertes, der für ein geschlossenes Universum erforderlich ist.

Am Beispiel des Deuteriums läßt sich der Gedanke am leichtesten verstehen. Im frühen Universum bestand eine hohe Wahrscheinlichkeit für Kollisionen der Deuteriumkerne und ihre Verschmelzung zu Heliumkernen. Bei geringer Dichteverteilung der Kerne, d. h. bei großer Streuung, wäre die Wahrscheinlichkeit von Kollisionen relativ gering gewesen, so daß entsprechend mehr Deuterium übriggeblieben wäre, das wir heute entdecken könnten. Wären die Kerne dichter gepackt gewesen, hätten sich relativ viele Kollisionen ereignet, so daß weniger Deuteriumkerne übriggeblieben wären. Hiernach sind sogar fünf Deuteriumatome pro 100000 Wasserstoffatome eine große Zahl. Die gegenwärtigen Werte für die Deuteriumhäufigkeit setzen der Baryonendichte im frühen Universum – und damit auch in unserem heutigen – sehr enge Grenzen, die weit unter dem kritischen Wert liegen.

Als man in den sechziger Jahren erstmals entsprechende Berechnungen zur Urknall-Kernsynthese durchführte, schienen sie den schlüssigen Beweis zu erbringen, daß das Universum offen sei und ewig expandieren werde. An dieser Auffassung hielten die Kosmologen bis in die siebziger Jahre fest, weil niemand ernsthaft annehmen mochte, unser Universum könne in weiten Teilen auch aus anderen, für uns nicht sichtbaren Materieformen bestehen. Es galt als sicher, daß Baryonen die wichtigste Materieform im Universum seien – zwar nicht alle Baryonen, aber doch die sichtbaren in Gestalt der hellen Sterne und Galaxien. Noch 1981, als ich mit John Huchra vom Observatorium der Smithsonian Institution über das Problem sprach, meinte er: »Philosophisch gesehen, würde man rasch das Interesse an der beobachtenden Kosmologie verlieren, wenn im Universum diejenigen Dinge entscheidend wären, die man nicht sehen könnte.« Huchras philosophische Einwände gegen die Existenz großer Mengen dunkler Materie im Universum scheinen inzwischen widerlegt zu sein – und die Beobachter haben ihre Arbeit keineswegs aufgegeben, sondern verfolgen eifrig die Dynamik der sichtbaren Galaxien, um auf diese Weise, indirekt, der Verteilung der dunklen Materie im Universum auf die Spur zu kommen. Und vermutlich liegt der größte Teil dieser dunklen Materie nicht in Form von Baryonen vor. Die Annahme, das Universum werde von den sichtbaren Sternen und Galaxien bestimmt, scheint keine andere Grundlage als eine Art »Baryonen-Chauvinismus« gehabt zu haben. Daß bestimmte Elemente auf der Erde häufig vorkommen – Kohlenstoff, Sauerstoff, Eisen und andere –, bedeutet, wie wir gesehen haben, nicht unbedingt, daß sie bei der Zusammensetzung der Sterne und Galaxien insgesamt eine bedeutende Rolle spielen. Ebensowenig folgt aus der Baryonenbeschaffenheit der Sterne, daß das ganze Universum in erster Linie aus Baryonen besteht. Es *könnte* der Fall sein; doch schon die Werte der Masse-Leuchtkraft-Beziehung sprechen dagegen.

Berücksichtigt man in diesem Zusammenhang die Grenzen, die der Baryonendichte durch die ermittelten Häufigkeiten der leichtesten Elemente gesetzt werden, so müßte der Wert von M/L für unser ganzes Universum geringer als 72 sein, falls die Masse des Universums größtenteils in Form von Baryonen vorliegt[*]. Doch wir wissen, daß die Masse-Leuchtkraft-Beziehung für Galaxienhaufen weit höher liegt: ungefähr bei 300. So bleibt nur der Schluß, daß ein erheblicher Teil der Masse »dort draußen« im Universum nicht aus Baryonen besteht – und zu dieser Schlußfolgerung haben sich die Kosmologen denn auch in den letzten Jahren widerstrebend durchgerungen. Nachdem sie ihre anfängliche Abneigung überwunden haben, finden sie sogar immer mehr Gefallen an der Idee. Nach allen vorliegenden Erkenntnissen muß es

---

[*] Diese Zahl hat David Schramm von der Universität Chicago errechnet und sie im Oktober 1982 auf einer Sitzung der Royal Society in London vorgetragen.

101

nicht-baryonische Materie in irgendeiner Form geben – möglicherweise in großen Mengen, vielleicht sogar in so großen Mengen, daß der Wert von Omega ganz nahe an eins rückt, was mit den besten modernen Theorien der Kosmologie durchaus in Einklang stünde.

Um eine Vorstellung davon zu bekommen, welcher Natur diese unsichtbare Materie sein könnte und wie sie die Entwicklung von Galaxien und Nebelhaufen beeinflußt haben kann, müssen wir uns in die seltsame Welt der Teilchenphysiker wagen. Glücklicherweise führt uns der erste Schritt in diese Welt noch nicht allzu weit von der vertrauten Welt der Baryonen fort.

Jenseits der Baryonen

Wir wissen heute, daß die Elemente nicht wirklich elementar sind. Atome bestehen aus Baryonen (also Protonen und Neutronen) und Elektronen. Da die Masse eines Elektrons sehr viel kleiner ist als die eines Nukleons, wird gewöhnliche Materie oft als Baryonenmaterie bezeichnet. Als ich oben die Dichte des Universums berechnete, indem ich zugrunde legte, wie die leichtesten Elemente im Urknall entstanden sind, habe ich die Masse der Elektronen vernachlässigt. Das kann man machen, weil zwar auf jedes Proton im Universum ein Elektron kommt, die Masse jedes Protons aber ungefähr zweitausendmal größer ist als die Masse eines Elektrons. In alltäglichen Maßeinheiten: Die Masse eines Elektrons beträgt $9 \cdot 10^{-28}$ (eine Null, Dezimalkomma, 27 Nullen und eine Neun) Gramm. Die im täglichen Leben verwendeten Einheiten eignen sich nicht besonders zur Messung solch kleiner Massen. Deshalb ziehen Physiker eine Einheit vor, die sie Elektronenvolt (eV) nennen. Genaugenommen ist das eine Einheit der Energie. Doch Masse und Energie sind austauschbar, wie wir aus der Formel $E = mc^2$ wissen. Danach beträgt die Masse eines Elektrons etwas mehr als eine halbe Million eV – geschrieben 0,5 MeV –, die Masse eines Protons beträgt 938,3 MeV und die eines Neutrons 939,6 MeV.

Diese drei Teilchen sind die Bausteine der uns gewohnten Materie, aller Atome in unserem Körper wie in unserem Planeten, des Materials, aus dem die Sonne und alle am Himmel sichtbaren Sterne bestehen. Doch es gibt noch einen weiteren Bestandteil der »normalen« Materie, mit dem wir nunmehr Bekanntschaft machen: das Neutrino.

In den dreißiger Jahren unseres Jahrhunderts erkannten die Physiker, daß an den Kernreaktionen eine vierte Teilchenart beteiligt sein muß. Wenn beispielsweise ein Neutron in ein Proton und ein Elektron zerfällt, läßt sich sowohl die Bewegungsenergie als auch die Massenenergie messen. Immer wenn man das tat, stellte man fest, daß die Gesamtenergie von Proton und Elektron (Massenenergie + Bewegungsenergie) geringer ist als die Gesamtenergie des ursprünglichen Neutrons. Irgend etwas trug Energie davon. Dieses »Etwas« wurde bereits 1931 von Wolfgang Pauli *Neutrino* genannt. Experimentell nachgewiesen wurde es erst 1956.

Die direkte Entdeckung hat so lange auf sich warten lassen, weil die Neutrinos nur sehr schwach mit normaler Materie wechselwirken. Neutrinos, die z. B. in den Kernreaktionen im Inneren der Sonne erzeugt werden, durchdringen die Sonne leichter als Licht eine Glasscheibe. In Kernreaktionen und überall, wo eine hohe Materiedichte oder Energie vorliegt – wie im Mittelpunkt eines Sterns oder im Urknall selbst –, spielen Neutrinos eine wichtige Rolle. Doch sie durchdringen normale Materie – ob Planeten oder Menschen –, als ob es sie gar nicht gäbe. Trotzdem sind Neutrinos erforderlich, damit sich die Bilanz von Kernreaktionen ausgeglichen darstellt, und ihre Existenz ist in Experimenten nachgewiesen worden. Auf der Ebene, die für die Kernphysik wichtig ist, sorgen sie in der Teilchenordnung für eine erfreuliche Vervollständigung der Symmetrie.

Protonen und Neutronen gehören zur Familie der Baryonen, und es scheint ein grundlegendes Naturgesetz zu sein, daß heute die Zahl der Baryonen in unserem Universum gleichbleibt. Wenn ein Neutron zerfällt, dann verschwindet es nicht einfach in einem Energieausbruch oder verwandelt sich in eine andere Teilchenart – es verwandelt sich in ein anderes Baryon. Dabei scheint es ein Elektron hervorzubringen. Offensichtlich bleiben

Elektronen also nicht auf dieselbe Weise erhalten wie Baryonen. Das Neutrino stellt indessen durch seine Existenz das Gleichgewicht wieder her. Elektronen und Neutrinos gehören einer anderen Familie an, den Leptonen. Und wie die Zahl der Baryonen in unserem Universum erhalten bleibt, so auch die der Leptonen.

Der Zerfall eines Neutrons läßt sich auf zwei verschiedene Arten darstellen. Erstens: Ein Neutrino (Lepton) wird von einem Neutron (Baryon) absorbiert, und dieses zerfällt dann in ein Proton (Baryon) und ein Elektron (Lepton). Aus einem Lepton und einem Baryon werden ein anderes Lepton und ein anderes Baryon. Zweitens: Das Neutron produziert von sich aus bei seinem Zerfall ein Proton (womit die Baryonenzahl erhalten bleibt) sowie ein Elektron nebst einem *Antineutrino*. Genau wie Elektronen ihre Antiteilchen, die Positronen, haben, besitzen auch die Neutrinos solche Antiteilchen. Bei der Berechnung der Gesamtzahl der Leptonen in unserem Universum muß man die Antiteilchen von den Teilchen abziehen. Durch »Erzeugung« eines Leptons (Elektrons) und eines Antileptons (Antineutrinos) hat der Neutronenzerfall das Leptonengleichgewicht im Universum erhalten. Das ist ein wichtiger Aspekt, weil die Natur diese Art von Symmetrie zu begünstigen scheint. In den letzten fünfzig Jahren sind die Physiker tiefer und tiefer in die Welt der Elementarteilchen eingedrungen und haben mathematische Regeln entwickelt, die die Teilchenwechselwirkungen immer vollständiger beschreiben. Dabei fanden sie Symmetrie und Gleichgewicht auf jedem Niveau – denn es gibt solche Niveaus, zumindest eines, auch jenseits der Baryonen.

Alle Anhaltspunkte sprechen dafür, daß Leptonen echte Elementarteilchen sind. Innerhalb eines Elektrons oder eines Neutrinos gibt es keine Struktur mehr, und keines von beiden läßt sich in kleinere Bestandteile zerlegen. Anders verhält es sich mit den Baryonen. In den sechziger Jahren entdeckte man, daß sich das Verhalten von Baryonen (und von anderen Teilchen, mit denen wir uns hier nicht beschäftigen müssen) am besten erklären läßt, wenn jedes Proton und jedes Neutron aus drei noch einfacheren Teilchen besteht, den sogenannten Quarks. Nur zwei verschiedene Arten von Quarks sind erforderlich, um die Eigenschaften von Nukleonen zu erklären. Man hat sie willkürlich als »up« und »down« bezeichnet. Danach ist ein Proton eine eng zusammengeschlossene Gruppe aus zwei up-Quarks und einem down-Quark, während ein Neutron aus zwei down-Quarks und einem up-Quark besteht. Andere Zusammenstellungen der beiden Quarktypen, auch zu Quarkpaaren, können in Verbindung mit dem Leptonenpaar alles Verhalten der alltäglichen Materie erklären. Wenn Quarks auch nicht einzeln vorkommen können, so weist das up/down-Paar in seinen Grundeigenschaften doch viele Ähnlichkeiten mit dem Elektron/Neutrino-Paar auf. Wie Leptonen haben Quarks keine innere Struktur und scheinen echte Elementarteilchen zu sein. Anfang der siebziger Jahre schien sich die Physik anzuschicken, die gesamte materielle Welt mit Hilfe von vier echten Elementarteilchen zu erklären. Inzwischen sind die Dinge wieder ein bißchen komplizierter geworden, doch alle Komplikationen haben bisher nichts an der Grundsymmetrie zwischen Quarks und Leptonen geändert.

Die beste Erklärung für diese Komplikationen liefert die Vorstellung, daß die Natur ihr Quark-Leptonen-Thema wiederholt – nicht einmal, sondern zweimal. Bereits 1936 haben die Physiker in der kosmischen Strahlung ein Teilchen entdeckt, das mit dem Elektron identisch zu sein schien, nur daß es 200mal soviel Masse hatte. Man nannte es Myon und oft auch »schweres Elektron«, doch vierzig Jahre lang hatte niemand eine Ahnung, welche Rolle es in der Welt der Elementarteilchen spielt. In den siebziger Jahren wurde diese Welt durch die revolutionäre Entdeckung neuer Teilchenarten erschüttert, die über größere Massen verfügten als ihre Gegenstücke der »ersten Generation«*. Diese Teilchen ließen sich nur durch die Existenz zweier weite-

---

* Diese Teilchen sind das Ergebnis eines regelrechten Herstellungsprozesses in Maschinen, die »normale« Teilchen wie Protonen und Elektronen auf sehr hohe Energien beschleunigen und miteinander kollidieren lassen. Die Teilchenfamilien mit größeren Massen können in einer energiereicheren Welt (oder in den frühen Stadien des Urknalls) auf natürliche Weise vorkommen, nicht aber unter Bedingungen, wie sie unser heutiges Universum größtenteils

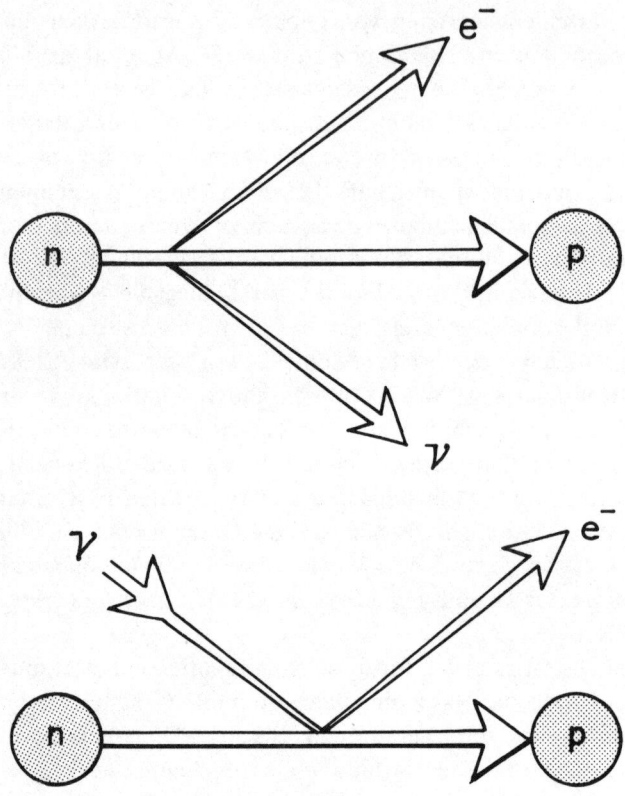

Abb. 4.1: *Die Notwendigkeit der Neutrinos*
Wenn ein Neutron in ein Proton und ein Elektron »zerfällt«, läßt sich das Gleichgewicht nur erhalten, indem man ein weiteres Teilchen einbezieht, das Neutrino. Streng genommen entstehen beim Neutronenzerfall ein Proton, ein Elektron und ein Elektronen-Antineutrino. Im anderen Fall wird aus einem Neutrino, das mit einem Neutron kollidiert, ein Elektron, während sich das Neutron in ein Proton verwandelt.

rer Quarks erklären, die schwerer als das up- und down-Paar waren. Man nannte sie »charm« und »strange«. Wie die up/down-Quarks mit den Elektron/Neutrino-Leptonen eine Familie bilden, sind auch die charm/strange-Quarks, das Myon und

(*Fortsetzung von S. 105*) bietet. Künstlich hergestellt, zerfallen sie deshalb rasch in die vertrauten Teilchen unserer Welt.

dessen Neutrino, eine Familie. Die Entdeckung dieser »neuen«
Teilchengeneration lieferte den Physikern einen Prüfstein für
die Theorien, die sie an der ersten Generation entwickelt hatten, und die Theorien bestanden die Prüfung glanzvoll, denn es
gelang, die Eigenschaften der neuen Teilchen und ihre Fami-
lienbeziehungen vorherzusagen bzw. zu erklären*. Niemand
wußte, welchen Grund die Natur hat, sich zu wiederholen, aber
die Physiker waren begeistert von der Möglichkeit, ihre Modelle
zu überprüfen und auszuarbeiten. Doch kaum hatten sie das getan, ergaben sich neue Dinge, die ihnen wieder Kopfzerbrechen
bereiteten.

Wenn es *ein* schweres Elektron geben kann, warum dann nicht
auch mehrere? So befand sich Mitte der siebziger Jahre die Teilchenphysik in hellem Aufruhr, und tatsächlich entdeckte eine
Arbeitsgruppe an der Universität Stanford ein superschweres
Elektron: ein »neues« Lepton, identisch mit dem Elektron, von
der Masse abgesehen, die eindrucksvolle 2000 MeV beträgt –
ein »Elektron«, das doppelt soviel wie ein Proton wiegt. Man
nannte das neue Teilchen Tauon, und wie erwartet erwies sich,
das ihm ein eigener Neutrinotyp zugeordnet ist. Nun hatte man
drei Leptonengenerationen, aber nur zwei Quarkgenerationen.
Die Situation war unbefriedigend, und deshalb suchte man fie-
berhaft nach einer dritten Generation noch schwererer Quarks.
Die Spuren eines solchen Teilchens, »bottom« genannt, wurden
1977 entdeckt. Anhaltspunkte für die Existenz des anderen,
»top« genannt, brachten Mitte der achtziger Jahre Experimente
bei CERN. Damit ist die Symmetrie zwischen Quarks und Leptonen wiederhergestellt. Die Theorien haben einen erneuten
Test hervorragend bestanden. Abermals bietet sich ein ausge-
wogenes Bild, in dem mittlerweile sechs Leptonen- und sechs
Quarks-Arten erforderlich sind, um alle Erscheinungen der materiellen Welt zu erklären, während nur zwei solche Quarks und

---

* Hinweise auf die Existenz des strange-Quark hatte man bereits in den sechziger
  Jahren entdeckt. Doch erst in den siebziger Jahren wurde den Physikern auch
  die Notwendigkeit des charm-Typus klar. Sie begriffen, daß die Natur das
  Grundthema Quark/Lepton einfach wiederholt.

zwei Leptonen nötig sind, um die ganze Materie in unserer gewohnten Welt zu erklären. Doch wo ist das Ende? Wenn die Natur eine Wiederholung der Grundmodelle – zwei Quarks und zwei Leptonen – zuläßt und wenn sich dann noch die Erzeugung einer dritten Teilchengeneration als möglich erweist – vielleicht ist dieser Prozeß, genügend Energie vorausgesetzt, unbegrenzt fortsetzbar? Warum sollte er bei drei oder vier oder fünf Generationen enden? Doch kaum drohen wir im Sumpf der Teilchenvielfalt zu versinken, da kommt die Rettung in Gestalt der Kosmologie. Sie hat gute Gründe dafür, daß nicht mit der Entdeckung noch schwererer Quarks und Leptonen zu rechnen ist – und diese Gründe haben mit dem Einfluß der Neutrinos auf die Entstehung der leichtesten Elemente während des Urknalls zu tun.

Neutrino-Kosmologie

In unserem heutigen Universum existieren diese »zusätzlichen« Teilchengenerationen nicht, von ihrer Herstellung unter den hochenergetischen Bedingungen moderner Teilchenbeschleuniger abgesehen. Dort zerfallen sie bald nach ihrer Herstellung in die uns vertrauten Teilchen. Deshalb besteht keine Möglichkeit, daß Teilchen aus den schwereren Quarks (*charm, strange, top* und *bottom*) die Masse der im Urknall entstandenen Baryonen spürbar ergänzen und erweitern*. Aber diese zusätzlichen Teilchengenerationen können existieren, wo es genügend Energie gibt, und das war sicher während des Urknalls der Fall, ungefähr drei Minuten nach dem Schöpfungsaugenblick, unmittelbar bevor die Baryonen

---

* Vielleicht sollte ich sagen »kaum eine Möglichkeit«. Einige Physiker haben nämlich die Vermutung geäußert, daß Materie, die eine gleiche Anzahl von up-, down- und strange-Quarks enthalte, stabil sein könnte. Wenn das zuträfe und wenn im Urknall vor der Phase der Baryonenbildung solche Materie entstanden wäre, dann könnte es heute möglicherweise genug von dieser strange-Materie, vielleicht in Form von »Quark-Nuggets«, geben, um einen wesentlichen Anteil der dunklen Materie zu stellen. Doch wetten würde ich nicht darauf.

in einer Mischung aus 75 Prozent Wasserstoff, 25 Prozent Helium-4 und einer Spur von Deuterium, Helium-3 und Lithium-7 feste Gestalt annehmen. Die Existenz schwererer Quarks hatte keinerlei Einfluß auf die weitere Entwicklung des Universums, so daß wir sie praktisch vernachlässigen können. Doch das Vorkommen dreier Neutrinoarten in den Frühstadien des Urknalls erweist sich als sehr bedeutsam für die Bestimmung, wie schnell sich das Universum ausdehnt, und hat deshalb auch mit seinem endgültigen Schicksal zu tun.

Entscheidend ist, wie viele Spielarten leichter Teilchen es gibt. »Leicht« bedeutet in diesem Zusammenhang eine Masse unter etwa 1000 Elektronenvolt (1 keV). Auf die Elektron-Neutrinos, von denen man ursprünglich meinte, sie hätten überhaupt keine Masse, trifft diese Bedingung sicherlich zu. Doch in neuerer Zeit hat man, wie wir noch sehen werden, die Vermutung geäußert, die Elektron-Neutrinos hätten eine Masse von ein paar eV und möglicherweise gebe es so viele von ihnen, daß sie für die ganze fehlende Masse in unserem Universum sorgen könnten. Zwar scheinen die Neutrinos nicht mehr die aussichtsreichsten Anwärter für die dunkle Materie zu sein, aber sehr leicht sind sie zweifellos. Solche leichten Teilchen werden manchmal auch als »relativistische« Teilchen bezeichnet, denn sie gingen aus dem Urknall mit sehr hohen Geschwindigkeiten hervor, fast mit Lichtgeschwindigkeit*, die, wie wir aus der Relativitätstheorie wissen, die höchstmögliche Geschwindigkeit in unserem Universum ist. Analog zur raschen Bewegung energiereicher Teilchen in einem heißen Gas bezeichnet man sie auch als »heiße« Teilchen. Danach wären die Neutrinos aus dem Urknall, die eine Spur von Masse aufweisen, die Bestandteile einer heißen dunklen Materie in unserem Universum.

Doch damit greifen wir vor. Entscheidend für die urzeitliche Kernsynthese, vor allem des Helium-4, ist die Unterschiedlichkeit der drei Neutrinoarten. Das zeigt sich auch in Experimenten hier auf der Erde. Wenn ich oben gesagt habe, daß aus der Wechselwirkung eines Neutrinos und eines Neutrons ein Proton und

---

* *Exakt* mit Lichtgeschwindigkeit, wenn ihre Masse gleich Null ist.

ein Elektron entstehen können, so war das nicht ganz korrekt. Ich hätte sagen müssen, daß es sich um ein *Elektron*-Neutrino handelt. Denn wenn ein Myon-Neutrino mit einem Neutron zusammenwirkt, so resultiert daraus, wie zu erwarten, ein Proton plus einem Myon. Woher die drei Neutrinosorten »wissen«, zu welchem Partner sie gehören, können uns die Physiker bislang nicht sagen. Aber sie wissen es, und die Arten sind unterschiedlich. Diese Information befähigt die Kosmologen, bestimmte Grenzen für die Produktion von Helium-4 während des Urknalls anzugeben.

Die Menge des in der Kernsynthese des Urknalls erzeugten Helium-4 hängt nicht entscheidend von der Dichte des Universums ab. Die rund 25 Prozent Helium am Ende des Urknalls ergeben sich für einen weiten Bereich recht unterschiedlicher Dichtewerte. Wohl aber hängt die Helium-4-Menge von der Ausdehnungsgeschwindigkeit des Universums zur Zeit der Nukleosynthese ab, und zwar wird um so mehr Helium-4 produziert, je rascher das Universum expandiert. Denn je schneller das Universum sich ausdehnt, desto mehr Neutronen können in Heliumkernen eingeschlossen werden, bevor sie Zeit haben, in Protonen zu zerfallen. Wenn das Universum langsamer expandiert, zerfallen mehr Neutronen, bevor die Temperatur so weit absinkt, daß die Heliumkerne stabil werden. Die Expansionsgeschwindigkeit des Universums zur Zeit der Nukleosynthese hängt davon ab, wie viele Arten relativistischer Teilchen es zu jenem Zeitpunkt im Universum gab. Man kann sich das als eine Art Druck vorstellen, der das Universum zur Expansion zwang – Gas, das in einem Zylinder unter Druck steht, zwingt durch seine Ausdehnung einem Kolben eine Bewegung nach außen hin auf. Je mehr Gas anfangs in dem Zylinder zusammengepreßt wird, desto höher ist der Druck und desto rascher die Bewegung des Zylinders. Die Analogie trifft nicht ganz zu – im frühen Universum wurden von diesem besonderen »Druck« schwerere Teilchen wie etwa Protonen nicht erfaßt, sondern nur die leichten Teilchen des relativistischen »Gases«. Dazu gehörten Photonen, Elektronen und Positronen sowie die drei Neutrinoarten nebst ihren Gegenstücken aus der Antiteilchenwelt.

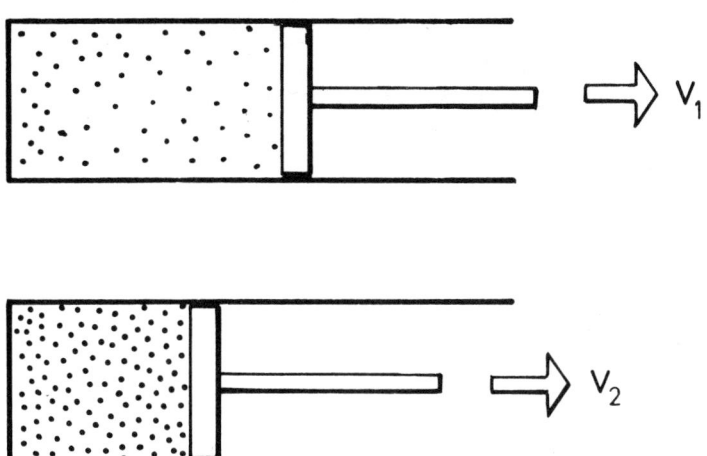

Abb. 4.2: *Das Universum als Druckkochtopf*
Je stärker ein Kolben nach innen drückt, desto größer wird der Druck
des zusammengepreßten Gases nach außen. Gibt man den Kolben frei,
so bewegt er sich rascher (v_2) als bei geringerer Gaskompression (v_1).
Die Geschwindigkeit, mit der das Universum während des Urknalls ex-
pandierte, hängt (unter anderem) davon ab, wie viele Neutrinos einen
solchen »Druck« ausübten. Die Menge des erzeugten Heliums richtet
sich danach, wie lange die »Druckkochtopf-Bedingungen« andauerten.
Wenn Astrophysiker diese beiden Bedingungen zugrunde legen und den
Heliumanteil in alten Sternen messen, so kommen sie zu dem Ergebnis,
daß es sicher nicht mehr als vier Neutrinofamilien gibt, ja daß die drei,
die man bisher gefunden hat, wahrscheinlich sogar alle sind, die es zu
entdecken gibt.

Die Vorhersagen für die Helium-4-Häufigkeit, die sich aus diesen Berechnungen ergeben, sind erstaunlich genau.

Mit einiger Sicherheit wissen wir, daß Photonen und Elek-
tron-Positron-Paare im Urknall zugegen waren. Dies vorausgesetzt, läßt sich eine Beziehung zwischen der Helium-4-Häufig-
keit und der Anzahl der Neutrinoarten herstellen. Geht man in
den Berechnungen nur von zwei Neutrinoarten (und den entsprechenden Antineutrinos) aus, so beträgt der Helium-4-Anteil
an der Baryonenmaterie weniger als 23 Prozent. Bei drei Neutrinotypen steigt dieser Anteil auf 24 Prozent, während bei vier

Neutrinoarten die vorhergesagte Häufigkeit knapp über 25 Prozent liegt. Jede neue Neutrinoart vergrößert die Heliummenge also im Vergleich zum Wasserstoff um rund ein Prozent. Neueste Messungen der Heliumhäufigkeit im realen Universum ergeben eine Zahl von 23 bis 25 Prozent – decken sich folglich exakt mit der Vorhersage, die von nur drei Neutrinoarten ausgeht. Die Zahlen lassen vielleicht noch zu, daß man mit vier Neutrinoarten rechnen könnte, mit mehr aber keinesfalls. Die kosmologischen Beobachtungen legen den Schluß nahe, daß alle Neutrinosorten, die es im Universum gibt, bereits entdeckt worden sind.

Welche außerordentliche Bedeutung diese kosmologischen Erkenntnisse für die Teilchenphysik haben, zeigen die Schwierigkeiten, die die Teilchenphysiker selbst hatten, anhand ihrer hier auf der Erde durchgeführten Experimente zu entscheiden, wie viele (oder wie wenige) Neutrinosorten es gibt. Aufgrund indirekter Argumente und mit viel Wunschdenken konnten sie zu Beginn der achtziger Jahre nur feststellen, daß die Zahl der Neutrinosorten unter 737 liegen müsse. In den nächsten Jahren gelang es ihnen, diese Grenze zunächst auf 44 und dann auf 30 Arten herabzusetzen. In den letzten Jahren haben sich aus den Hochenergie-Experimenten bei CERN Hinweise (lediglich Hinweise) dafür ergeben, daß die Grenze bei sechs oder sieben Arten liegen könnte. Das nahmen die Kosmologen schon lange an, und selbst 1986, während ich diese Zeilen schreibe, verdanken wir die glaubwürdigste Schätzung für die Zahl der Neutrinoarten nicht den Experimenten auf der Erde, sondern den astrophysikalischen Messungen der Heliumhäufigkeit in weit entfernten Sternen und unserem Verständnis der kernsynthetischen Prozesse, die vor langer Zeit im Urknall stattgefunden haben. Der wunderbare Zusammenhang, der sich überall offenbart, hat sowohl die Kosmologen als auch die Teilchenphysiker davon überzeugt, daß das Standardmodell des Urknalls richtig ist, daß es drei Neutrinoarten in unserem Universum gibt und daß die Baryonenmaterie im Universum nur einen Omegawert von ungefähr 0,1 ergibt. Der größte Teil der dunklen Materie, die vorhanden sein muß, um dem Universum eine geschlossene Form zu geben (von der

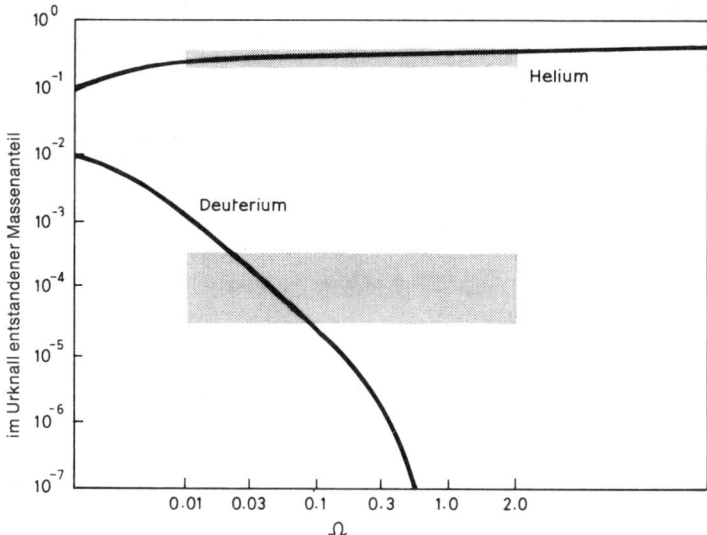

Abb. 4.3: *Die fehlende Masse*
Standardmodelle des Urknalls grenzen die Menge des Heliums und Deuteriums ein, das im Verhältnis zum Wasserstoff erzeugt worden sein kann, wobei sie voraussetzen, daß die Masse unseres Universums größtenteils in Form von Baryonen vorliegt. Die schraffierten Kästchen geben die Bereiche an, die sich mit den Beobachtungen in unserem heutigen Universum decken. Es gibt Anhaltspunkte dafür, daß alle Baryonenmaterie des Universums nur etwa ein Zehntel (0,1) der Menge ausmacht, die für ein geschlossenes Universum erforderlich ist, mit $\Omega = 1$. Nun zeigen aber andere Beobachtungen, daß unser Universum sehr flach ist und daß es weit mehr Materie geben muß. Die fehlende Masse kann also nicht aus Baryonen bestehen – woraus dann?

die heute favorisierten kosmologischen Modelle ausgehen) bzw. um die großen Galaxien zusammenzuhalten (wie die Beobachtung ihrer Dynamik zeigt), besteht nicht aus Baryonen. Woraus aber dann?

Kalte dunkle Materie

Die Grenze, welche Kosmologie und Heliumhäufigkeit der Zahl der Neutrinoarten auferlegen, ist tatsächlich noch strenger, als ich bisher dargelegt habe. Die rund 25 Prozent Heliumhäufigkeit in unserem Universum (es handelt sich um die »Urhäufigkeit« unter Berücksichtigung des Heliums, das seit dem Urknall im Inneren der Sterne hergestellt wurde) bedeuten nämlich, daß überhaupt nur fünf Arten von relativistischen Teilchen eine Rolle bei der Expansion des Feuerballs zur Zeit der Nukleosynthese gespielt haben. Das waren die Photonen, Elektronen/Positronen und die drei Neutrinoarten. In der Physik der Elementarteilchen gibt es Hinweise dafür, daß heute bei hohen Energien möglicherweise noch andere Teilchenarten an den Wechselwirkungen beteiligt sind. Obwohl noch keines dieser Teilchen direkt nachgewiesen wurde, scheinen einige von ihnen erforderlich zu sein, um die Symmetrie in den Gleichungen der allgemein anerkannten Theorien der Teilchenphysik herzustellen. Solche hypothetischen Teilchen tragen Namen wie Photino und Gravitino. Wohl nicht ohne eine Spur von Ironie bezeichnen Kosmologen sie deshalb kollektiv als »Inos«.

Obwohl die Theorien, die die Existenz von Inos vorhersagen oder zulassen, gegenwärtig als die besten Theorien der Teilchenphysik gelten, geben sie keine Auskunft darüber, welche genauen Massen diese »zusätzlichen« Teilchen haben sollen. Nach manchen Schätzungen betrüge beispielsweise die Masse des Photinos nicht mehr als 250 bis 500 eV. Das ist so wenig, daß sie relativistisch wären und in der gleichen Weise wie die verschiedenen Neutrinoarten an der Heliumproduktion beteiligt gewesen wären. Wenn es diese Teilchen wirklich gibt, müssen sie an den Prozessen im Feuerball mitgewirkt haben. Doch die Kosmologie und die beobachtete Heliumhäufigkeit zeigen, daß es, gemessen an der Zahl der Neutrinos, zur Zeit der Nukleosynthese nur eine begrenzte Zahl solcher Teilchen gegeben haben kann (nicht eine begrenzte Zahl von Arten, sondern von Teilchen überhaupt), weil sie sonst die Expansionsgeschwindigkeit unseres Universums beeinflußt und zur Produktion größerer Heliummengen geführt hätten, als wir heute feststellen können. Die Existenz der anderen relativistischen (leichten) Teilchen ist zwar möglich, ihre Häufigkeit muß aber im Vergleich zu der der Neutrinos während der Nukleosynthese sehr gering gewesen sein – »unterdrückt«, wie es manche Kosmologen formulieren. Und dies bedeutet, daß, selbst wenn es derartige Teilchen noch im heutigen Universum gibt, ihre Zahl wohl nicht ausreicht, um Omega auf eins zu bringen und für ein geschlossenes Universum zu sorgen.

Unter anderem könnte die Zahl dieser Teilchen dadurch unterdrückt worden sein, daß sie zu Beginn des Urknalls in etwas anderes zerfallen sind. Das Tempo, mit dem solche Teilchen zerfallen, hängt neben anderen Faktoren von ihrer Masse ab. Wenn man also davon ausgeht, daß die Photinos (oder andere Inos) so rasch zerfallen sind, so muß man ihnen eine Masse von einigen tausend MeV (einigen GeV, d. h. die mehrfache Protonenmasse) zuschreiben. In diesem Fall wären sie natürlich nicht in der gleichen Weise an der Expansion des Universums beteiligt. Die Teilchenphysiker sind gern bereit, dem Photino eine Masse von einigen GeV zuzuschreiben. Von dieser kosmologischen Bedingung abgesehen, plädieren einige Theoretiker für eine Masse ähnlich der des Protons, weil sie dadurch ein Höchstmaß an Symmetrie in ihren Gleichungen herstellen könnten. Die Kosmologen dürften ihnen (und uns) einmal mitteilen, welche der von der Theorie offengelassenen Möglichkeiten die richtige ist. Doch wir wollen uns hier nicht zu eingehend mit der Teilchenphysik beschäftigen*. Wichtig ist nur, daß die drei Neutrinoarten die einzigen relativistischen leichten Teilchen sind, die im Universum zugelassen sind. Photinos und andere Inos können entweder nur in sehr kleinen Mengen, im Vergleich zu den Neutrinos, vorhanden sein, oder sie müssen erheblich mehr Masse haben – oder beides.

Doch die Teilchenphysiker haben noch einige andere Dinge auf Lager. Die Supersymmetrie-Theorien sagen auch die Exi-

---

* Etwas eingehendere Informationen über die Theorien der sogenannten Supersymmetrie findet der Leser im Anhang dieses Buches.

stenz schwererer Teilchen voraus – Inos mit einer Masse von ein paar GeV bis zum Mehrtausendfachen der Protonenmasse. Wie die Protonen hätten solche schweren Teilchen keinen Einfluß auf die Frage der Expansionsgeschwindigkeit und der Heliumbildung, weil sie kalt sind – sie bewegen sich nicht mit relativistischen Geschwindigkeiten. Nun ist da ein seltsames Teilchen, Axion genannt, daß die Teilchenphysiker Mitte der siebziger Jahre postulierten, um einige Eigenschaften der beobachteten Wechselwirkungen zu erklären – ähnlich wie das Neutrino ursprünglich als hypothetisches Teilchen eingeführt wurde, um die Beobachtungen beim Neutronenzerfall zu erklären. Das Axion könnte tatsächlich sehr leicht sein, mit einer Masse von vielleicht einem hunderttausendstel Elektronenvolt. Doch durch die Art ihrer Bildung bleiben die Axionen »kalt« im relativistischen Sinn. Diese Teilchen besitzen also nicht die hohen relativistischen Geschwindigkeiten, die für Elektronen und leichte Inos (vielleicht auch Photinos) im frühen Universum typisch sind, und üben folglich auch keinen Einfluß auf die Expansionsgeschwindigkeit aus.

Es herrscht kein Mangel an Kandidaten für die dunkle Materie, von der wir heute wissen, daß sie für das Universum entscheidend ist. Welcher Art diese Teilchen sind und warum man annimmt, daß es sie geben muß, erörtere ich im Anhang. Doch solange nicht in einem Experiment auf der Erde einer dieser Kandidaten entdeckt worden ist, brauchen wir uns den Kopf über die dunkle Materie nicht weiter zu zerbrechen. Wichtig ist nur, daß man grundsätzlich zwei Gruppen solcher Teilchen unterscheidet. Erstens gibt es die heißen Teilchen der dunklen Materie. Wir wissen aufgrund der Heliumhäufigkeit, daß als relativistische Teilchen im kosmischen Maßstab heute *nur* die drei bekannten Neutrinoarten eine Rolle spielen können – obwohl andere leichte Inos in begrenzten Regionen durchaus von Bedeutung sein mögen, in Galaxien oder kleinen Galaxiengruppen. Die Elektronen führen schon lange ein beschauliches Dasein im Inneren von Sternen, Gas- und Staubwolken, wo ihre Masse dem zugeschlagen wird, was ich etwas ungenau als »Baryonenmaterie« bezeichne, während die Photonen, obwohl immer noch relativistisch, keine Masse beizusteuern haben. Wenn eine oder mehrere Neutrinoarten auch nur eine geringe Masse hätten, würde das sicher für die Geschlossenheit des Universums ausreichen, weil in unserem Universum möglicherweise ebenso viele Neutrinos von jeder Art wie Photonen vorhanden sind.

Zweitens gibt es kalte Kandidaten für die dunkle Materie – neben dem Axion, das als kaltes, leichtes Teilchen eine Ausnahmeerscheinung ist, auch eine ganze Reihe schwererer Teilchen. Glücklicherweise können die Kosmologen, sogar ohne daß sie vorerst genau wissen, welche Teilchen beteiligt sind, im Universum zwischen den Auswirkungen heißer und kalter Materie unterscheiden, indem sie die Bewegungen von Galaxien und Galaxienhaufen beobachten. Abermals, wie beim Grenzwert für die möglichen Neutrinoarten, stellt sich heraus, daß die Kosmologie den Teilchenphysikern verraten kann, welche Ergebnisse ihre Experimente auf der Erde haben mögen. Die Bewegung der Galaxien läßt sich vollständig nur im Kontext der dynamischen Entwicklung unseres gesamten Universums – seiner Expansionsgeschwindigkeit und seines Alters – verstehen. So führt uns die Suche nach der fehlenden Masse in die »traditionellen« Bereiche der Kosmologie zurück.

5. KAPITEL
Dynamische Faktoren

Die Astronomen können die Eigenschaften des Universums nur deshalb bestimmen, weil Galaxien, relativ betrachtet, enger zusammenliegen als Sterne. Am besten kann man sich das mit folgendem Bild veranschaulichen: Hätte unsere Sonne die Größe, sagen wir, einer Aspirintablette, wäre der nächste Stern (wieder als Aspirintablette vorgestellt) 140 Kilometer entfernt. Dieser Wert ist ziemlich typisch für den Abstand zwischen Sternen – die durchschnittliche Entfernung von einem Stern zu seinem nächsten Nachbarn beträgt das Vielmillionenfache des Sterndurchmessers (ausgenommen natürlich Doppelsterne und vergleichbare Anordnungen, in denen zwei oder mehr Sterne in geringem Abstand umeinander kreisen). Galaxien wie unser Milchstraßensystem enthalten Milliarden von Sternen, die über entsprechende Räume verteilt sind, aber alle durch die Schwerkraft zusammengehalten werden und den Mittelpunkt ihres Systems umkreisen. Eine Vorstellung von dem Abstand zwischen Galaxien können wir gewinnen, indem wir unseren Maßstab verändern: Nunmehr soll das Milchstraßensystem und nicht die Sonne einer Aspirintablette entsprechen. Dann wäre die nächste Galaxie, M 31 (ebenfalls durch eine Tablette dargestellt), nur 13 Zentimeter entfernt.

Diese Angabe ist etwas irreführend, weil das Milchstraßensystem und M 31 einem kleinen Galaxienhaufen angehören, der Lokalen Gruppe, deren Galaxien durch die Schwerkraft zusammengehalten werden. Doch der Abstand zum nächsten vergleichbaren Galaxienhaufen, dem Sculptor-System, beträgt (im Tabletten-Maßstab) auch nur 60 Zentimeter. Und in einer Entfernung von drei Metern stoßen wir auf den Virgo-Haufen, eine riesige Ansammlung von ungefähr 200 Galaxien, die sich (immer im bewußten Maßstab) über das Volumen eines Basketballs verteilen. Der Virgo-Haufen befindet sich im Mittelpunkt eines lockeren Verbandes von Galaxienhaufen, die er, der Virgo-Haufen, mit seiner Schwerkraft beherrscht. Auch die Lokale Gruppe und das Sculptor-System gehören dazu; das ganze System wird als Lokaler Superhaufen bezeichnet.

Wir können, mit diesem Maßstab, weiter ausgreifen. Nach knapp zwanzig Metern kommt ein weiterer riesiger Galaxienhaufen, der Coma-Haufen, der aus Tausenden von Objekten besteht. Später kommen noch größere Systeme von ungefähr 20 Metern Durchmesser. Die mächtige Radiogalaxie Cygnus A ist 45 Meter entfernt. Der hellste Quasar am Nachthimmel, 3 C 273, weist einen Abstand von 130 Metern auf. Das ganze sichtbare Universum läßt sich – wenn, wie gesagt, unsere Galaxis so groß wie eine Aspirintablette vorgestellt wird – in einer Kugel von ungefähr einem Kilometer Durchmesser unterbringen.

Es spielt keine große Rolle, welche dieser Entfernungen man zur Darstellung des typischen Abstands zwischen Galaxien wählt. Selbst die Entfernung zum Virgo-Haufen entspricht nur dem sechshundertfachen Durchmesser unserer Galaxis. M 31 ist ungefähr 25 Durchmesser von uns entfernt. Wären die Galaxien, relativ gesehen, voneinander so weit entfernt wie die Sterne innerhalb der Galaxien, dann wäre der Abstand zu unserem nächsten galaktischen Nachbarn hundertmal größer als zum entferntesten Objekt, das bisher im Universum beobachtet worden ist. Ohne Zweifel ist der extragalaktische Raum sehr viel dichter mit Galaxien besetzt als der galaktische Raum mit Sternen. Dadurch können sich die Kosmologen ziemlich genau vorstellen, in welcher Weise die sichtbare Materie über das Universum verteilt ist und wie sich diese Verteilung im Laufe der Entwicklung des Universums verändert hat.

Die wichtigste kosmologische Beobachtung zeigt, daß das Licht von allen Galaxien außerhalb der Lokalen Gruppe rotverschoben ist, woraus folgt, daß unser Universum expandiert und daß es sich aus einem sehr viel dichteren Zustand, dem Urknall, entwickelt hat. Soweit es möglich ist, Entfernungen indirekt festzustellen (Untersuchung veränderlicher Sterne oder heller Sternhaufen in Galaxien usw.), hat Hubble nachgewiesen, daß die Rotverschiebung der Entfernung proportional ist. Es scheint keinen Zweifel daran zu geben, daß diese Regel auch für sehr ferne Galaxien gilt. So läßt sich der Abstand von Galaxien, die sich allen Methoden der Entfernungsbestimmung wie z. B. der Methode mit veränderlichen Sternen entziehen, einfach dadurch ermitteln, daß man die Rotverschiebung in ihrem Spektrum mißt und mit einer Konstante multipliziert, die man heute als Hubble-Konstante (H) bezeichnet. Auch wenn wir den exakten Wert von H nicht kennen, so können wir doch mit Hilfe der Regel »Entfernung gleich Konstante × Rotverschiebung« die *relativen* Entfernungen von Galaxien bestimmen – daß eine zweimal so weit entfernt ist wie eine andere, während eine dritte, sagen wir, zwölfmal weiter entfernt ist als die erste. Und das ist schon sehr viel, denn die Schätzungen für den genauen Wert von H haben sich seit Hubbles Zeit erheblich verändert, und noch heute gibt es zwei Denkrichtungen, die der Hubble-Konstante sehr unterschiedliche Werte zuweisen. Da sämtliche Schätzungen extragalaktischer Entfernungen mit der Hubble-Konstante verknüpft sind, halten die einen unser Universum für doppelt so groß wie die anderen. Dabei gehen beide Gruppen von denselben Daten aus; doch beide weisen die Behauptung der anderen als unmöglich zurück. Die widersprüchlichen Auffassungen wurden erstmals 1976 auf einer wissenschaftlichen Tagung in Paris vorgetragen und konnten bislang nicht miteinander versöhnt werden. Wie wir noch sehen werden, ist nur eine von ihnen vollständig mit der Möglichkeit zu vereinbaren, daß unser Universum geschlossen ist und der Wert von Omega nahe bei eins liegt.

Stufen zum Verständnis des Universums

Angesichts der Genauigkeit, mit der die Physiker heute so grundlegende Werte wie die Masse des Protons oder die Größe der Gravitationskonstante angeben können, mag es erstaunlich erschcinen, daß die Schätzungen hinsichtlich der Entfernungsskala unseres Universums um 100 Prozent auseinanderliegen. Doch diese Ungenauigkeit hat Gründe: Erst in den zwanziger Jahren wurde den Anstronomen klar, daß unser Universum mehr umfaßt als nur das Milchstraßensystem. Damals versuchten sie erstmals, die Entfernungen zu anderen Galaxien zu schätzen. Im Vergleich zu den besten Schätzungen des Jahres 1929 ist das Universum heute »größer« als damals – mindestens zehnmal größer, als die Astronomen damals *meinten*.

Für die Ungenauigkeit der Schätzungen gibt es eine einfache Erklärung – man kann das Universum nicht in ein Laboratorium stecken, um es zu untersuchen. Ein Proton kann man im Labor manipulieren und seine Eigenschaften messen. Doch unsere Kenntnis des Universums hängt von der Beobachtung lichtschwacher und ferner Objekte ab und stammt bestenfalls aus zweiter Hand. Das Erstaunliche ist, daß man überhaupt plausible Zahlen für Eigenschaften wie die Entfernung von Galaxien und Quasaren ermittelt hat. Der letzte Parameter, die Entfernungsskala, die uns die Größe unseres Universums angibt, läßt sich nur über eine Folge wissenschaftlicher Stufen erreichen, deren jede wieder nur unter Benutzung der vorangehenden betreten werden kann. Ein Fehler irgendwo in der Kette der Schlußfolgerungen, und die ganze weitere Stufenfolge stürzt zusammen.

Die Kurzformel »Größe des Universums« ist etwas irreführend. Das Interesse der Astronomen gilt dem Ausschnitt, den sie mit Hilfe von Teleskopen und anderen Instrumenten beobachten können, und einer Berechnungsmethode für die Entfernung zu jeder Galaxie und zu jedem anderen Objekt, die sie jenseits unserer Galaxis sehen. Sie sprechen lieber von der Entfernungs*skala* unseres Universums und von den relativen Entfernungen zwischen Galaxien, weil sich diese relativen Entfernungen unbeschadet des tatsächlichen Wertes von H gleichbleiben.

Die Hubble-Konstante ist die Schlüsselzahl der gesamten Kosmologie. Mit einem genauen Wert für H und den Messungen der Rotverschiebung ließe sich die Entfernung jeder Galaxie errechnen. Nun streiten sich aber die Fachleute seit zehn Jahren erbittert über den genauen Wert der Hubble-Konstante. Allan Sandage vom Mount-Wilson- und Las-Campanas-Observatorium und sein Kollege Gustav Tammann von der Universität Basel schätzen ihn auf 50 Kilometer pro Sekunde pro Megaparsec (km/s/Mpc). Gerard de Vaucouleurs von der Universität von Texas kommt dagegen auf eine Zahl von 100 km/s/Mpc. Keiner scheint bereit, von seiner Meinung abzurücken. Doch selbst bei so enormen Toleranzgrenzen erfahren wir von H noch eine Menge über das Universum, in dem wir leben.

Die Zeit, die seit dem Urknall vergangen ist, hängt von der Expansionsgeschwindigkeit des Universums ab – von der Hubble-Konstante. Wenn wir folglich die Hubble-Konstante messen, so erhalten wir damit zugleich eine Schätzung des Alters unseres Universums. Sie liegt immer zu hoch, weil die Schwerkraft die Expansion gebremst hat, während unser Universum alterte, so daß H heute kleiner ist als in der Vergangenheit (weshalb man manchmal auch H_0 schreibt, um den heutigen Wert der Hubble-»Konstante« zu bezeichnen, und weshalb manche Pedanten lieber vom »Hubble-Parameter« sprechen, handelt es sich doch nicht um eine echte Konstante). Wie stark sich die Ausdehnung des Universums verlangsamt, hängt natürlich davon ab, wieviel Materie das Universum enthält. Je mehr Materie darin ist, desto nachdrücklicher wird die Schwerkraft der Expansion entgegenwirken. Wenn die Dichte unseres Universums gerade das Minimum erreicht, das es braucht, um geschlossen zu sein – wenn Omega einen Wert von eins hat –, dann beträgt das Alter des Universums – die Zeit, die seit dem Urknall verstrichen ist – genau zwei Drittel von $1/H$.

Selbst wenn wir den genauen Wert von H nicht kennen, sagt uns die Eingrenzung der Möglichkeiten etwas über die Zeit, die seit dem Urknall verstrichen ist. Der Kehrwert von H heißt Hubble-Zeit, und wenn man alle Kilometer und Megaparsecs durcheinander geteilt und die Sekunden in Jahre umgewandelt hat, dann ergibt sich für die Hubble-Zeit ein Wert zwischen 10 Milliarden Jahren (wenn $H = 100 \, \text{km/s/Mpc}$ ist) und 20 Milliarden Jahren (wenn $H = 50 \, \text{km/s/Mpc}$). Entsprechend liegt das Alter unseres Universums, wenn Omega gleich eins ist, ungefähr zwischen 6,5 Milliarden und 13 Milliarden Jahren. Der Grund für diese Ungenauigkeit ist die Schwierigkeit der Astronomen, die genaue Entfernung auch nur einer einzigen Galaxie außerhalb der Lokalen Gruppe zu bestimmen.

Direkt können sie nur die Entfernung von Objekten bestimmen, die sich, gemessen an der Entfernungsskala des Milchstraßensystems oder gar des Universums, in großer Nähe zu unserem Sonnensystem befinden. Diese Methode beruht auf der Messung der Parallaxe eines nahen Sterns, d. h. seiner Positionsverschiebung gegen den Hintergrund der ferneren Sterne, während die Erde um die Sonne kreist. Es ist eine direkte trigonometrische Methode, bei der man zwei Beobachtungen im zeitlichen Abstand von einem halben Jahr macht und damit den Erdbahndurchmesser als Basis der Messung nimmt. Da der Erdbahnradius (die Entfernung Sonne–Erde) genau bekannt ist, folgt aus dem gemessenen parallaktischen Winkel unmittelbar die Sternentfernung. Als Einheit nehmen die Astronomen den Abstand, unter dem der Erdbahnradius, vom Stern aus gesehen, unter einem Winkel von einer Bogensekunde erscheinen würde, und nennen diese Entfernungseinheit »Parallaxensekunde« (abgekürzt pc). Sie entspricht einer Entfernung von 3,26 Lichtjahren. Alle auch mit ganz anderen Methoden durchgeführten astronomischen Entfernungsbestimmungen beruhen letztlich auf dieser Technik, da man solche indirekten Methoden an nahen Sternen eicht. Die trigonometrische Parallaxenbestimmung reicht ungefähr bis in Entfernungen von 100 pc.

Der nächste Schritt hinaus in unser Universum beruht auf der Beobachtung bestimmter Sternhaufen, d. h. Gruppen von Sternen mit einigen hundert Mitgliedern. Manche dieser Haufen zeigen eine einheitliche Bewegung ihrer Mitglieder im Raum, man bezeichnet sie deshalb auch als »Bewegungshaufen«. Die Zielrichtung dieser Bewegung – ein bestimmter Punkt an der Sphäre – kann durch langjährige Beobachtung relativ leicht festgestellt werden. Aus dem Winkel zwischen dieser Richtung und der Position der Haufensterne sowie ihrer Radialgeschwindigkeiten, die man aus der Blau- bzw. Rotverschiebung ihrer Spektrallinien (Dopplereffekt) erhält, können ihre wahren Raumgeschwindigkeiten und schließlich auch die Tangentialgeschwindigkeiten der Sterne senkrecht zur Sehlinie ermittelt werden. Diese bilden dann die Basis der Triangulation, die mit den Zeiträumen zwischen den Beobachtungen immer größer wird. So kommt man mit einer in gewisser Weise statistischen Methode sehr viel weiter in den Raum hinaus.

Ein besonders gründlich untersuchter Sternhaufen sind die Hyaden im Sternbild Stier, deren Entfernung zu 46 pc mit einer Fehlergrenze von plus oder minus 10 % ermittelt wurde. Diese

Zahl hat eine große Bedeutung bei der Festlegung der Entfernungsskala im Kosmos, da alle anderen indirekten Methoden an ihr geeicht werden. Als nächstes hat man die generellen Eigenschaften von Sternhaufen wie den Hyaden untersucht.

Sterne leuchten, weil sie heiß sind, und sie sind heiß, weil sich in ihrem Inneren Kernfusionsreaktionen – Atomkernverschmelzungen – ereignen. Während des größten Teils seiner Existenz verbrennt ein Stern wie unsere Sonne Wasserstoff, indem er ihn in Helium verwandelt. Das ist ein lange andauernder Prozeß, der dem Stern seine Stabilität verleiht. Solange der Wasserstoffvorrat reicht, hängen die Leuchtkraft eines Sterns, seine Oberflächentemperatur und die Farbe seines ausgestrahlten Lichts fast ausschließlich von seiner Masse ab. In einem Sternhaufen wie dem der Hyaden haben die Sterne, die Wasserstoff verbrennen, vielfach unterschiedliche Massen, aber ungefähr das gleiche Alter. Da die Leuchtkraft eines Sterns und seine Farbe (genauer: die Eigenschaften seines Spektrums) in fester Beziehung zu seiner Masse stehen, erhält man in einem Diagramm – dem nach seinen Entdeckern so genannten Hertzsprung-Russell-Diagramm –, in dem man als Ordinate die Leuchtkraft und als Abszisse die Farbe oder Spektralklasse der beobachteten Sterne verzeichnet, keine Zufallsverteilung der einzelnen Punkte, sondern einen leicht gekrümmten Streifen, in dem die meisten Punkte liegen. Dieser Streifen wird als Hauptreihe bezeichnet und enthält die vorkommenden Leuchtkräfte und Farben aller normalen wasserstoffverbrennenden Sterne.

Da die Dimension eines Sternhaufens klein gegenüber seiner Entfernung von uns ist, können die Unterschiede der scheinbaren, d. h. von uns gemessenen Helligkeiten statt der Leuchtkräfte verwendet werden, da diese in gleichem Maß von der einheitlichen Entfernung beeinflußt werden. Die Farben hängen dagegen nicht von der Entfernung ab. Für Sternhaufen mit unterschiedlicher Entfernung wird daher bei Eintragung der beobachteten Helligkeit (Ordinate) gegen die Farbe (Abszisse) die Form der Hauptreihe gleichbleiben. Mit wachsender Entfernung rutscht die Hauptreihe aber immer weiter nach unten. Wenn man die Diagramme zweier Haufen, z. B. der Hyaden und eines Haufens mit unbekannter Entfernung, miteinander vergleicht, so kann aus der Größe der Verschiebung nach unten der Entfernungsunterschied und wegen der bekannten Hyaden-Entfernung die Distanz zu dem Haufen unmittelbar errechnet werden. Aus dem HR-Diagramm möglichst vieler Haufen kann man auf diese Weise in sehr viel größere Distanzen vordringen.

Wir befinden uns jetzt auf dem Boden der Statistik, denn jedesmal wenn man diese Methode anwendet, erhält man die Durchschnittswerte von Hunderten von Sternen, die alle in eine mittlere Entfernung – die Haufenentfernung – gesetzt wurden. Der Haufen kann als eine einzige Lichtquelle bekannter Intensität angesehen werden, eine Art »Standardkerze«. Mit dieser Methode kommen die Astronomen bis in Entfernungen von mehreren hundert Parsec – weit genug, um die wichtigste kosmologische Standardkerze daran zu eichen.

Einige Sternhaufen (keineswegs alle) enthalten ein oder mehrere Mitglieder einer Familie, die als Delta-Cephei-Veränderliche oder Cepheiden bezeichnet werden. Solche Sterne sind interessant und nützlich, weil alle in regelmäßigem Rhythmus pulsieren und dabei ihre Helligkeit verändern und weil die Perioden des Lichtwechsels in fester Beziehung zu den jeweiligen Leuchtkräften stehen (letztlich hängen beide Größen von der Masse des Sterns ab). Diese Gesetzmäßigkeit wurde zu Beginn unseres Jahrhunderts von Henrietta Leavitt am Harvard-College-Observatorium entdeckt. Sie hatte sich mit einigen Cepheiden in der Kleinen Magellanschen Wolke beschäftigt, einer der beiden Satellitengalaxien unseres Milchstraßensystems. Die Sterne in der Magellanschen Wolke sind so weit entfernt, daß man bei ihnen allen für die meisten Zwecke die gleiche Entfernung von uns annehmen kann – die Distanz von einer Seite der Wolke zur anderen ist nur ein kleiner Bruchteil der Wolkenentfernung von uns. Deshalb trat die Perioden-Leuchtkraft-Beziehung in Leavitts Daten bei der Messung der scheinbaren, d. h. noch nicht entfernungskorrigierten Helligkeiten bereits deutlich zutage. Wenn sich also die Entfernung zu einem einzigen näheren Cepheiden in unserer Galaxis bestimmen ließ, konnte man mit Hilfe der Perioden-Leuchtkraft-Beziehung und der scheinbaren Helligkeit dieses Sterns die Entfernung zu

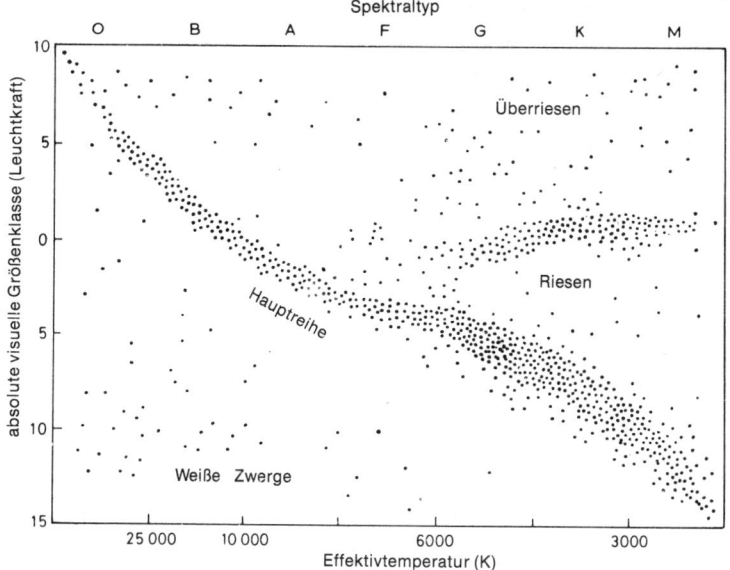

Abb. 5.1: *Das Hertzsprung-Russell-Diagramm*
Die Erscheinung eines Sterns läßt sich durch seine absolute Helligkeit (Leuchtkraft) und seine Temperatur oder Farbe (Spektraltyp) beschreiben. Im Hertzsprung-Russell-Diagramm wird die Position jedes Sterns durch diese beiden Eigenschaften bestimmt. Die meisten Sterne, die ihren Kernbrennstoff nach den einfachen Naturgesetzen verbrauchen, liegen in einem Streifen, den man als Hauptreihe bezeichnet. Kleine, leuchtschwache Sterne liegen unten rechts, die großen, leuchtkräftigen oben links auf der Hauptreihe.

jedem anderen Cepheiden mit bekannter scheinbarer Helligkeit und Periode ebenfalls bestimmen.

Da nun Cepheiden so leuchtkräftig sind, daß sie auch noch in benachbarten Galaxien wie der Andromedagalaxie zu erkennen sind, boten sie die erste Möglichkeit, die Entfernungen zu jenen Galaxien zu bestimmen. Diese Daten führten zu dem Nachweis, daß es jenseits des Milchstraßensystems noch andere Galaxien gibt, und lieferten Hubble die Informationen zur Entwicklung des Parameters, den wir heute H nennen. Die erste Schätzung ergab ein ziemlich verwirrendes Alter für das Universum: knapp zwei

127

Milliarden Jahre. Da die Geophysiker schon Mitte des 20. Jahrhunderts Beweise dafür hatten, daß die Erde mehr als vier Milliarden Jahre alt ist, lag auf der Hand, daß irgend etwas falsch war. Die Unstimmigkeit konnte erst 1952 beseitigt werden, als Walter Baade vom Mount-Palomar-Observatorium herausfand, daß es zwei Cepheidenarten gibt – die eine viel leuchtkräftiger als die andere. Daraufhin verringerte sich der Wert von H, und das errechnete Alter des Universums vergrößerte sich entsprechend.

Doch auch mit Hilfe der Cepheiden gelangen wir nur bis zu den benachbarten Galaxien: ungefähr 5 Mpc weit. Als Abstandsindikatoren für weiter entfernte Galaxien lassen sich Sternexplosionen – Novae und Supernovae – heranziehen. Eine Supernova leuchtet kurz auf und wird so hell wie eine ganze Galaxie normaler Sterne. Die scheinbare Helligkeit einer solchen Eruption sagt uns, wie weit die Galaxie entfernt ist, in der sich der Stern befindet – vorausgesetzt natürlich, wir haben eine ungefähre Vorstellung von der absoluten Helligkeit einer typischen Supernova-Explosion. Aber selbst dann ist die Methode nur von beschränktem Nutzen, denn Supernovae gehören keineswegs zu den häufigen Erscheinungen an unserem Himmel. Deshalb müssen sich Astronomen an sekundäre Entfernungsindikatoren halten, um den Abstand zu Galaxien herauszufinden, die nicht in unserer unmittelbaren Nachbarschaft liegen.

Sekundäre Meßtechniken sind viel unzuverlässiger. Zuerst untersucht man die Eigenschaften der Galaxien, deren Entfernung bekannt ist, und versucht, gemeinsame Merkmale herauszufinden. Dann vergleicht man diese Merkmale mit den entsprechenden Eigenschaften der weiter entfernten Galaxien und gelangt so zu einer Schätzung der Entfernung.

Beispielsweise enthalten viele Spiralgalaxien große Wolken von ionisiertem Wasserstoffgas, sogenannte H-II-Regionen. Wenn alle H-II-Regionen die gleiche Größe besitzen und wenn es uns möglich ist, die Durchmesser dieser Wolken mit radioastronomischen Methoden zu messen, dann läßt sich die Entfernung zu einer Galaxie, die solche Wolken enthält, dadurch bestimmen, daß man ihre scheinbaren Durchmesser mit denen der Wolken in einer uns benachbarten Galaxie vergleicht. In diesen Schlußfolgerungen stekken zahlreiche »Wenns«, und andere sekundäre Methoden sind auch nicht besser. Daher können Sandage und de Vaucouleurs ihre beiden unterschiedlichen Auffassungen über den Wert für die Hubble-Konstante aufrechterhalten. Das ist auch der Grund, warum ich so ausführlich dargelegt habe, auf welchen Argumenten die Schätzung von H beruht.

Die Diskrepanz der beiden Auffassungen hat verschiedene Ursachen. Erstens nimmt de Vaucouleurs an, daß bei einem Blick in Richtung der Polargebiete unserer Galaxis auf ferne Galaxien das Licht dieser Galaxien durch verdunkelnden Staub gedämpft wird. Sandage ist anderer Ansicht. Deshalb schätzt er die Helligkeit und Entfernung der betreffenden Galaxien anders ein. Zweitens geht Sandage bei Cepheiden nicht mehr von der einfachen Perioden-Leuchtkraft-Beziehung aus, die Leavitt entdeckt hat. Er legt bei Cepheiden verschiedener Farbe leicht unterschiedliche Perioden-Leuchtkraft-Beziehungen zugrunde – ein Effekt, den de Vaucouleurs vernachlässigt. Neben weiteren Unterschieden schätzt Sandage die Entfernung zu den Hyaden auf 40 Parsec – weit weniger als irgendein anderer Wissenschaftler. Nun liefert aber die Entfernung zu den Hyaden aufgrund der Hauptreihen-Methode den Abstand zum ersten Cepheiden, der zur Eichung aller anderen Entfernungsbestimmungen dient. Die Schätzungen der beiden Astronomen weichen schon für unseren galaktischen »Vorgarten« um mehr als 30 Prozent voneinander ab – ein Unterschied, der sich natürlich noch verstärkt, wenn sie über unsere Nachbargalaxien hinausgreifen. Anlaß zu weiteren Differenzen in der Einschätzung der großräumigen Entfernungen sind unterschiedliche Auffassungen bezüglich des gravitativen Einflusses des Virgo-Haufens auf die kosmische Bewegung unserer Lokalen Gruppe. Rotverschiebungen und Entfernungen zu anderen Galaxien müssen um diesen lokalen Effekt korrigiert werden, bevor wir uns eine zutreffende Vorstellung von der Expansionsgeschwindigkeit des Universums machen können. Nun wird aber die Größe der erforderlichen Korrektur von den beiden wissenschaftlichen Schulen unterschiedlich beurteilt.

. Inzwischen ist man dabei, neue Techniken zu entwickeln, die die Kontroverse vielleicht beenden können. Wenn eine Supernova explodiert, sprengt sie eine Schale von Material ab, die sich sehr rasch ausbreitet. Das Licht der Supernova stammt aus dieser expandierenden Schale, und die Doppler-Verschiebung in dem Licht gibt den Astronomen Aufschluß darüber, wie schnell sich die Schale bewegt. Wenn man das weiß, läßt sich leicht ausrechnen, wie groß die Schale eine bestimmte Zeit nach dem ursprünglichen Ausbruch ist. Gäbe es irgendeine Möglichkeit, die scheinbare Größe einer solchen Schale zu messen, dann ließe sich daraus ihre tatsächliche Größe berechnen und auf diese Weise ein direkter, theoretisch fundierter Anhaltspunkt für ihre Entfernung gewinnen.

Der Gedanke ist einfach, doch die praktische Durchführung schwierig. Bei der Entfernung zum Virgo-Haufen geht es beispielsweise um einen Winkel, der kleiner als ein millionstel Grad ist. Trotzdem läßt sich diese erstaunliche Genauigkeit heute mit der radioastronomischen Methode der Langbasisinterferometrie (VLBI: *Very Long Baseline Interferometry*) erzielen. Die erste erfolgreiche Anwendung dieser Technik wurde 1985 bekanntgegeben. Damals ermittelte man die Entfernung zu einer Supernova in einer Galaxie namens M 100 – der Abstand beträgt 19 Millionen Parsec. Die Beobachtungen der expandierenden Supernovaschale ergeben für *H* einen Wert von ungefähr 65 km/s/Mpc, der vermutlich weder Sandage noch de Vaucouleurs gefallen dürfte, wenn er sich bestätigen sollte. Nun sind aber so viele Unsicherheiten mit der Anwendung einer neuen Technik verbunden, daß der Wert möglicherweise erheblich korrigiert werden muß. Noch dürfen sich also beide Seiten Hoffnungen machen. Die Methode könnte in den nächsten zehn Jahren jedoch zu höchst zuverlässigen Vorstellungen über die Entfernungen zu anderen Galaxien und damit über die Entfernungsskala unseres Universums führen.

Welche anderen Möglichkeiten zur Überprüfung der Zahlen gibt es noch? Der erfolgversprechendste Weg für die nahe Zukunft ist die Fortsetzung der traditionellen Beobachtung von Cepheiden in weiter entfernten Galaxien. Das Hubble-Weltraumteleskop, das 1986 mit dem Shuttle in eine Erdumlaufbahn gebracht werden sollte, hätte genügend Auflösungsvermögen gehabt, um einzelne Cepheiden im Virgo-Haufen zu erfassen. Wenn das Teleskop schließlich doch noch im Orbit stationiert sein wird, dürfte es auch die Genauigkeit der astronomischen Beobachtungen aller anderen Meßtechniken verbessern. Sandage und de Vaucouleurs können nicht beide recht haben. Vielleicht haben beide unrecht. Doch es gibt, unabhängig davon, gewichtige Argumente, die für einen kleineren Wert von H und ein höheres Alter unseres Universums sprechen.

Das Alter des Milchstraßensystems

Die ersten Schätzungen von H ergaben ein »Alter unseres Universums«, das deutlich zu niedrig lag: Es erreichte noch nicht einmal das Alter, das die Geologen für die Erde errechnet hatten. Dieser Widerspruch war ein großer Ansporn für die Astronomen, nach dem Fehler in ihren Schätzungen zu suchen, denn natürlich muß unser Universum älter sein als irgendeiner seiner Sterne oder Planeten. Heute ergeben die Schätzungen für H eine Bandbreite möglicher Altersangaben für das Universum, in die sich die Lebenszeit der Sonne und des Sonnensystems – 4,5 Milliarden Jahre, so nimmt man an – leicht einordnen läßt. Aber es gibt sehr viel ältere Sterne und Sternsysteme in der Galaxis. Die ältesten existieren seit so langer Zeit, daß alle einfachen kosmologischen Modelle mit großen Werten für H nicht in Frage kommen, wenn man von der Masse ausgeht, die das reale Universum heute zu enthalten scheint.

Astronomen glauben heute recht gut zu verstehen, was in einem Stern geschieht. Ihre Einsicht in die Kernfusionsprozesse im Sterninneren ermöglicht ihnen, die Beschaffenheit ihrer HR-Diagramme zu verstehen, d. h. jene Beziehung zwischen der Farbe und der Leuchtkraft eines Sterns, mit der sich die Entfernungen innerhalb der Galaxis recht gut bestimmen lassen. Der diagonale Streifen heller Sterne im HRD entspricht Sternen wie unserer Sonne, die jung genug sind, um in ihrem Kern Wasserstoff zu Helium zu »verbrennen«. Auf der Hauptreihe des HRD liegen Sterne mit unterschiedlicher Masse, die aber alle unablässig Wasserstoff verbrennen. Wenn ihr Wasserstoffvorrat erschöpft ist, verändert sich ihr Erscheinungsbild in einer Weise, die sich durch Computermodelle vollständig simulieren und mit ein paar einfachen physikalischen Grundkenntnissen in groben Zügen verstehen läßt.

Im Innern eines alternden Sterns, der ans Ende seiner Lebenszeit als Mitglied der Hauptreihe gelangt ist, befindet sich ein Kern von Helium, umgeben von einer Schale, in der noch immer Wasserstoff in Helium umgewandelt wird. Mit zunehmendem Alter des Sterns breitet sich die Schale nach außen aus, und der Kern wird größer. Der Heliumkern zieht sich unter seinem eigenen Gewicht zusammen und erwärmt sich, bis er schließlich so heiß wird, daß im Zentrum eine neue Phase der Kernverbrennung beginnen kann, bei der jetzt Helium in Kohlenstoff umgewandelt wird. Das wird mit unserer Sonne in etwa fünf Milliarden Jahren geschehen. Sie wird dann einen kleinen heißen Kern besitzen, der mehr Energie abgibt als die ganze Sonne heute, während sich die äußeren Schichten so ausweiten, daß sie Merkur, Venus und Erde verschlingen. Die Oberflächentemperatur dieses riesigen Gasballs wird sehr viel niedriger sein als die heutige Oberflächentemperatur der Sonne, so daß der Stern eine kühle, rote Farbe annehmen wird. Man bezeichnet einen solchen Stern als Roten Riesen. Den Astronomen sind viele Rote Riesen bekannt[*].

Man kann beobachten, wie sich diese Veränderungen in den Sternen eines Haufens vollziehen, wenn man ihre Helligkeit und Farbe in ein HR-Diagramm einträgt. Die Hauptreihe verläuft diagonal von oben links nach unten rechts durch das Diagramm. Rote Riesen liegen über der Hauptreihe im oberen rechten Bereich des Diagramms. Und obwohl diese Veränderungen zu lange dauern, als daß sich die Positionsveränderungen eines einzelnen Sterns innerhalb des Diagramms beobachten ließen, zeigen die Computermodelle genau, wie die Roten Riesen allmählich ihren Platz einnehmen.

---

[*] Insgesamt gibt ein Roter Riese mehr Energie ab, auch wenn seine Oberfläche kälter ist als die der Sonne. Diese Fläche ist nämlich wesentlich größer. Pro Quadratmeter wird zwar weniger Energie abgestrahlt, doch es gibt sehr viel mehr Quadratmeter, die ihren Energiebeitrag leisten. Tatsächlich entströmt einem Roten Riesen hundertmal mehr Energie als der Sonne heute.

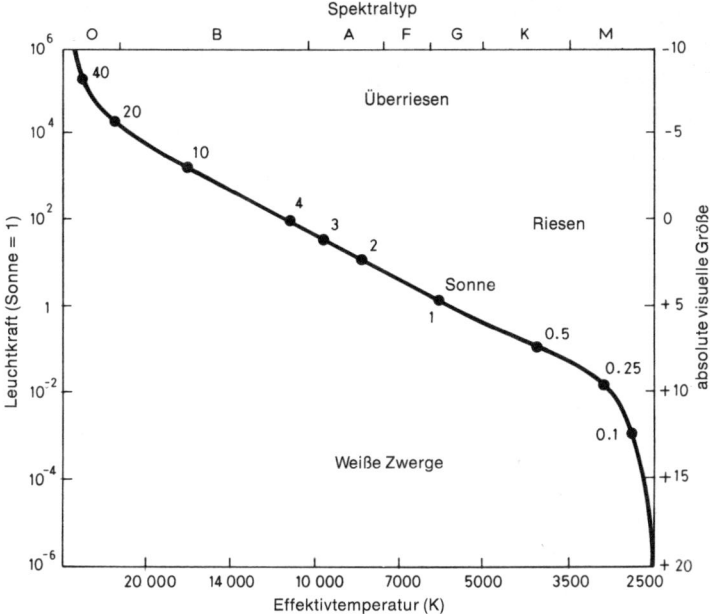

Abb. 5.2: *Wenn wir uns auf die Hauptreihe konzentrieren, können wir se-hen, in welcher Position sich die Sonne, verglichen mit anderen Sternen, befindet. Die Leuchtkraft wird in Einheiten der Sonnenleuchtkraft angege-ben. Die Zahlen entlang der Hauptreihe geben die Massen der entsprechen-den Sterne in Sonnenmassen an.*

Sterne mit größerer Masse verbrauchen ihren Kernbrennstoff rascher und leuchten stärker als Sterne mit geringerer Masse. Sie sind dazu gezwungen, um sich gegen den Kontraktionsdruck der eigenen Schwerkraft zu wehren. Solche massereichen Sterne lie-gen im oberen linken Bereich der Hauptreihe im HR-Diagramm. Wenn ihr Wasserstoffvorrat erschöpft ist,»bewegen« sie sich nach oben rechts aus der Hauptreihe heraus. Im Laufe der Zeit rut-schen alle Sterne der Hauptreihe nach rechts, zuerst die oben links, zum Schluß die unten rechts. Genau dieses Bild bietet sich den Astronomen, wenn sie Sternhaufen in der Galaxis betrach-ten: eine Hauptreihe, die unten rechts mit Sternen geringer Masse beginnt, wie es sich gehört, doch an irgendeinem Punkt abbricht und sich nach rechts in den Bereich der Roten Riesen wendet.

133

Wenn wir den Abstand zu einem bestimmten Haufen kennen, können wir das Evolutionsstadium, das er erreicht hat, mit den Standardcomputermodellen vergleichen, indem wir einfach den Punkt bestimmen, an dem diese Wendung erfolgt. Auf diese Weise erhalten wir sofort einen Anhaltspunkt für das Alter des Sternhaufens.

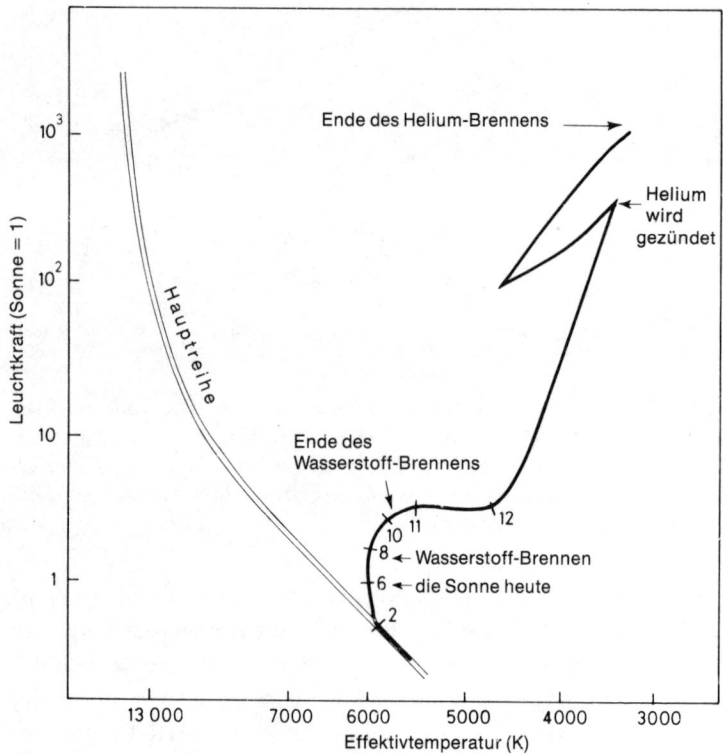

Abb. 5.3: *Wenn ein Stern wie unsere Sonne altert, verläßt er die Hauptreihe und wird größer und kälter. Die Zahlen entlang der schwarzen Linie geben das Alter eines Sterns von einer Sonnenmasse in Milliarden Jahren seit seiner Entstehung an. Unsere Sonne hat die Hauptreihe bereits verlassen und ist zwischen vier und fünf Milliarden Jahre alt.*

Wie immer in der Astronomie gibt es gewisse Unsicherheiten bei der praktischen Anwendung der Technik. Da das Licht der

Sterne auf dem Weg zu uns durch interstellaren Staub hindurch muß, sind entsprechende Korrekturen vorzunehmen. Die Abzweigung von der Hauptreihe läßt sich nicht so genau festlegen, wie man nach meiner Beschreibung vermuten könnte. Und es gibt andere Schwierigkeiten mehr. Trotz all dieser Ungewißheiten ist jedoch klar, daß das Alter der ältesten Sternhaufen in der Galaxis zwischen 14 und 20 Milliarden Jahren beträgt – immer vorausgesetzt, daß die Standardmodelle der Sternentwicklung richtig sind. Der wahrscheinlichste Wert liegt bei 16 Milliarden Jahren.

Auch mit anderen Techniken kommt man zu ähnlichen Altersangaben für die galaktischen Objekte. Beispielsweise nimmt man an, daß radioaktive Isotope, die auf der Erde und in Meteoriten vorkommen, durch Supernova-Explosionen innerhalb unserer Galaxis entstanden sind. Diese radioaktiven Isotope sind instabil, und ihr Zerfall in stabile Elemente folgt sehr genauen Gesetzen, die aus Laboruntersuchungen allgemein bekannt sind. Der Anteil der verschiedenen in Supernova-Explosionen entstandenen Radionuklide, wie sie auch genannt werden, läßt sich anhand der gleichen Techniken errechnen, mit der sich die Prozesse im Sterninneren, die Herstellung schwererer Elemente aus Wasserstoff und Helium, gut erklären lassen. So läßt sich aus den Anteilen des radioaktiven Materials, das sich heute im Sonnensystem findet, das Alter der Galaxis bestimmen, vorausgesetzt, die Supernovae haben in der Zeit von der Entstehung der Galaxis bis zur Bildung unseres Sonnensystems die Radionuklide gleichmäßig produziert. Das ergibt einen Wert von ungefähr 15 Milliarden Jahren, ein Alter, das sich recht gut mit den anderen Anhaltspunkten verträgt.

Allerdings reichen diese Daten noch nicht aus, um de Vaucouleurs' Modell auszuschließen, in dem H einen Wert von 100 hat. In seinem Modell beträgt das maximale Alter des Universums nicht mehr als 10 Milliarden Jahre. Unter diesen Umständen wäre das Universum fast leer und enthielte sehr wenig Materie, um die Expansion abzubremsen. Bedenkt man, welche Unsicherheiten im Spiel sind, reicht die Differenz zwischen 10 und 15 Milliarden Jahren nicht aus, um die Kontroverse zu entscheiden. Anders sähe es aus, wenn es genügend Materie gäbe, um für ein geschlossenes

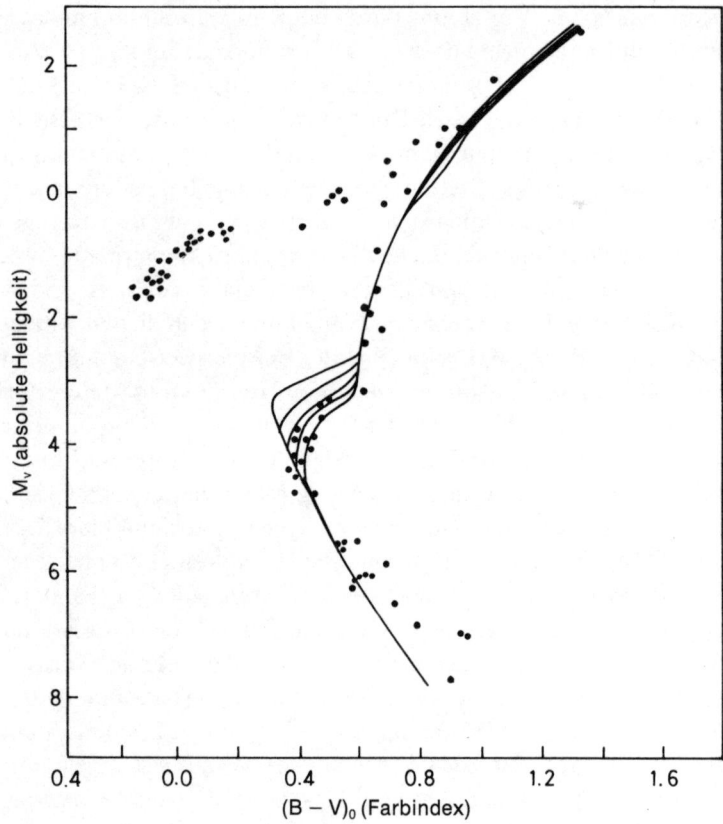

Abb. 5.4: *Wenn Astronomen eine Gruppe von Sternen untersuchen, die gemeinsam entstanden sind und ungefähr gleich alt sind (einen Sternhaufen), so können sie eine recht genaue Vorstellung vom Alter der Sterne gewinnen, indem sie feststellen, an welchem Punkt die Sterne die Hauptreihe verlassen. Sterne mit großer Masse, die heller und wärmer als die massenärmeren sind, vollziehen diese Wendung als erste. Im abgebildeten Fall handelt es sich um den Haufen M 92. Die fünf Kurven, die das Ausscheren aus der Hauptreihe darstellen, entsprechen einem errechneten Alter von 10, 12, 14, 16 und 18 Milliarden Jahren. Das Alter des Haufens wird auf 14 bis 16 Milliarden Jahre geschätzt. Bislang hat man erst bei etwa zehn Sternhaufen das Alter genauer bestimmt. Doch diese Schätzungen sind entscheidend für unsere Vorstellung vom Alter des Universums.*

Universum zu sorgen. Denn dann errechnete sich (bei $H = 100$) ein Alter von 6,5 Milliarden Jahren – noch nicht einmal die Hälfte des Alters der ältesten bekannten Sterne. Sandages Schätzung ($H = 50$) würde ein Alter von 13 Milliarden Jahren bedeuten, wenn das Universum gerade eben geschlossen wäre – ein Wert, der plausibler erscheint, weil er den Schätzungen des Sternalters sehr viel näher kommt. Auf einer Tagung der Royal Society im März 1982, bei der die Entstehung der Elemente im Kontext des Urknalls erörtert wurde, faßte Roger Tayler von der Universität von Sussex das »Altersproblem« zusammen, indem er erklärte: »Wenn Omega gleich eins ist, muß H_0 ungefähr 50 Kilometer pro Sekunde pro Megaparsec betragen.« Und seit 1982 ist nichts geschehen, was die Deutung der vorliegenden Beobachtungsdaten verändern könnte. Die Übereinstimmung ist noch größer, wenn man für H nur einen Wert von 40 Kilometern pro Sekunde pro Megaparsec annimmt, denn dann klettert das Alter eines geschlossenen Universums auf über 16 Milliarden Jahre – und ein solcher Wert für H wird durch Sandages Zahlen sicher nicht ausgeschlossen. Nahezu vollständige Übereinstimmung würde natürlich auch herrschen, wenn die ältesten Sternhaufen in der Galaxis tatsächlich ein wenig jünger wären, als man nach heutigen Schätzungen annimmt. Könnten die Schätzungen des Sternalters ein *kleines bißchen* zu hoch liegen? Vielleicht zeigt diesmal die Kosmologie den Astrophysikern, wie sie ihre Theorien verbessern können.

Alle diese Unstimmigkeiten ließen sich beseitigen, wenn die Kosmologen messen könnten, wie rasch sich heute die Expansion des Universums abbremst. Daraus könnten wir ein für allemal entnehmen, wieviel Materie das Universum enthält, ob es geschlossen ist oder nicht und welcher Wert für den Hubble-Parameter der Wahrheit näher kommt. Obwohl solche Messungen im Prinzip möglich sind, sieht es nicht so aus, als ließen sie sich in naher Zukunft durchführen.

Der Rotverschiebungs-Test

Das Hubblesche Gesetz, das Fundament der modernen Kosmologie, liefert genaugenommen eine unzulängliche Beschreibung des Universums. Das mag wie ein Nachteil aussehen, doch die Kosmologen könnten die Abweichungen von der einfachen Formulierung des Hubbleschen Gesetzes durchaus zu ihrem Vorteil nutzen, wenn sie nur hinreichend genaue Beobachtungsdaten über sehr entfernte Objekte hätten. Leider reichen die Beobachtungen dazu bis jetzt nicht aus. Denn das Gesetz, nach dem die Geschwindigkeit (Rotverschiebung) der Entfernung proportional ist, bewährt sich vorzüglich in einer Region, die fast so weit reicht, wie wir ins Universum hineinsehen können. Erst dort, wo sich das Gesetz als ergänzungsbedürftig erweist, werden die Dinge interessant – doch das geschieht in so weiter Ferne von der Erde, daß wir nicht ganz sicher sein können, welche Ergänzungen notwendig sind.

Verantwortlich dafür, daß die Dinge interessanter werden, ist die Geometrie des Raumes. Wenn ein Architekt auf der Erde den Grundriß eines Gebäudes entwirft, kann er sich getrost an die geometrischen Regeln halten, die Euklid vor langer Zeit aufgestellt hat. Obwohl sie strenggenommen nur für eine ebene Fläche gelten, braucht der Architekt die Krümmung der Erdoberfläche nicht zu berücksichtigen. Wir haben alle die Euklidische Geometrie in der Schule gelernt und erinnern uns beispielsweise, daß die Winkelsumme im Dreieck immer 180° beträgt. Doch wie im 3. Kapitel erwähnt, kämen Landvermesser, die eine Reihe von sehr großen, sehr genauen Dreiecken auf einer weiten, ebenen Fläche (sagen wir, in der Sahara) abstecken und messen würden, auf eine Winkelsumme, die größer wäre als 180°, und zwar um so größer, je größer die Dreiecke wären. Dies liegt an der Krümmung der Erdoberfläche, die eine geschlossene Fläche von nahezu sphärischer Gestalt bildet. In solchen Fällen ist die Euklidische Geometrie nicht die »richtige«. Im 3. Kapitel interessierte uns die bemerkenswerte Flachheit des Universums. Jetzt wollen wir uns mit der Frage beschäftigen, was uns die winzigen Abweichungen von der Flachheit über das wahrscheinliche Schicksal des Universums mitteilen.

Wenn der Raum selbst gekrümmt ist, dann werden auch hier die Abweichungen von der vertrauten Euklidischen Geometrie bei hinlänglich großen Entfernungen zutage treten. »Hinlänglich groß« bedeutet Entfernungen von mehreren Megaparsec – 10 Millionen Lichtjahre und mehr. Das allein ist schon eine aufschlußreiche Eigenschaft des Universums. Wir erkennen, daß die Geometrie der Raumzeit nahezu flach ist, und daraus folgt wiederum, daß die Dichte der Materie in unserem Universum nahe dem kritischen Punkt liegt, von dem an das Universum geschlossen ist. Theoretisch müßten wir angeben können, *wie nahe*, indem wir nämlich im Weltraum das durchführen, was der Winkelmessung in sehr großen Dreiecken entspricht. Praktisch fehlen uns jedoch die Voraussetzungen, um zu entscheiden, auf welcher Seite der Trennungslinie zwischen den offenen und geschlossenen Möglichkeiten unser Universum liegt.

Die Abweichungen des Hubbleschen Gesetzes von der Grundregel »Rotverschiebung gleich Konstante × Entfernung« sind schwer zu messen. Schließlich benutzen wir dieses Gesetz, um anhand der Rotverschiebung die Entfernung weitab liegender Galaxien zu berechnen. Wie soll man die Entfernung entlegener Galaxien schätzen, um sie anschließend mit ihren Rotverschiebungen zu *vergleichen* und festzustellen, wie weit die Gültigkeit des Hubbleschen Gesetzes in den Weltraum hinausreicht? Hätten alle Galaxien die gleiche Leuchtkraft, gäbe es kein Problem. Die relative Entfernung aller Galaxien ließe sich dadurch bestimmen, daß man sie in der Rangfolge ihrer scheinbaren Helligkeit am Nachthimmel anordnete – je schwächer sie uns erscheinen, desto weiter fort hätte man sie anzunehmen.

Tatsächlich wäre die Situation, selbst wenn alle Galaxien die gleiche Leuchtkraft hätten, etwas komplizierter, als es auf den ersten Blick scheint. Wo die Euklidische Geometrie gilt, nimmt die scheinbare Helligkeit jeder Galaxie im Quadrat ihrer Entfernung ab – eine Galaxie, die doppelt so weit entfernt ist wie eine andere, erschiene nur ein Viertel so hell. Ändert sich die Geometrie, muß auch dieses einfache Gesetz verändert werden. Und die Korrekturen müssen, genaugenommen, für jedes kosmologische Modell extra berechnet werden. Doch das ist noch das geringste der Probleme, vor denen die Kosmologen stehen, wenn sie versuchen, diese Technik anzuwenden.

Aus astronomischen Studien wissen wir sehr genau, daß nicht alle Galaxien die gleiche Leuchtkraft besitzen. Zweifelhaft ist ferner, ob sich das Verfahren überhaupt auf Objekte mit der größten Rotverschiebung, die Quasare, anwenden läßt. Man glaubt heute, daß Quasare die höchst aktiven, hellen Kerne von Galaxien sind. Sie scheinen noch heller als normale Galaxien und sind weiter zu sehen – mit starken Rotverschiebungen, so daß die geometrischen Effekte deutlich sichtbar sein müßten. Doch es gibt keinen Beweis, daß alle Quasare die gleiche Leuchtkraft besitzen. Deshalb läßt sich das Verfahren nicht anwenden. Eine Arbeitsgruppe am Lick-Observatorium in Kalifornien hat versucht, das Helligkeitsverfahren auf Quasare mit gleichen Spektren anzuwenden, bei denen man gleiche Leuchtkraft unterstellen könnte. Mag diese Annahme nun zutreffen oder nicht, der Vergleich ergab jedenfalls, daß unser Universum geschlossen ist und eines Tages wieder in sich zusammenstürzen wird. Allerdings ist niemand bereit, diese ziemlich spekulative Interpretation der Quasar-Beobachtungen ohne weiteres zu übernehmen. Die Kosmologen müssen sich wohl mit dem Studium von Galaxien begnügen, die sie weit besser verstehen als Quasare und bei denen eine gewisse Hoffnung besteht, daß die Methode anwendbar ist.

Allan Sandage und seine Mitarbeiter haben eine lange und geduldige Untersuchung durchgeführt und dabei einige Galaxien entdeckt, welche die gleiche Leuchtkraft zu besitzen scheinen und deshalb als Standardkerzen zu verwenden sind. Galaxien kommen in Haufen vor, und sehr häufig ist das hellste System in einem Haufen eine elliptische Riesengalaxie (nach ihrer Form benannt, die an eine dicke Zigarre erinnert; das Milchstraßensystem ist eine Spiralgalaxie und sieht aus wie die Oberfläche eines Wirbels oder das Muster, das entsteht, wenn man Sahne in den Kaffee rührt). Soweit die Beobachtungen reichen – in der Raumregion von einigen Megaparsec, in der das Hubblesche Gesetz präzise anwendbar ist –, ist die hellste Riesen-E-Galaxie (elliptische Riesengalaxie) in jedem Galaxienhaufen genauso hell wie die hellste Riesen-E-Galaxie in jedem anderen Galaxienhaufen. Es scheint irgendeine natürliche Höchstgrenze für die Leuchtkraft zu geben, die eine solche Galaxie annehmen kann, und jeder hinreichend große Galaxienhaufen scheint eine Galaxie zu besitzen, die diese Grenze erreicht. Sandage hält sich also nur an diese besonders leuchtkräftigen Galaxien und trägt in einem Diagramm auf der einen Achse die *scheinbare* Helligkeit (d. h. die Entfernung) und auf der anderen Achse die Rotverschiebung auf. So kann er feststellen, wie weit die resultierende Kurve von einer geraden Linie abweicht, und auf diese Weise bestimmen, wie rasch sich die Expansion des Universums abbremst.

Doch auch hier gibt es noch Probleme. Wenn wir das Licht einer Galaxie erblicken, die 10 Millionen Lichtjahre entfernt ist, sehen wir sie, wie sie vor 10 Millionen Jahren war. Können wir sicher sein, daß sich ihre Leuchtkraft seither, während sie selbst und das Universum sich weiterentwickelt haben, nicht verändert hat? Zwar kommt es in solchen Zeiträumen wohl kaum zu großen Veränderungen, doch bei weiter entfernten Galaxien, die wir in ihrem Jugendstadium erblicken, ist die Wahrscheinlichkeit einer Veränderung sehr groß. Die Astronomen würden das in ihren Berechnungen gerne berücksichtigen, besitzen aber keinen unabhängigen Bezugspunkt, um zu bestimmen, wieviel mehr (oder möglicherweise weniger) Licht die Galaxien in der Jugend unseres Universums ausgestrahlt haben. Einige Wissenschaftler versuchen, ihre Schätzungen durch konkrete Daten zu stützen, indem sie die Leuchtkraftentwicklung einbeziehen, andere halten sich lieber nur an die Beobachtungen, da jede Korrektur in die falsche Richtung gehen kann.

Nachdem sich die Kosmologen einen Weg durch dieses Minenfeld der Beobachtungen gesucht haben, müssen sie die gemessenen Daten noch mit ihren theoretischen Modellen vergleichen. Sie berechnen die Abweichungen vom einfachen Hubbleschen Gesetz in Form eines Verzögerungsparameters, der häufig mit q bezeichnet wird und so definiert ist, daß $q = 1/2$ genau $\Omega = 1$ entspricht. Zunächst schienen Sandages Rotverschiebungs-Helligkeits-Diagramme einen Wert von 1 für q nahezulegen, was bedeutet hätte, daß es doppelt soviel Materie gäbe, wie für ein geschlossenes Universum erforderlich wäre. Doch die neuesten Diagramme, denen die Daten jahrelanger Forschungsarbeit zugrunde liegen, lassen darauf schließen, daß die erste Abschätzung zu optimistisch war. Heute gelangen wir mit diesem Verfahren allenfalls zu dem Ergebnis, daß *q* wahrscheinlich irgendwo zwischen 0 und 2 liegt und daß aufgrund dieser Daten allein die Modelle eines offenen Universums nicht ausgeschlossen werden können.

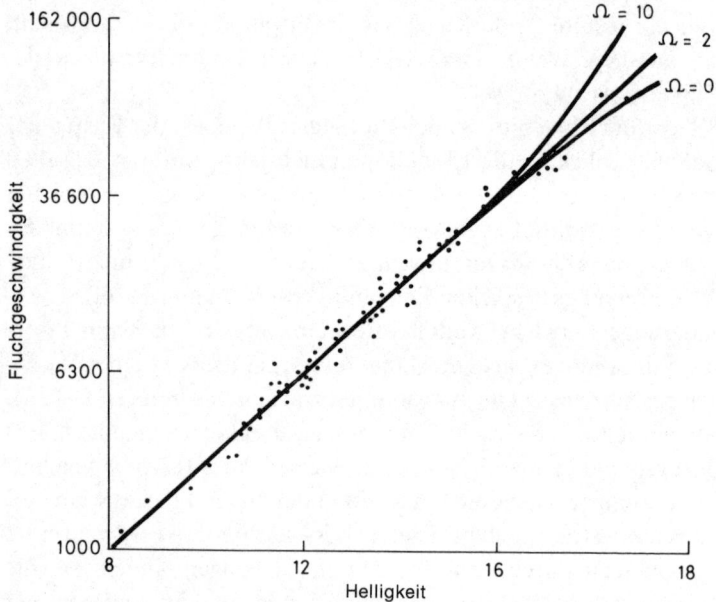

Abb. 5.5: *Der Rotverschiebungs-Test*
Da wir entferntere Galaxien so sehen, wie sie in früheren Phasen des Universums gewesen sind, müßte ein Vergleich ihrer Rotverschiebungen mit der von näheren und deshalb heller erscheinenden Galaxien im Prinzip offenbaren, wie stark sich die Expansion unseres Universums verlangsamt. Leider zeigen die Beobachtungen in der Praxis lediglich, daß das Universum nahezu flach ist. Aus ihnen geht nur hervor, daß der Wert von Omega in etwa zwischen 0 und 2 liegt. (Alle errechneten Kurven decken sich bei kleinen Werten für Rotverschiebung und Helligkeit.)

Kurz nach Niederschrift dieses Kapitels wurde jedoch eine neue Untersuchung der Galaxien-Rotverschiebungen im *Astrophysical Journal* (Band 307, Seite L 1) veröffentlicht. Nach einer Studie an

1000 Galaxien kommen Edwin Loh und Earl Spillar von der Princeton-Universität zu dem Ergebnis, daß sich der Dichteparameter Ω dem Wert 1 außerordentlich nähert. Noch ist es zu früh, diese Arbeit endgültig zu beurteilen, doch da sie sich ganz auf die »altmodischen« Mittel der optischen Teleskope verläßt, legt sie den Beobachtern nachdrücklich nahe, daß sie den Theoretikern vielleicht mehr Aufmerksamkeit schenken sollten – sind diese doch schon lange der Auffassung, unser Universum sei geschlossen.

Der neue Test gehört zu einer ganzen Reihe von Untersuchungen, die im Prinzip auf der Geometrie des Universums beruhen *. Wenn sich Galaxien (oder Galaxienhaufen) gleichmäßig im Universum verteilen und wenn die Euklidische Geometrie für sie gilt, dann ließe sich die Zahl der Galaxien, die wir bei unterschiedlichen Rotverschiebungen (unterschiedlichen Entfernungen) sehen müßten, nach den geometrischen Regeln errechnen, die wir in der Schule gelernt haben. Ganz allgemein wäre in gleichen Raumvolumen die gleiche Anzahl von Galaxien zu erwarten. Falls die Euklidische Geometrie nicht anwendbar ist, dann müßte sich bei der Bestimmung gleicher Volumen nach Euklidischen Regeln und der anschließenden Auszählung der Galaxien in ihnen eine Diskrepanz ergeben. »Gleiche Volumen« in größerer Entfernung von

---

* Darunter eine, die sich der Raumkrümmung bedient, ohne irgendwelche Dynamik zu berücksichtigen. In der Astronomie sind einige Fälle entdeckt worden, in denen das Licht eines fernen Quasars in der Sehlinie zwischen dem Quasar und uns an einer Galaxie umgelenkt wird, weil deren Schwerkraft die Raumzeit in ihrer Nachbarschaft verzerrt. Dadurch entsteht, von der Erde aus gesehen, ein doppeltes oder dreifaches Bild des Quasars. Da nun das Licht auf dem Weg an der einen Seite der intervenierenden Galaxie vorbei länger braucht, um uns zu erreichen, als auf der anderen Seite, kann das eine Bild seine Helligkeit verändern oder flackern, das andere hingegen jahrelang unverändert bleiben, um dann in genau derselben Weise zu flackern wie das entsprechende Bild des Quasars, das uns auf dem anderen Weg erreicht. Durch einen Vergleich der Veränderungen beider Bilder und die Bestimmung der Zeitverzögerung können die Kosmologen berechnen, wie lange das Licht für die Strecke vom Quasar zu uns braucht, und auf diese Weise die Distanz unabhängig von irgendwelchen Rotverschiebungs-Messungen ermitteln. Die erste (und bislang einzige) Anwendung dieser Technik ergab für H einen Wert von 75 km/s/Mpc – also genau zwischen dem von Sandage und dem von de Vaucouleurs vorgeschlagenen Wert. Es werden allerdings noch viele Messungen dieser Art erforderlich sein, bevor man der neuen Technik größeres Gewicht beimessen kann.

uns würden entweder mehr oder weniger Galaxien enthalten als euklidisch berechnete »gleiche Volumen« in größerer Nähe zu uns. Aus der genauen Abweichung von der Galaxienzahl, die nach der Euklidischen Geometrie zu erwarten wäre, ließe sich das Schicksal des Universums ableiten. Insbesondere gilt: Wenn $\Omega = 1$ und das Universum nicht expandiert, dann ist die Euklidische Geometrie anwendbar; wenn hingegen $\Omega = 1$ und das Universum *tatsächlich* expandiert, so müßten wir eine bestimmte, genau festgelegte Abweichung von der Zahl gemäß der euklidischen Vorhersage feststellen, weil die Galaxien mit der Entwicklung unseres Universums auseinandergerückt sind.

Solche Abweichungen von den prognostizierten Zahlen sind bei vielen Arten astronomischer Objekte zu beobachten – unter anderem bei Radiogalaxien und Quasaren –, doch es hat sich als sehr schwierig erwiesen, die Zahlen objektiv zu interpretieren. Alle Untersuchungen der großräumigen Dynamik des Universums lassen darauf schließen, daß seine Geometrie der Euklidischen sehr ähnlich ist, daß sich die Expansion unseres Universums tatsächlich verlangsamt und daß die Materie dem Betrag sehr nahekommt, den ein geschlossenes Universum verlangt. Doch nur der neuen Untersuchung von Loh und Spillar ist zu entnehmen, wie nahe an der Trennungslinie wir uns befinden.

Mit Hilfe der modernsten und empfindlichsten Detektoren hat das Princeton-Team fünf winzig kleine Stellen am Himmel beobachtet, alle in der Größenordnung von siebenmal zehn Bogenminuten (zum Vergleich: der Mond hat einen Durchmesser von 30 Bogenminuten), und die Rotverschiebungen jeder Galaxie gemessen, die sie in den Stellen entdecken konnten. Da jede Rotverschiebung ein Entfernungsindikator ist, zählten sie tatsächlich die Zahl der Galaxien in jedem von fünf pyramidenförmigen Volumen, die sich von der Galaxis aus ins Universum erstrecken. Die Forscher verglichen die Zahl der Galaxien, die eine geringe Rotverschiebung hatten, mit der Zahl der Galaxien, die starke Rotverschiebung zeigten, und konnten so die Geometrie jeder Pyramide bestimmen, ohne sich mit dem Problem der absoluten Helligkeit jeder Galaxie befassen zu müssen. In jeder der fünf Pyramiden waren ungefähr 200 Galaxien zu entdecken, und die

Untersuchung erstreckte sich über Entfernungen von etwa 1000 Megaparsec – oder anders: Die Forscher blickten in der Zeit ein Fünftel der Wegstrecke bis zum Urknall zurück.

Wie man diese Zahlen interpretiert, hängt entscheidend von dem gewählten kosmologisch-mathematischen Modell ab. Loh und Spillar nahmen das einfachste Modell, eine Version der Relativitätsgleichungen, die Einstein und Willem de Sitter 1932 entwickelt hatten. Das war ein sehr wichtiger Schritt, weil er eine Idee revidierte, der Einstein zunächst in den Gleichungen Rechnung getragen hatte und die er später den größten Schnitzer seiner Laufbahn nannte.

Als Einstein die Gleichungen der allgemeinen Relativitätstheorie erstmals löste, um das Verhalten der Materie enthaltenden Raumzeit (also unseres Universums) zu beschreiben, stellte er fest, daß die Lösungen alle dynamische Modelle, darunter auch den Fall einer Expansion des Universums, beschrieben. Damals, vor siebzig Jahren, meinten die Astronomen, das Universum sei statisch und das Milchstraßensystem enthalte das gesamte Universum. Einstein mußte ein neues Element, die kosmologische Konstante, einführen, damit seine Modelle statisch blieben. Doch innerhalb weniger Jahre entfiel mit der Entdeckung der kosmischen Rotverschiebung und der Ausdehnung des Universums über die Grenzen des Milchstraßensystems hinaus die Rechtfertigung für die kosmologische Konstante.

Das hat einige Kosmologen jedoch nicht daran gehindert, mit einer Reihe von kosmologischen Konstanten herumzuspielen, um immer neue Lösungen für die Gleichungen zu entwickeln. So expandierten die Modelle mal rascher und mal langsamer, je nachdem, wie es die Lieblingstheorien der Mathematiker verlangten. Das ganze Spielchen hatte wenig Bezug zur wirklichen Welt. Die Puristen haben stets die Auffassung vertreten, man solle, da die Konstante nicht notwendig sei, ganz auf sie verzichten oder sie gleich Null setzen – eine Meinung, die sich auch Einstein zu eigen machte, sobald der Rotverschiebungseffekt entdeckt worden war. Vor kurzem hat Stephen Hawking einen eleganten mathematischen Beweis entwickelt, der zeigt, daß die kosmologische Konstante zwar nicht gleich Null sein *muß*, daß dies aber überaus wahrscheinlich ist (ähnlich der Überlegung, daß sich die Luft in einem Zimmer zwar in den Ecken konzentrieren *könnte*, daß aber die Wahrscheinlichkeit eines solchen Ereignisses sehr gering ist). Viele Beobachtungsdaten sprechen inzwischen für die Position der Puristen – und rechtfertigen meine Entscheidung, die verwirrende kosmologische Konstante für den Rest dieses Buches außer acht zu lassen. Wenn die einfachsten Lösungen der Einsteinschen Gleichungen ausreichen, wozu uns dann mit unnötigen Komplikationen herumquälen?

Loh und Spillar kamen zu dem Ergebnis, daß die von ihnen ermittelten Zahlen der Galaxien mit verschiedenen Rotverschiebungen sich am besten durch das einfachste Einstein-de-Sitter-Modell erklären lassen, wobei die kosmologische Konstante gleich Null ist und Omega gleich 0,9 mit einer Fehlergrenze von ± 0,3 (also von eins nicht zu unterscheiden). Dabei spielt es keine Rolle, welches Material das Universum zusammenhält oder ob es sich zu Klumpen zusammenballt, wie im Fall der Galaxien. Es muß nur vorhanden sein.

Diese Entdeckung, die der traditionellen Technik der Rotverschiebungsmessung zu verdanken ist, wurde von einer Gruppe von Astronomen freudig begrüßt, die dasselbe Problem auf ganz andere Weise zu lösen versucht hatten. Auch sie waren zu dem Schluß gekommen, daß $\Omega = 1$, und hatten ihre Ergebnisse ein paar Monate vor dem Erscheinen der Arbeit von Loh und Spillar vorgelegt. Die Schlußfolgerungen wurden von einigen Astronomen, die mit den neuen Instrumenten der satellitengestützten Infrarotastronomie noch nicht vertraut waren, mit großem Mißtrauen aufgenommen. Doch die dynamische Messung der Bewegung unserer eigenen Galaxis – eine Meßtechnik, deren Ergebnisse eindeutig für die geschlossenen Modelle sprechen – läßt sich kaum als unzuverlässig abtun, wenn uns jetzt auch die traditionellen Techniken solche Resultate bestätigen.

Die Anziehung des Virgo-Haufens

Wir können schwerlich Vertrauen in die Entfernungsbestimmungen unseres Universums gewinnen, die auf dem Zusammenhang zwischen Rotverschiebung und Entfernung beruhen, wenn wir nicht verstanden haben, wie sich die Erde durch den Raum bewegt. Unser Heimatplanet, auf dem alle unsere Teleskope installiert sind, bewegt sich um die Sonne, die Sonne bewegt sich um das Zentrum der Galaxis, und deren Bewegung ist von benachbarten Galaxien abhängig. Obwohl alle Galaxien – oder vielmehr alle Galaxienhaufen – durch die Expansion des Universums immer weiter voneinander abrücken, können sie, da sie auch einander umkreisen, erhebliche Eigengeschwindigkeiten entwickeln. So bewegt sich beispielsweise M 31 gegenwärtig auf uns *zu*, weil die Galaxien in der Lokalen Gruppe durch die Schwerkraft zusammengehalten und nicht stetig durch die allgemeine Expansion auseinandergezerrt werden. In dieser Größenordnung setzt sich die lokale Gravitation gegenüber dem Expansionseffekt durch. Alle solche lokalen Effekte müssen die Kosmologen kennen und in ihren Berechnungen berücksichtigen, bevor sie sicher sein können, daß sie es mit den Rotverschiebungen zu tun haben, die allein auf die Expansion unseres Universums zurückgehen. Wir brauchen einen festen Bezugspunkt, der sich nur im Zuge der universellen Expansion bewegt. Ohne einen solchen Bezugspunkt müssen alle Rotverschiebungsuntersuchungen zumindest teilweise Spekulation bleiben.

Deutlich wurde das Problem, als sich die Meinungen in der Frage wandelten, wie stark der Virgo-Haufen auf die Bewegung des Milchstraßensystems und der Lokalen Gruppe einwirkt. Zweifellos entfernen wir uns, relativ gesehen, vom Virgo-Haufen. Das zeigt die Rotverschiebung. Doch man muß davon ausgehen, daß uns der Gravitationseinfluß aller Materie im Virgo-Haufen ein bißchen zurückhält, also unsere durch die Expansion des Universums hervorgerufene Bewegung von diesem Galaxienhaufen fort verlangsamt. Verwirrenderweise bezeichnen die Astronomen diese virgozentrische Kraft als (englisch) *infall*, als Geschwindigkeit der Galaxis in Richtung auf den Virgo-Haufen; gemeint ist damit, daß wir uns vom Virgo-Haufen langsamer entfernen, als nach dem Hubbleschen Gesetz zu erwarten wäre. Aber um wieviel langsamer?

Eine gewisse Vorstellung von diesem Prozeß können wir gewinnen, indem wir die Rotverschiebungen und Entfernungen der Galaxien in unserer unmittelbaren Nachbarschaft betrachten, wo einige astronomische Techniken unabhängig von der Rotverschiebung Anhaltspunkte für Entfernungen liefern. Wenn wir nach entgegengesetzten Richtungen in den Raum blicken und zwei Galaxien in ungefähr gleicher Entfernung von uns sehen, von denen eine jedoch eine etwas größere Rotverschiebung zeigt als die andere, so wissen wir, daß dieser Mehrbetrag auf die Eigenbewegung der Galaxis oder einer der beiden anderen Galaxien zurückgeht. Wenn wir genügend Galaxien in dieser Weise untersuchen, können wir hoffen, die Eigenbewegungen der anderen Galaxien auszuschließen: Sind die Rotverschiebungen auf der einen Seite des Himmels durchgehend niedriger als auf der anderen, so ist das ein Zeichen dafür, daß unsere Galaxis eine Eigengeschwindigkeit in Richtung der Region mit geringerer Rotverschiebung hat. Man hat versucht, mit dieser Technik unseren Infall gegenüber dem Virgo-Haufen zu bestimmen, doch nur bescheidenen Erfolg gehabt. Verschiedene Astronomen sind zu unterschiedlichen Einschätzungen gelangt. Sie reichen von praktisch keinem Infall bis zu 500 Kilometern pro Sekunde. Viel hängt davon ab, welche Galaxienhaufen man dazu benutzt, die Bewegung der Galaxis zu eichen – und die Astronomen, die diese Berechnungen machen, wissen nur zu gut, wie es um die Zuverlässigkeit ihrer Zahlen bestellt ist, sollten alle Galaxien, die sie für die Eichung heranziehen, ihrerseits auf die gleiche Weise vom Virgo-Haufen beeinflußt werden. Es kann sich keine Eigenbewegung unserer Galaxis relativ zur Expansion des Universums zeigen, wenn wir den Effekt dadurch zu messen trachten, daß wir ihre Bewegung mit der Bewegung vieler anderer Galaxien vergleichen, die alle in die gleiche Richtung abdriften wie wir.

Trotzdem beginnen uns die Untersuchungen über die virgozentrische Strömung einige Erkenntnisse über die Verteilung der Materie in unserem Universum zu vermitteln.

Der Virgo-Haufen ist uns gerade noch so nahe, daß sich seine Entfernung mit verschiedenen indirekten Techniken schätzen läßt. Dazu sind komplizierte astronomische Schlußfolgerungen nötig, die nicht alle zur gleichen »Antwort« führen – selbst wenn die gleiche Technik von zwei verschiedenen Astronomen angewendet wird, kommen häufig verschiedene Entfernungswerte heraus. Die Werte reichen von ungefähr 16 Mpc bis 22 Mpc, wobei 20 Mpc ein vernünftiger Kompromiß zwischen beiden Extremen sein dürfte. Durch den Unsicherheitsfaktor bei der Bestimmung der Eigengeschwindigkeiten unserer Galaxis und der Galaxien im Virgo-Haufen lassen sie sich nicht direkt zur Festlegung von H verwenden. Statt dessen vergleichen die Astronomen die Helligkeit von einzelnen Galaxien im Virgo-Haufen und von Supernovae innerhalb dieser Galaxien mit ihren Gegenstücken in einem sehr viel weiter entfernten Galaxienhaufen, dem Coma-Haufen, und schätzen dann, daß diese Galaxiengruppe etwa sechsmal so weit entfernt ist wie der Virgo-Haufen, also ungefähr 120 Mpc. Der Coma-Haufen ist so weit entfernt, daß seine Rotverschiebung einer Geschwindigkeit von 7000 Kilometern pro Sekunde entspricht – weit größer als die Eigenbewegung des Milchstraßensystems mit seinen paar hundert Kilometern pro Sekunde. Damit haben wir endlich einen mehr oder weniger direkten Vergleich zwischen Entfernung und Rotverschiebung in einem Maßstab, der groß genug ist, um den Fehler, der durch die Eigenbewegung der Galaxis eingeführt wird, auf höchstens 10 Prozent einzugrenzen. Am Ende der langen Beweisführung steht für H ein Wert zwischen 45 und 55 km/s/Mpc. Aber damit sind wir noch nicht am Ende der Virgo-Geschichte.

Die Anziehungskraft, die der Virgo-Haufen auf die Galaxis ausübt, hängt davon ab, wieviel Materie sich in dem Haufen befindet. Dem genannten H-Wert entnehmen die Astronomen, wie groß die Rotverschiebung sein »müßte«. Aus dem Vergleich der gefolgerten mit der tatsächlich gemessenen Rotverschiebung ergibt sich die Anziehungskraft des Virgo-Haufens: Danach bewegt sich die Galaxis mit einer Geschwindigkeit von etwas mehr als 200 km/s auf dieses System zu. Die Materiemenge, die der Virgo-Haufen haben müßte, um diese Wirkung hervorzurufen, entspricht einer

Dichte, die nur etwa ein Zehntel des für ein geschlossenes Universum erforderlichen Wertes aufwiese. Noch bei einer Infall-Geschwindigkeit von 450 km/s würde uns im Virgo-Haufen eine Materiemenge »genügen«, die einem Omega-Wert von 0,25 entspräche – vorausgesetzt, unser Universum hätte überall die gleiche Materiedichte.

Dies wäre ein sehr gewichtiges Argument für die Offenheit unseres Universums – *wenn* wir sicher sein könnten, daß die gesamte Materie des Universums in der gleichen Weise verteilt ist wie die hellen Galaxien (und vorausgesetzt natürlich, daß der Virgo-Haufen charakteristisch für die großräumige Struktur des Universums ist). Doch wenn es irgendwelche unabhängigen Beweise für ein geschlossenes Universum gibt, dann können wir aus der Anziehungskraft des Virgo-Haufens zwei Erkenntnisse gewinnen: Erstens, der größte Teil der Materie unseres Universums liegt nicht in Gestalt heller Sterne vor, und zweitens, sie ist noch nicht einmal in der gleichen Weise über das Universum verteilt wie die Sterne und Galaxien, die wir sehen können. Wir brauchen eine Methode, um die Materieverteilung über größere Raumvolumen zu messen. Dazu müssen wir uns der Strahlung in anderen Wellenbereichen zuwenden (lange Zeit waren die Astronomen ausschließlich auf die Bereiche des sichtbaren Lichts angewiesen), was noch vor gut zehn Jahren als Hirngespinst abgetan worden wäre. Ab 1986 wurde das anders.

Mikrowellen und die Bewegung der Galaxis

Im Prinzip läßt sich die Eigenbewegung unserer Galaxis im Raum – unabhängig von der Expansion des Raumes selbst – am besten messen, indem man sich an den Rotverschiebungen entfernterer Galaxien orientiert. Doch je weiter die Galaxien entfernt sind, desto schwerer läßt sich ihr Abstand bestimmen und desto weniger können wir der Genauigkeit unserer Berechnungen vertrauen. Trotzdem haben bereits 1976 Vera Rubin und ihre Mitarbeiter an der Carnegie Institution in Washington diese Technik zu erweitern versucht, indem sie die Bewegung unserer Galaxis mit einem

»Bezugssystem« verglichen, das von einer kugelförmigen Schale ferner Spiralgalaxien gebildet wird. Diese Galaxien befinden sich in einer Entfernung von ungefähr 100 Megaparsec von uns, vorausgesetzt, der Hubble-Parameter liegt tatsächlich nahe bei 50 km/s/Mpc. Sie umgeben uns, wie die Schale eines Apfels den Kern in seiner Mitte umschließt, und sie sind so weit entfernt, daß sich alle ihre kleinen Eigenbewegungen gegenseitig aufheben dürften und daß sie in ihrer Gesamtheit wohl ein Bezugssystem liefern, dessen einzige Bewegung die Expansion des Universums ist. Rubins Berechnungen ergaben, daß sich unsere Galaxis (und mit ihr die Lokale Gruppe) relativ zu diesen fernen Galaxien mit einer Geschwindigkeit durch den Raum bewegt, die weit größer ist, als irgend jemand erwartet hatte – 600 Kilometer pro Sekunde, zusätzlich zu der Bewegung, die wir als Teil der universellen Expansion ausführen. Die Entdeckung war so überraschend und die mit Hilfe dieser Technik ermittelte Geschwindigkeit so groß, daß die meisten Astronomen sie schlichtweg ablehnten. Sie konnten gerade noch eine Infall-Geschwindigkeit von 200 oder 300 km/s in Richtung auf den Virgo-Haufen akzeptieren, weil sie dort – in Gestalt heller Galaxien – die Materie erblicken konnten, die diese Anziehungskraft ausübt. Doch eine Geschwindigkeit von 600 km pro Sekunde in eine Richtung, wo am Nachthimmel nichts Besonderes, kein heller Galaxienhaufen zu entdecken war? Lächerlich!

Zehn Jahre später erschien die Vorstellung lange nicht mehr so lächerlich, und Rubin wurde rehabilitiert. Dieser Sinneswandel der Astronomen war zwei neuen Hinweisen zu verdanken.

Die erste Erkenntnis stammte aus Untersuchungen der Hintergrundstrahlung, der schwachen Reststrahlung aus dem Urknall selbst. Kurz nach dem Schöpfungsaugenblick hat sich diese Strahlung in unserem Universum ausgebreitet, ohne indessen vom materiellen Inhalt des Universums beeinflußt worden zu sein, da sich die Elektronen mit den im Feuerball entstandenen Kernen zu elektrisch neutralen Atomen verbanden. Diese Strahlung kann nur mit freien geladenen Teilchen in Wechselwirkung treten. Doch nach einer Million Jahren, vom Schöpfungsaugenblick an gerechnet, waren alle positiv geladenen Protonen und negativ geladenen Elektronen in den neutralen Wasserstoff- und Heliumatomen eingeschlossen. Seither expandiert die Hintergrundstrahlung einfach mit unserem Universum, kühlt ab und wird schwächer, da sie zu immer größeren Wellenlängen rotverschoben wird, ohne jedoch je dem Einfluß der Materie unterworfen zu sein. Die Hintergrundstrahlung müßte das beste Bezugssystem im expandierenden Universum abgeben, einen idealen Vergleichsmaßstab für unsere Eigenbewegung. Und das ist tatsächlich der Fall.

Da sich die Beobachtung der Hintergrundstrahlung im Laufe der letzten zwanzig Jahre erheblich verfeinert hat, begnügen sich die Astronomen heute nicht mehr damit, nur ihre Existenz zu registrieren und ihre Temperatur zu messen (Beobachtungen, die entscheidend zur Entwicklung des Urknallmodells unseres Universums beigetragen haben), sondern sie haben die Stärke der Strahlung in vielen verschiedenen Wellenlängen fast über den gesamten Himmel aufgezeichnet. Ihre Instrumente sind so empfindlich, daß sie geringe Schwankungen der Strahlungsintensität – winzige Temperaturschwankungen – in verschiedenen Himmelsregionen feststellen können. Solche Messungen erfolgen vom Erdboden aus, von sehr hoch fliegenden Flugzeugen, von Ballons in den höchsten Schichten der Atmosphäre und von Satelliten in Erdumlaufbahnen. Mitte der achtziger Jahre zeigten sie zweifelsfrei, daß es in der kosmischen Hintergrundstrahlung einen warmen Fleck gibt, in einem Winkel von ungefähr 45 Grad zur Richtung des Virgo-Haufens, und einen kalten Fleck in der entgegengesetzten Richtung. Der warme Fleck entspricht einer Region blauverschobener Strahlung, deren Wellenlänge etwas verkürzt wird, weil wir uns auf die eintreffenden Wellen hin bewegen. Der kalte Fleck ist eine Rotverschiebungs-Region, dadurch bewirkt, daß wir uns von den eintreffenden Wellen fortbewegen. Die Deutung dieser Entdeckung liegt auf der Hand: Wir bewegen uns tatsächlich mit großer Geschwindigkeit relativ zur Hintergrundstrahlung und damit auch relativ zur generellen Expansion des Universums. Die Geschwindigkeit beträgt exakt jene 600 Kilometer pro Sekunde, die Rubin schon vor zehn Jahren festgestellt hat.

Zunächst meinten einige Astronomen, diese Bewegung gehe auf die gravitative Anziehung einer Materiekonzentration in einem System zurück, das als Hydra-Centaurus-Superhaufen bezeichnet wird. Würde die Galaxis vom Virgo-Haufen in die eine Richtung und vom Hydra-Centaurus-Superhaufen in die andere Richtung gezogen, so könnte daraus eine Bewegung in Richtung eines Punktes resultieren, der ungefähr in der Mitte zwischen den Richtungen zu den beiden Massen läge. Diese Auffassung scheint jedoch durch allerneueste Beobachtungen, die 1986 veröffentlicht wurden, widerlegt zu werden. Eine umfangreiche Studie durch Astronomen in der ganzen Welt, von Herstmonceux im englischen Sussex bis Pasadena in Kalifornien, erfaßte die Bewegung von 400 gleichmäßig über den gesamten Himmel verteilten elliptischen Galaxien. Die Ergebnisse wurden während einer internationalen Tagung auf Hawaii vorgelegt. Mit einer ähnlichen Beweisführung, wie sie sich im Fall des Coma-Haufens bewährt zu haben schien, konnten die Forscher für alle diese Galaxien die Entfernungen und Eigengeschwindigkeiten ermitteln. Es ergab sich, daß *alle* benachbarten Galaxien und Nebelhaufen in ähnlicher Weise durch den Raum gezogen werden wie die Galaxis und die Lokale Gruppe. Der Virgo-Haufen, der Hydra-Centaurus-Superhaufen, die Lokale Gruppe und andere bewegen sich alle mit einer Geschwindigkeit von 600 bis 700 km/s in Richtung einer Region jenseits des Hydra-Centaurus-Superhaufens.

Wo endet die Region, in deren Richtung es zu dieser Drift von Galaxien kommt? Und wieviel Materie ist erforderlich, um eine so starke Anziehungskraft auf so viele Galaxien auszuüben? Die besten Antworten auf diese Fragen gibt eine Untersuchung ferner Galaxien, die mit Hilfe des Infrarotastronomie-Satelliten (IRAS) durchgeführt und ebenfalls Mitte der achtziger Jahre veröffentlicht wurde.

Infrarot-Beweise

Untersucht man die Verteilung von Galaxien im Bereich des sichtbaren Lichts, so muß die Erscheinung der *Rotverfärbung* berücksichtigt werden. Sie hat nichts mit der Rotverschiebung zu tun, sondern ist eine Rötung des Lichts ferner Objekte, die durch den Staub in der Galaxis verursacht wird – genau wie der Staub in der

Erdatmosphäre die roten Sonnenuntergänge verursacht. Der Staub verschluckt das Licht aus vielen Himmelsgebieten und gibt nur den Blick auf Teile der nördlichen und südlichen Himmelshalbkugel außerhalb der galaktischen Ebene frei, so daß die Astronomen nur in solche Richtungen ungehindert blicken können, die möglichst weit oberhalb oder unterhalb der durch die Milchstraße gekennzeichneten (galaktischen) Ebene liegen. Das Licht schwach leuchtender Galaxien (im großen und ganzen: weiter entfernter Galaxien) wird am empfindlichsten beeinträchtigt. Je weiter man in den Raum vordringen will, um so weiter muß die Beobachtungsrichtung am Himmel von der Milchstraße entfernt sein, d. h. in Richtung der galaktischen Pole zielen. Diese liegen im Sternbild Coma (galaktischer Nordpol), dessen Umgebung von der nördlichen Hemisphäre der Erde gut einsehbar ist, bzw. im Sternbild Sculptor (galaktischer Südpol), das für nördliche Beobachter tief in Horizontnähe bleibt. Observatorien in nördlichen geographischen Breiten werden daher mehr die nördlichen, Observatorien in südlichen Breiten mehr die südlichen Galaxien beobachten können. Dadurch entsteht die Schwierigkeit, die Helligkeiten der nördlichen und südlichen Galaxien einheitlich zu bewerten. Denn um die Helligkeit schwach leuchtender Objekte, die mit heutigen Techniken gerade noch zu erfassen sind, miteinander zu vergleichen, müßte man im Idealfall alle untersuchten Galaxien mit derselben Kombination aus Teleskopen und Instrumenten beobachten. Doch es gibt keine Möglichkeit, die Helligkeit aller von der Erdoberfläche aus sichtbaren Galaxien mit denselben Teleskopen zu erfassen. Sie sind viel zu groß, um von der Stelle bewegt zu werden.

Beide Probleme – und andere – löste der Infrarotsatellit IRAS. Infrarotes Licht wird durch die Rotverfärbung, die der interstellare Staub hervorruft, kaum beeinträchtigt, und man konnte den ganzen Himmel mit denselben Instrumenten an Bord des in einer Erdumlaufbahn kreisenden Satelliten aufnehmen. IRAS war in der Lage, Galaxien in allen Richtungen zu registrieren, ausgenommen die sehr begrenzte Himmelsregion, die von dem schmalen Band der Milchstraße selbst verdeckt wird. Doch diese Galaxien lassen sich leicht von den hellen Sternen in unserer Galaxis unterscheiden. So konnte man Zehntausende von Galaxien im infraroten Wellenbereich registrieren und damit fast den gesamten Himmel erfassen.

Einige helle Infrarotgalaxien konnte man auch mit Hilfe optischer Teleskope ausmachen und ihre Rotverschiebungen messen. Durch einen Vergleich der Helligkeiten dieser Objekte im Infrarotbereich mit denjenigen von Infrarotgalaxien, die optisch noch nicht erfaßt sind, gewann man den Eindruck, daß die IRAS-Untersuchung Galaxien einbezieht, die mindestens doppelt so weit entfernt sind wie die, welche Rubin und Mitarbeiter beobachtet hatten. Allerdings sind die Systeme nicht gleichmäßig über den Himmel verteilt. Im Durchschnitt sind in Gebieten gleicher Größe auf der einen Seite des Himmels etwas mehr Quellen als auf der anderen Seite. Und die von IRAS ermittelte Richtung ist fast genau die Richtung, in der wir uns relativ zur kosmischen Hintergrundstrahlung bewegen. So vermögen die Astronomen also doch jene Materiekonzentration zu »sehen« (mit Hilfe von Infrarot-Detektoren), die mit ihrer Schwerkraft die Lokale Gruppe und andere Galaxien in unserem Teil des Universums beeinflußt.

Auch jetzt sind wir aber noch nicht am Ende der Geschichte. Michael Rowan-Robinson vom Queen Mary College in London ist einer der Forscher, die sich mit der Analyse der IRAS-Daten befassen. Er hat ausgerechnet, wieviel Materie insgesamt vorhanden sein müßte – genauso über die von IRAS erfaßte Region des Universums verteilt, wie die IRAS-Galaxien verteilt sind –, damit die zusätzliche Konzentration in der Richtung, in die wir uns bewegen, eine Massenanziehung entwickeln kann, die der Lokalen Gruppe eine Eigengeschwindigkeit von 600 km/s gibt. Sein Ergebnis, das er im November 1985 auf einer Tagung der Royal Society vorgetragen hat, entspricht innerhalb der Fehlergrenzen haargenau der für ein geschlossenes Universum erforderlichen Dichte. Die IRAS-Daten, auf den einfachsten Nenner gebracht, besagen, daß Omega nahezu exakt gleich eins ist und daß die Verteilung der Galaxien am Nachthimmel, wie sie uns das *sichtbare* Licht in unseren optischen Instrumenten auf der Erdoberfläche zeigt, *kein* getreues Abbild der Materieverteilung in unserer Region des Universums liefert.

Dies ist – soweit es die Beschaffenheit unseres Universums angeht – der beweiskräftigste Anhaltspunkt, den Untersuchungen der Galaxiendynamik bislang haben liefern können. Es ist die erste direkte Messung der Galaxiendynamik, die für Omega einen Wert von eins ergibt. Er würde auch dann noch gelten, falls die großräumige Drift der lokalen Haufen und Superhaufen, das jüngste und umstrittenste Glied in der Beweiskette, weiteren Nachprüfungen nicht standhalten sollte. Wir haben es hier mit neuen Ideen zu tun, die sicher in den kommenden Monaten und Jahren noch manche Änderung erfahren werden. Aber die Grundlinien scheinen klar zu sein und sich mühelos in das Gesamtbild einzufügen: Sie entsprechen sowohl der Bedingung der inflationären Modelle, daß $\Omega = 1$, als auch der Notwendigkeit, daß unser Universum wieder in sich zusammenstürzen wird, wie es die Erhaltung des elektromagnetischen Zeitpfeils verlangt. Zwar ist es immer möglich, im Universum mehr Materie und mehr Materiearten zu entdecken, als uns bekannt sind, doch haben wir keine Möglichkeit, Materie, die wir einmal gefunden haben, wieder »verschwinden« zu lassen. Sie bildet die absolute Untergrenze des Dichteparameters. Schätzungen von Omega werden sich im Lauf der Zeit immer nach oben bewegen, nie nach unten. Die meisten Astronomen vermeiden es noch immer, sich festzulegen, doch die Beweise für ein geschlossenes Universum sind heute besser als jemals. Selbst wenn das Universum nicht geschlossen ist, muß es dort draußen sehr viel mehr Materie geben, als in der Baryonenproduktion des Urknalls überhaupt entstanden sein kann. Nichtbaryonische Materie spielt in unserem Universum zweifellos eine bestimmende Rolle und sorgt wahrscheinlich dafür, daß es geschlossen ist. Und obwohl uns die Bewegung der Galaxien nicht mitteilt, welcher Art und wo diese Materie ist, können wir doch aus der Verteilung der Galaxien im Raum und aus dem Muster, zu dem sie in einem bestimmten Augenblick kosmischer Zeit erstarrt sind, aufschlußreiche Hinweise gewinnen.

6. KAPITEL

Nahe am kritischen Wert

Dunkle Materie bestimmt unser Universum. Zu mindestens 90 Prozent, vielleicht sogar zu 99 Prozent, haben wir sie noch nicht entdeckt. Die hellen Sterne und Galaxien sind nicht einmal die sprichwörtliche Spitze des Eisbergs – der Materie im Universum. Ein Eisberg besteht wenigstens ganz aus Eis und ist mit seiner Spitze verbunden. Von der dunklen Materie dagegen wissen wir weder, wie sie beschaffen ist, noch wo sie sich befindet. Wir wissen nur, daß sie, im Gegensatz zu den Sternen, nicht aus Baryonen bestehen kann und daß sie in ausreichender Menge vorkommen muß, um unser Universum ganz nahe an die entscheidende Trennungslinie zwischen dem offenen und dem geschlossenen Zustand heranzurücken. Die Suche nach der fehlenden Masse wird intensiver, und nicht nur die beobachtenden Astronomen, sondern auch die Theoretiker beteiligen sich an ihr. Endgültige Antworten stehen noch nicht zur Verfügung, und es wäre töricht, in einem Buch, das 1987 abgeschlossen wurde, zu behaupten, die Identität der fehlenden Materie sei entdeckt. Aber man ist immerhin schon in der Lage, die Suche einzugrenzen, einige der Kandidaten auszuschließen und sich eine recht genaue Vorstellung von den Teilchen zu machen, die eine beherrschende Rolle in unserem Universum spielen müssen. Der heutige Zustand der Galaxien kann uns dabei wichtige Hinweise geben.

Das Halo-Komplott

Zunächst einmal: Wo ist die dunkle Materie? Man könnte ganz einfach vermuten, daß sie vollständig in Galaxien enthalten sei. Vielleicht gibt es dort erheblich mehr Material – in Form von Staub, Planeten, Schwarzen Löchern oder etwas noch Exotischerem –, als wir in Gestalt heller Sterne sehen können. Um das Universum nahe an den kritischen Wert zu rücken, wäre tatsächlich größtenteils exotische Materie vonnöten, weil man in allen anderen Fällen von Baryonen auszugehen hätte. Dafür aber setzt die Heliumhäufigkeit dem Vorkommen baryonischer Materie in unserem Universum viel zu enge Grenzen. In den letzten Jahren hat man Beobachtungsdaten gesammelt, die darauf schließen lassen, daß es tatsächlich erhebliche Mengen dunkler Materie in Spiralnebeln gibt – in einigen Fällen mindestens viermal soviel wie in Form heller Sterne. Doch das reicht noch lange nicht aus, um Omega dem Wert eins anzunähern. Diese galaktische dunkle Materie läßt sich sogar noch innerhalb der Grenzen erklären, die dem Baryonenvorkommen gezogen sind.

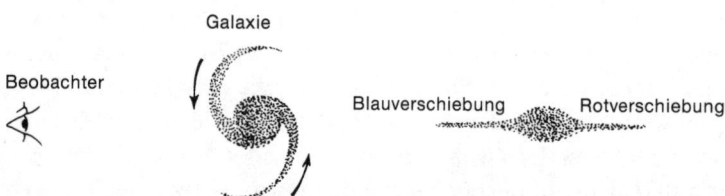

Abb. 6.1: *Wenn wir auf die Kante einer rotierenden Spiralgalaxie sehen, können wir ihre Rotationsgeschwindigkeit berechnen, indem wir die Rotverschiebung und Blauverschiebung in verschiedenen Abständen von der zentralen Ausbuchtung messen.*

Dies sind relativ neue Entdeckungen, alle erst in den letzten Jahren gemacht. Sie beruhen auf Messungen der Rotationsgeschwindigkeit von Spiralgalaxien. Natürlich können Astronomen nicht beobachten, wie sich das Muster der Sterne verändert, während eine Galaxie sich langsam um ihren Kern dreht; eine Drehung dauert Hunderte von Jahrmillionen. Doch wenn sie auf Spiralgalaxien blicken, die dem Beobachter zufällig die Schmalseite zukehren, so daß die Objekte als dünne Scheiben wahrgenommen werden, dann können die Astronomen mit Hilfe des Doppler-Effekts messen, wie rasch sich die Sterne im Zuge der Rotation auf der einen Seite der Scheibe auf uns zubewegen und wie schnell sie auf der anderen Seite von uns fortstreben. Moderne spektroskopische Techniken sind so empfindlich, daß sie diese Doppler-verschiebung in verschiedenen Abständen vom Mittelpunkt des winzigen Bildes messen, welches Riesenteleskope von einer solchen Galaxie einfangen. Dadurch läßt sich die Geschwindigkeit entlang des Scheibenquerschnitts bestimmen. In letzter Zeit hat man derartige Messungen noch weiter ausgedehnt – über den Bereich der hellen Sterne hinaus –, indem man mit radioastronomischen Techniken die Geschwindigkeiten der Wolken aus Wasserstoffgas ermittelte, die zu solchen fernen Galaxien gehören. Die ersten Ergebnisse, Anfang der achtziger Jahre vorgelegt, waren verblüffend.

Trägt man die Geschwindigkeiten der Sterne und Wolken, die in der Scheibe einer fernen Galaxie in verschiedenen Abständen um ihren Kern rotieren, in ein Diagramm ein, dann erhält man eine sogenannte Rotationskurve. Diese Kurven sind gewöhnlich sehr symmetrisch: Die Sterne auf der einen Seite der fernen Galaxie bewegen sich in einem bestimmten Abstand vom Zentrum dieser Galaxie mit exakt der glcichen Geschwindigkeit auf uns zu, wie die Sterne im gleichen Abstand auf der anderen Seite von uns fortstreben. Das war keine Überraschung. Überraschend war vielmehr, daß außerhalb der eigentlichen galaktischen Kerngebiete zu beiden Seiten und in praktisch jedem Fall die Geschwindigkeiten der Sterne, soweit sie sich messen lassen, an jedem Punkt der Scheibe gleich sind. Die Rotationskurven sind sehr flach. Ihr auffälligstes Merkmal ist, wie einige Astronomen im Scherz festgestellt haben, daß sie kein auffälliges Merkmal besitzen.

Das verblüffte die Fachwelt, weil man angenommen hatte, daß die größte Masse einer Spiralgalaxie dort konzentriert sei, wo sie am hellsten ist, also im zentralen Kern, in dem sich viele Sterne zusammendrängen. Wäre dies der Fall, müßten sich die Sterne in größerer Entfernung vom Mittelpunkt langsamer auf ihren Umlaufbahnen bewegen als die weiter im Inneren, genauso wie die äußeren Planeten des Sonnensystems (Jupiter, Saturn, Uranus, Neptun und Pluto) sich langsamer bewegen als die inneren Plancten (Merkur, Venus, Erde und Mars) – eine unmittelbare Folge des von Newton entdeckten Gravitationsgesetzes. Es gibt nur zwei Möglichkeiten, die flachen Rotationskurven der Spiralgalaxien zu erklären: Entweder ist Newtons Gesetz falsch (eine Möglichkeit, die von einigen Forschern ernsthaft in Betracht gezogen wurde, obwohl es doch ein ziemlich radikaler Ausweg zu sein scheint), oder es muß eine erhebliche Menge dunkler Materie geben, die in einem riesigen, weitgehend kugelförmigen Halo um jede Spiralgalaxie angeordnet ist und bei ihrer Rotation die hellen Sterne mit sich zieht. Anders ausgedrückt: Der Hauptanteil der Masse kann *nicht* von den hellen Sternen im zentralen Kern gestellt werden.

Diese dunkle Materie läßt sich sogar noch mit dem Baryonenvorkommen erklären, das sich aus der Urknall-Kosmologie und der Heliumhäufigkeit ergibt. Galaxien wie unsere sind in riesige Materiehalos eingebettet, die vielleicht aus großen Planeten (»Jupitern«) bestehen oder aus erloschenen, verdunkelten Sternen (»Braunen Zwergen«) oder Schwarzen Löchern – womöglich etwas noch Ausgefallenerem. Aus irgendeinem Grund, den bislang noch niemand recht versteht, gleicht die Materiemenge im Halo den mit wachsender Entfernung vom Galaxienzentrum zu erwartenden Abfall der Rotationsgeschwindigkeit aus, so daß sich die flache Rotationskurve ergibt – ein »Komplott«, das nach Meinung der Astronomen kein Zufall sein kann, wenn sie auch noch keine Erklärung dafür haben.

Die dunkle Materie spielt also für die Galaxien eine ebenso entscheidende Rolle wie für das Universum. Vermutlich werden in den nächsten Jahren viele Astronomen damit beschäftigt sein, die Wechselwirkung zwischen dunkler Materie und hellen Sternen in den Galaxien zu ergründen. Doch dies ist nur ein unbedeutender Seitenstrang der Suche nach der Masse, die für ein geschlossenes Universum erforderlich ist. Denn selbst mit aller dunklen Materie, die angesichts der Rotationskurven angenommen werden muß, können die Galaxien nur einen kleinen Bruchteil der Masse erklären, die vonnöten ist, um das Universum nahe an den kritischen Wert zu rücken. Aus diesen Studien geht hervor, daß die fehlende Masse, wo immer sich ihr Hauptanteil auch befinden mag, *nicht* unmittelbar an einzelne helle Galaxien gebunden ist. Sie befindet sich irgendwo im schwarzen Raum zwischen den Galaxien. Aufschluß über ihr Vorkommen und ihre Beschaffenheit können wir nur erhoffen, wenn wir nicht die Rotation einzelner

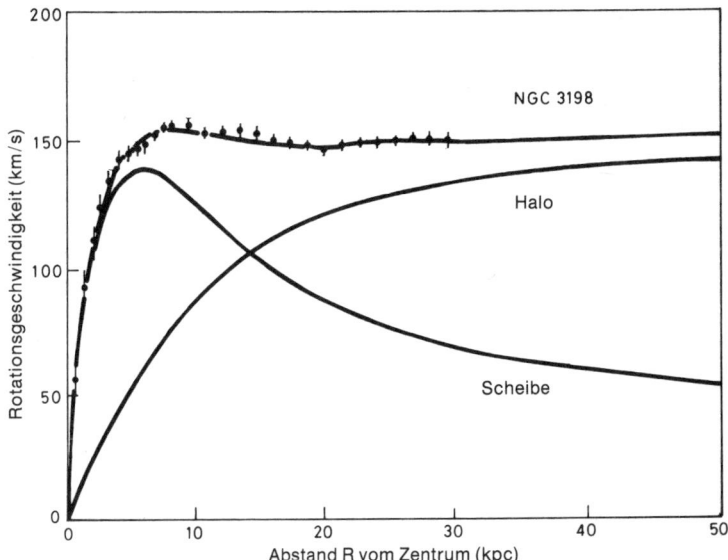

Abb. 6.2: *Die tatsächlichen Rotationskurven von Galaxien wie NGC 3198 sind sehr flach. Das läßt sich nur so erklären, daß die Menge der dunklen Materie im Halo der Galaxie, wie dargestellt, zunimmt, während die Materiemenge der hellen Sterne außerhalb der zentralen Ausbuchtung abnimmt. Beide Bedingungen ergeben in ihrem Zusammenwirken die beobachtete Rotationskurve. (Abbildung mit freundlicher Genehmigung von Tjeerd van Albada.)*

Galaxien untersuchen, sondern prüfen, wie ganze Gruppen von Galaxien verteilt sind und wie sie sich unter dem gravitativen Einfluß der dunklen Materie, die das Universum bestimmt, durch den Raum bewegen.

Galaktischer Schaum

Allein die Tatsache, daß es überhaupt Galaxien gibt, hätte die Astronomen – schon lange bevor die neue Welle astronomischer Entdeckungen den Beweis lieferte – auf den Gedanken bringen müssen, daß eine erhebliche Menge an dunkler Materie vorhan-

161

den ist. In einem expandierenden Universum, das mit einer gleichförmigen Verteilung der Materie beginnt (wie sie die Isotropie des
Mikrowellenhintergrundes voraussetzt), könnten sich in der geringen Dichte, welche die Baryonengrenze nahelegt, wohl kaum
Klumpen vom Ausmaß der Galaxien gebildet haben. Im expandierenden Universum werden die Dinge auseinandergezogen,
durch die Streckung werden sie dünner und nicht zusammengeklumpt. Wie entstehen Klumpen so groß wie Galaxien? Schon
früh müssen sich Abweichungen von der vollkommenen Gleichförmigkeit eingestellt haben, Regionen, in denen der Zufall ein
bißchen zusätzliches Material anhäufte, und andere, in denen es
ein bißchen weniger gab. Sobald eine Region mit größerer Dichte
eine bestimmte Größe erreicht hatte, wuchs sie weiter, weil ihre
Schwerkraft noch mehr Materie von außen anzog, die sie nun,
dem Zug der allgemeinen Expansion entgegenwirkend, bei sich
behielt. Doch wenn das Universum nur die Dichte hätte, die von
der Baryonengrenze nahegelegt wird, dann wäre es zu dem Zeitpunkt, da das heiße Gas so weit abgekühlt war, daß die Gravitation Gaswolken bilden und zusammenhalten konnte, schon zu
spät gewesen. Das Universum wäre dann so dünn gewesen, daß
eine Dichteschwankung, groß genug, um eine Galaxie zu bilden,
äußerst unwahrscheinlich geworden wäre.

In den siebziger Jahren wurden zwei Hypothesen zur Galaxienbildung entwickelt. Der Amerikaner Jim Peebles vertrat die Auffassung, daß sich die Dinge von unten nach oben entwickelt hätten. Ohne zu wissen, wie sich die ersten »Keime« bildeten und
wuchsen, meinte er, zuerst hätten sich die Galaxien gebildet und
sich erst anschließend zu Galaxienhaufen zusammengeklumpt.
Da Galaxien sehr alt sind – die ältesten Sterne im Milchstraßensystem sind nach den besten Modellen fast so alt wie unser Universum selbst –, war das offensichtlich eine vernünftige Theorie.
Doch sie machte die Vorhersage, daß Galaxien und Haufen regel-
los über das Universum verteilt seien, und diese Vorhersage ist
von modernen Beobachtungen nicht bestätigt worden.

Ebenfalls in den siebziger Jahren entstand zu Peebles' Entwurf
»von unten nach oben« ein Gegenentwurf »von oben nach unten«,
der von dem Sowjetrussen Jakow Zeldowitsch stammt. Er vertrat

die Auffassung, daß in der Hitze des frühen Universums jede begrenzte Dichteschwankung eliminiert worden wäre und nur sehr großräumige Unregelmäßigkeiten Bestand gehabt hätten, als das Universum nach dem Urknall abzukühlen begann. Danach hätten die »Urkeime« der Struktur, die wir heute sehen, nicht den Maßstab von Galaxien gehabt, vielmehr hätten sie den Superhaufen entsprochen und tausendmal soviel Masse enthalten wie die Galaxienkeime des Peeblesschen Entwurfs. Diese Keime seien dann zu flachen »Pfannkuchen« zusammengestürzt. An ihren Rändern und in Regionen besonderer Dichte, wo sich zwei Pfannkuchen überschnitten, hätten sich die Galaxien gebildet (vgl. Abb. 6.3 und 6.4 auf S. 164 f.). Zeldowitsch machte die Prognose, daß man im Universum Fäden und Ketten von Galaxien finden werde, aufgereiht wie Perlen auf einer Kette, und zwischen diesen Fäden dehne sich weiter, leerer Raum. Diese Hypothese kommt der tatsächlichen Verteilung der Galaxien, wie wir sie heute erblicken, sehr viel näher als Peebles' Vorhersage. Das spricht für die Pfannkuchen-Theorie. Doch da nach dieser Theorie die Galaxien erst spät entstehen, ist schwer zu begreifen, daß Sterne, die so alt sind wie die in unserer Galaxis, in einem Universum gebildet worden sind, das so jung ist, wie die Urknallberechnungen nahelegen.

Keine der beiden konkurrierenden Theorien der siebziger Jahre hat sich wirklich bewährt, aber sie sind ein guter Ausgangspunkt für Beobachter, die die widerstreitenden Ideen überprüfen können, und im Anschluß daran für Theoretiker, die erklären möchten, was die Beobachter entdeckt haben, wobei sie sicherlich neue Ideen entwickeln müssen, die in den Modellen der siebziger Jahre noch nicht berücksichtigt waren.

Das auffälligste Merkmal neuer Beobachtungsdaten unseres Universums – dreidimensionale Karten zur Verteilung der Galaxien auf der Grundlage von Rotverschiebungsmessungen – ist sicher der Umstand, daß das Muster voller Löcher ist. Die sorgfältige Kartographierung von Galaxien mit Rotverschiebungen, die Entfernungen von bis zu einer Milliarde Lichtjahren und mehr entsprechen, läßt erkennen, daß sich alle Galaxien am Rande großer Blasen gruppieren, die einen Durchmesser bis zu 150 Millionen Lichtjahren haben und wenig oder keine leuchtende Materie

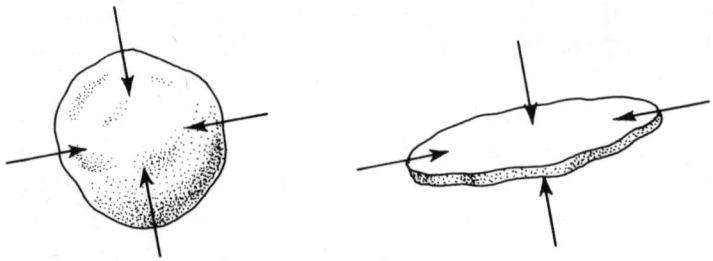

Abb. 6.3: *Die Pfannkuchen-Theorie*
Eine Hypothese der Galaxienbildung besagt, riesige Materiewolken seien
zu flachen Pfannkuchen zusammengestürzt. Jeder Pfannkuchen sei dann
in viele Galaxien auseinandergebrochen, die sich zu Haufen oder Super-
haufen zusammengeschlossen hätten.

enthalten. Den Beobachtern bietet sich stets das gleiche Bild, welchen Bereich sie auch immer untersuchen. Leider läßt sich nur ein
ganz kleiner Teil des Himmels so eingehend studieren. Deshalb
hat es zahlreiche Spekulationen über die genaue Beziehung zwischen Leerräumen und Galaxien gegeben – Spekulationen, die
auf den ersten Blick nach Haarspalterei aussehen, in denen es aber
um grundlegende Probleme des Urknalls und der Lokalisierung
der fehlenden Masse geht.

Die Kardinalfrage lautet: Umgeben die Ketten und Schalen aus
Galaxien die Leerräume, oder umgeben die Leerräume die leuchtende Materie? Einfacher gefragt: Wenn wir uns das Bild der Galaxien am Himmel als Punktmuster vorstellen – ist es dann ein
Muster weißer Flecken (Galaxienhaufen) auf schwarzem Hintergrund oder eines von schwarzen Punkten (Leerräumen) auf weißem Hintergrund? 1986 versuchte eine Gruppe amerikanischer
Forscher das Problem zu lösen, indem sie mit Hilfe eines Compu-
ters untersuchte, wie sich die hellen und dunklen Regionen unseres Universums verflechten – wie seine Topologie aussieht. Richard Gott und Mark Dickinson in Princeton und Adrian Melott
von der Universität von Kansas entdeckten, daß keine der beiden
einfachen Annahmen zutrifft. Das Muster besteht weder aus
schwarzen Flecken auf weißem Hintergrund noch aus weißen
Flecken auf schwarzem Hintergrund. Vielmehr sind beide völlig

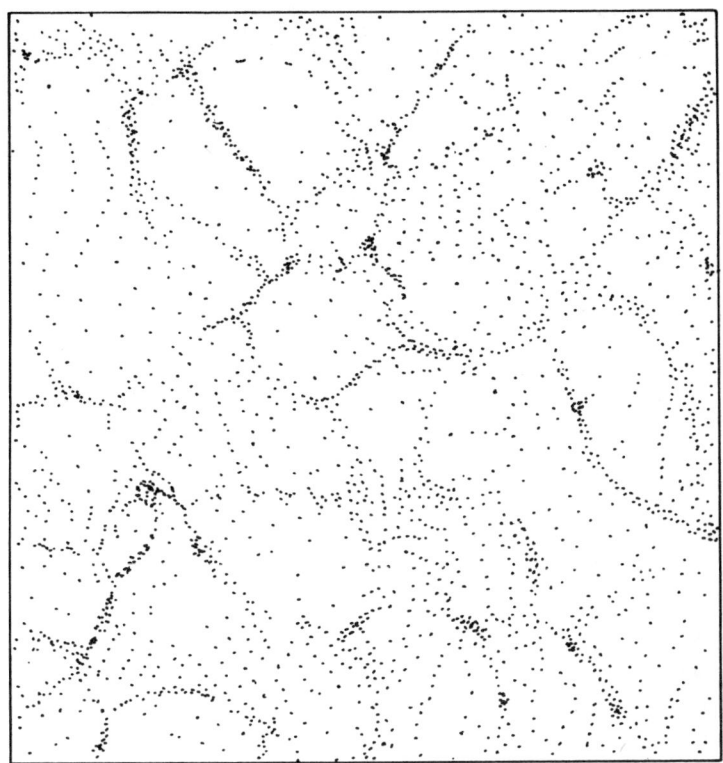

Abb. 6.4: *Computersimulationen des Pfannkuchenprozesses zeigen, wie die Linien und Ketten von »Galaxien« am Himmel beim Blick auf die Ränder der auseinandergebrochenen Pfannkuchen aussehen würden.*

ineinander verschlungen, so daß ihre Struktur einem Schwamm ähnelt. Vielleicht gibt es überhaupt nur einen »Leerraum« und einen Galaxienfaden, die höchst kompliziert miteinander verflochten sind.

Eine solche Topologie erklärt viele verwirrende Züge des am Himmel sichtbaren Galaxienmusters. Dieses ist nämlich die zweidimensionale Projektion eines komplizierten dreidimensionalen Musters, was zu einem unübersichtlichen Bild einander überschneidender Haufen und Leerräume führt. Für die Theoretiker ist diese Entdeckung sehr ermutigend, weil sie darauf schließen läßt, daß es keinen echten Unterschied zwischen den galaxienbil-

165

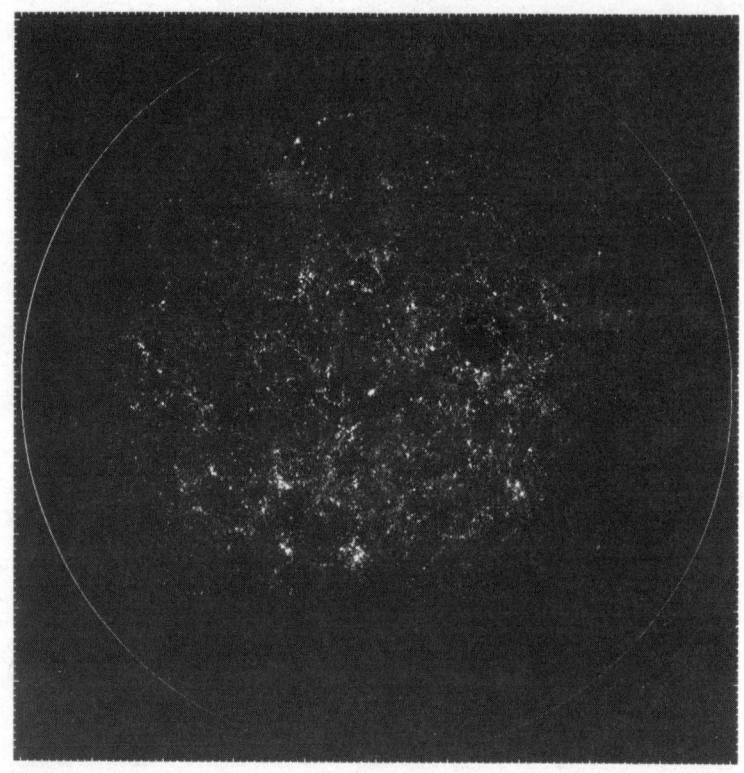

denden Regionen mit überdurchschnittlicher Dichte und den Leerräumen gibt, den Regionen, in denen die Dichte unter dem Durchschnitt liegt. Danach wäre die heutige Struktur des Universums einfach das Ergebnis zufälliger Schwankungen im Feuerball des Anfangs. Und genau das entspricht der Vorhersage der einfachsten Theorien: weder eine Präferenz für Schwankungen, die einer kleinen Region hohe Dichte verleihen, noch für Schwankungen, die ähnliche Regionen mit geringer Dichte hervorrufen, sondern beide Schwankungsarten in zufälligem Vorkommen. Das Universum besitzt ein *schaumiges Aussehen*, besteht aber nicht aus regelmäßigen Zellen wie etwa eine Honigwabe.

Melott hat diesen Gedanken noch einen Schritt weiter verfolgt, indem er nicht nur das »Schnappschuß«-Bild der heutigen Verteilung betrachtete, sondern auch untersuchte, wie sich die Galaxien

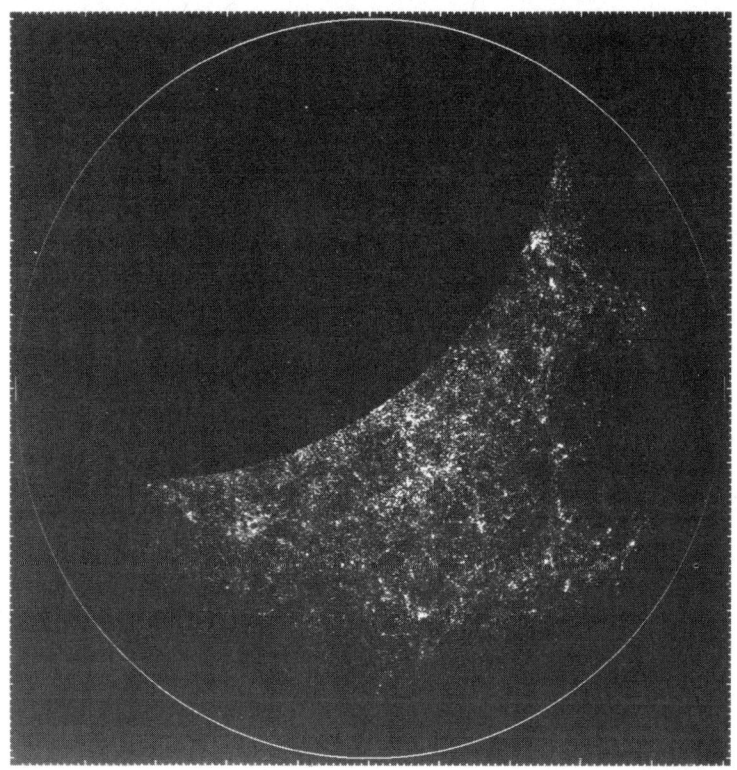

Abb. 6.5: *Mehr als eine Million Galaxien*
Durch Kombination der Information von mehr als tausend fotografischen
Platten konnten Astronomen diese Bilder herstellen. Sie zeigen mehr als
eine Million Galaxien auf der gesamten nördlichen Himmelshalbkugel
(links, S. 166) und mehr als eine weitere Million auf einem großen Teil des
südlichen Himmels (oben). Der vorherrschende visuelle Eindruck ist der
eines Netzwerks ineinander verschlungener Ketten und Fäden von Gala-
xien. Wie real sind die Fäden, und was können sie uns über die Verteilung der
Materie im Universum mitteilen? (Nach M. Seldner, B. R. Siebers, E. J.
Groth und P. J. E. Peebles, in: Astronomical Journal, Band 82, S. 249.)

im dreidimensionalen Raum bewegen. Astronomen können Bewegungen nur längs der Sehlinie feststellen – anhand der Rotverschiebung. Mit Hilfe von Computermodellen entwarf Melott die
Muster simulierter »Galaxien«, die sich unter dem Schwerkraft-
einfluß ihrer Nachbarn bewegen (vgl. Abb. 6.6 auf S. 169). Daraus

entwickelte er dann die Geschwindigkeitsmuster, die sich längs der Sehlinie eines hypothetischen, auf einer der Galaxien reitenden Beobachters abzeichnen würden. Melott gelangte zu dem Ergebnis, daß sich das richtige Muster, das den Beobachtungen der realen Galaxien in unserem Universum entspricht, nur ergibt, wenn seine simulierten Universen so viel Materie enthalten, daß Omega nahe eins liegt – daß sich hingegen aus der eindimensionalen Sicht, die sich von irgendeiner der simulierten Galaxien bietet, stets der falsche Eindruck ergibt, die simulierten Universen würden weniger Materie enthalten. Zumindest ein Teil der fehlenden Materie könnte sich daher durch eine Art kosmischer optischer Täuschung erklären lassen, so daß uns die üblichen Rotverschiebungs-Tests einen falschen Wert für Omega liefern.

Der schaumige Aspekt des Universums deutet, wie so viele andere Faktoren, auf eine Dichte unseres Universums nahe dem kritischen Wert hin. Er paßt auch sehr gut zu der Idee, daß Galaxien aus kleinen Unregelmäßigkeiten resultieren, die sich während der Geburt des Universums gebildet haben. Der nächste Schritt bei der Suche nach der fehlenden Masse ist der Versuch, herauszufinden, ob sie mit den Ketten und Fäden der Galaxien verbunden ist, die die dunklen Leerräume umgeben, oder ob sie von der hellen Materie getrennt ist und sich in den Leerräumen verbirgt.

Heiße und kalte Modelle

Als die Astronomen die Überzeugung gewannen, man müsse dunkle Materie finden, um die Bewegung der Galaxien und des Universums zu erklären, schien der beste Kandidat dafür zunächst jenes Neutrinomeer zu sein, das, wie man bereits wußte, den Raum füllt. Zumindest wußten die Astronomen mit Sicherheit, daß es Neutrinos gibt. Heute sind sie ein ganz selbstverständliches Element der Wechselwirkungen, die Theoretiker und Experimentalphysiker mit Hilfe der großen Teilchenbeschleuniger untersuchen. Die Urknallmodelle zeigen, daß es eine Riesenzahl von Neutrinos im Universum geben muß, die ihre geisterhafte Bahn

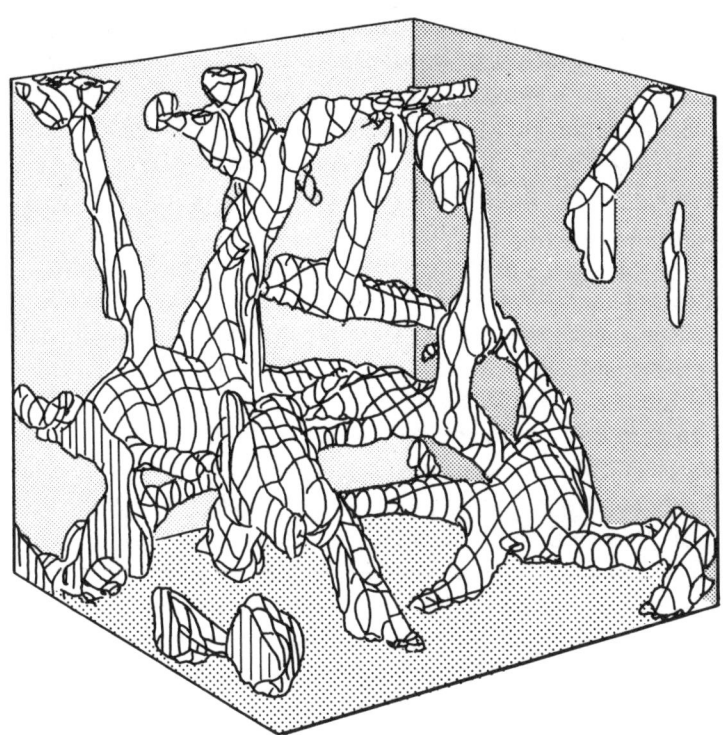

Abb. 6.6: *Um in den Computermodellen Galaxien zu Ketten und Fäden anzuordnen, kann man unter anderem den Einfluß eines Hintergrundes von Neutrinos mit geringer Masse eingeben, der für ein geschlossenes Universum ausreicht. In der abgebildeten Computersimulation wählte Adrian Melott Regionen aus, in denen die »Baryonenmaterie« doppelt so dicht ist wie im Durchschnitt. Die Ketten und Fäden haben eine auffällige Ähnlichkeit mit denen, die wir im realen Universum sehen. Obwohl das gezeigte Modell schon nicht mehr das heute favorisierte ist, läßt sich ein solches Muster auf natürliche Weise in keiner Simulation ohne die Anwesenheit einer großen Menge von dunkler Materie erzeugen.*

ziehen, ohne mit irgendwelchen Teilchen in merkliche Wechselwirkung zu treten. Sie müßten alle nur eine winzige Masse besitzen – den milliardsten Teil der Protonenmasse –, und die Materie wäre da, die unser Universum braucht, um geschlossen zu sein.

Es folgte ein kurzes Strohfeuer der Begeisterung, als Anfang der achtziger Jahre zwei Experimentalphysiker in Laboratorien hier auf der Erde Anzeichen dafür entdeckten, daß Neutrinos tatsächlich über eine solche winzige Masse verfügen. Inzwischen sind die Neutrinos in der Gunst der Astronomen, die nach einer Erklärung für die dunkle Materie suchen, erheblich gesunken. Die ersten Hinweise auf eine mögliche Neutrinomasse, die schwierige und fehlerträchtige Messungen voraussetzen, haben sich bei späteren Überprüfungen nicht bestätigt. So ist die Frage der Neutrinomasse noch immer offen und beschäftigt Experimentalphysiker in der ganzen Welt. Schwerwiegender ist der Umstand, daß die Neutrinos doch nicht die richtigen Eigenschaften zu haben scheinen, um das Galaxienmuster erklären zu können, das sich in unserem Universum beobachten läßt.

In diesem Zusammenhang: Neutrinos sind das archetypische Beispiel für jene Art von dunkler Materie, die die Kosmologen als »heiß« bezeichnen. Einzelne Neutrinos (und andere heiße Teilchen) gehen aus dem Urknall mit sehr hohen Geschwindigkeiten hervor – nahe der Lichtgeschwindigkeit (relativistische Geschwindigkeit) – und verteilen sich frei über alle Richtungen des Universums. Solche sich frei verteilenden Hochgeschwindigkeitsteilchen haben die Tendenz, Dichteschwankungen anderer Materiearten, die sich bilden, während das Universum abkühlt, zu beseitigen. Jack Burns von der Universität von New Mexico hat ein anschauliches Bild dafür gefunden: Es sei wie bei »einer Kanonenkugel, die sich mit hoher Geschwindigkeit bewegt und eine locker aufgebaute Mauer aus Steinen zertrümmert, ohne durch den Aufprall merklich an Geschwindigkeit zu verlieren«. Trotz ihrer geringen Masse besäßen solche heißen Neutrinos aufgrund ihrer relativistischen Geschwindigkeit genügend Energie und Impuls, um kleinere Strukturen im frühen Universum zu zerschlagen. Dieser Prozeß setze sich fort, bis die Neutrinos so weit abgekühlt seien, daß ihre Geschwindigkeit durchschnittlich ein Zehntel der Lichtgeschwindigkeit betrage. Mit fortschreitender Expansion des Universums könnten die Dichteschwankungen anwachsen, so daß »von oben nach unten« ein Pfannkuchen-Universum entstehe – ähnlich wie es bereits Zeldowitsch entworfen hat.

Unter anderem setzt dies einfache, auf heißer dunkler Materie beruhende Szenario voraus, daß es in den Leerräumen zwischen den hellen Superhaufen wenig oder keine Baryonenmaterie gibt, daß diese also vollständig in den Fäden und Schalen, oder Blasen, des Schaums enthalten ist. Einige Astronomen haben in letzter Zeit versucht, die dunklen Tiefen benachbarter Leerräume zu ergründen. Mit hochempfindlichen Teleskopen und Detektoren wollten sie herausfinden, ob es dort irgendwelche Galaxien gibt. Und schon hat man Hinweise, daß die Leerräume, wenn auch spärlicher bevölkert als der Schaum, sehr wohl einige lichtschwache Galaxien, sogenannte Zwerge, enthalten – schlechte Nachrichten für alle Modelle, die auf heißer dunkler Materie beruhen, also auch für das neutrinobestimmte Universum. Außerdem ist da das anscheinend unüberwindliche Problem des Sternenalters in unserer Galaxis, das zwischen Urknall und Sternenbildung zuwenig Zeit für die freie Bewegung der Teilchen und den Pfannkuchenkollaps übrigläßt. Die Galaxien dürften sich ungefähr ein bis zwei Milliarden Jahre nach dem Urknall gebildet haben, doch Computersimulationen des Pfannkuchenprozesses legen einen Zeitraum von bis zu vier Milliarden Jahren nahe. Einigermaßen betrübt – denn es wäre eine so naheliegende und einleuchtende Erklärung für die großräumige Verteilung der hellen Materie im Universum gewesen – haben sich die Astronomen zu der Einsicht bequemen müssen, daß die heiße dunkle Materie zumindest nicht die ganze Wahrheit ist und vielleicht sogar eine völlig falsche Spur.

Die natürliche Alternative zu diesem Szenario ist die Vorstellung, daß unser Universum von Teilchen bestimmt wird, die sich sehr viel langsamer durch den Raum bewegen und deshalb die begrenzten Dichteschwankungen nicht zerstörten, bevor diese die Möglichkeit hatten, sich zu Galaxien auszuwachsen. Solche Szenarien heißen *cold dark matter models* (Modelle mit kalter dunkler Materie), abgekürzt CDMs. Das größte Problem dieser Modelle ist, daß noch niemand ein Teilchen entdeckt hat, das als Kandidat für die kalte dunkle Materic dienen könnte. Immerhin können die Astronomen die Eigenschaften beschreiben, die solche hypothetischen Teilchen besitzen müssen, um ihren Ansprüchen zu genügen. Ihre Neigung, mit Baryonenmaterie zu wechselwirken, müßte noch geringer sein als bei den Neutrinos. Praktisch dürfte überhaupt keine Wechselwirkung stattfinden, von der Schwerkraft abgesehen. Derartige Teilchen müßten stabil und seit dem Urknall vorhanden sein, um die Verhältnisse in unserem Universum zu bestimmen. Und natürlich müßten die Teilchen eine gewisse Masse haben, um überhaupt durch Schwerkraft wirken zu können. Daher bezeichnet man sie oft auch als *weakly interacting massive particles* (schwach wechselwirkende massereiche Teilchen), abgekürzt WIMPs, und hält sie für aussichtsreiche Anwärter für die fehlende Masse, auch wenn man sie noch nicht entdeckt hat. Die Bezeichnungen WIMPs und CDMs sind in diesem Zusammenhang synonym und austauschbar.

Obwohl die WIMPs noch nicht nachgewiesen sind, kann man den Kosmologen doch nicht ankreiden, sie hätten einfach ein Kaninchen aus dem Hut gezaubert, als sie bei der Suche nach der fehlenden Masse behaupteten, unser Universum werde nicht von Neutrinos, sondern von kalter dunkler Materie bestimmt. Die Teilchenphysiker haben eine vereinheitlichte Theorie entwickelt, die sehr erfolgreich erklärt, wie die Kräfte und Teilchen der Natur aufeinander wirken. Diese Theorie, Supersymmetrie (SUSY) genannt, erläutert alle uns bekannten Aspekte der Teilchenwelt, allerdings unter der Bedingung, daß jedes Teilchen, von dem wir wissen, einen supersymmetrischen Partner besitzt. So soll das Elektron ein (hypothetisches) Gegenstück haben, das sogenannte Selektron, das Photon einen Partner, das Photino, und so fort. Die meisten dieser Teilchen haben keine Bedeutung für die Suche nach der dunklen Materie, weil sie instabil sind und rasch in andere Teilchen zerfallen (vorausgesetzt, es gibt sie überhaupt). Doch die Theorie verlangt, daß es unter den SUSY-Teilchen einen Typus gibt (das leichteste Mitglied der Familie), der *stabil* ist und endlos existiert, dazu wahrscheinlich noch einen, der sehr langlebig ist. Teilchen dieser Art hätten sehr kleine Massen, aber die grundlegende Theorie verlangt eindeutig, daß es in unserem Universum dunkle Materie geben muß und daß ihr Gesamtbeitrag zur Dichte nicht vernachlässigt werden darf. Es wäre noch Raum für ein weiteres, sich leicht unterscheidendes Teilchen, Axion genannt, mit dem die Teilchenphysiker einige verzwickte Eigenschaften der Wechselwirkungen erklären könnten, die sie beobachten. Leider ist auch dieses Teilchen noch nicht direkt nachgewiesen worden – sowenig wie die SUSY-Teilchen*. Wohlversehen mit all diesen Informationen, haben sich viele Kosmologen zu der Auffassung bekannt, es gebe WIMPs in so großer Zahl, daß das Universum geschlossen sei, obwohl man noch keine Spur von irgendeinem SUSY-Teilchen gefunden hat.

Angenommen, es gibt WIMPs, wie würde ein CDM-bestimmtes Universum aussehen? Die Modelle haben keine Mühe, die Existenz von Galaxien und Galaxienhaufen zu erklären. Sobald sich die langsamen WIMPs im expandierenden Universum zu Klumpen zusammenballen, üben sie eine starke Massenanziehung auf alles Baryonenmaterial in der Nähe aus. Sie sind wie tiefe Löcher, in die die Baryonen hineinfallen. Die ersten Klumpen sind kleiner als im Szenario mit heißer dunkler Materie, so daß die Galaxien älter sind als die Haufen, die ihrerseits älter sind als die Superhaufen. Doch nun kommt das Modell in Schwierigkeiten. Im heißen Modell scheint keine Zeit vorhanden für die Galaxienbildung, während sich die großräumige Verteilung der Materie im Universum recht genau aus den Gleichungen ergibt. Im einfachen kalten Modell ist die Galaxienbildung ohne Probleme, aber es fehlt den Superhaufen die Zeit, sich zu langen Ketten und Fäden zusammenzuschließen. Vielleicht liegt die Wahrheit irgendwo in der Mitte – obwohl selbst die Phantasie der Teilchenphysiker bis heute noch keine Möglichkeit gefunden hat, aus dem Urknall »lauwarme« dunkle Materie hervorzuzaubern – oder in einer Kombination aus zwei oder mehr verschiedenen Arten von dunkler Materie. Vielleicht hat das Problem aber auch eine ganz andere Lösung – eine Variation über das Grundthema CDM.

Wenn Kosmologen in ihren Computermodellen die Muster hoher und niedriger Dichte des Universums entwerfen, spüren sie in Wirklichkeit der Verteilung der dunklen Materie nach, die 99 Prozent des gravitativ bedeutsamen Materials ausmacht. Vielleicht ist die dunkle Materie gleichmäßiger verteilt als die helle

---

* Im Anhang dieses Buches findet der Leser eingehendere Informationen über SUSY und WIMPs.

mit ihrer klumpigen Anordnung, so daß sich große Mengen unsichtbaren Materials in den Leerräumen zwischen den Ketten und Fäden des Schaums befinden. Möglicherweise kommt es zur leuchtkräftigen Bildung von Sternengalaxien nur, wenn die Baryonen in sehr tiefe Gravitationslöcher fallen – in Regionen, in denen die dunkle Materie besonders stark konzentriert ist –, während sich im größten Teil des übrigen Universums zwar riesige Wolken aus Wasserstoffgas in der Schwerkraftumklammerung der WIMPs befinden, doch nicht so fest, daß es zur Entstehung von Galaxien käme*. Wir wären ein Stück weiter, wenn wir genau wüßten, auf welchen Prozessen diese Entstehung beruht, aber das ist leider nicht der Fall. Doch selbst ohne dieses Wissen sollten wir zumindest die Möglichkeit in Betracht ziehen, daß wir ein vollständig falsches Bild von der Gesamtverteilung der Materie im Raum bekommen, wenn wir uns nur auf die hellen Galaxien konzentrieren.

Solange man nicht hier auf der Erde WIMPs entdeckt oder (was weit schwieriger ist) nachgewiesen hat, daß es sie nicht gibt, bzw. solange nicht völlig neue Beobachtungsdaten vorliegen, werden viele dieser Fragen offenbleiben. Doch zum Zeitpunkt der Abfassung dieses Buches (Ende 1986) scheint mir das Szenario der kalten dunklen Materie in der einen oder anderen Form das bei weitem beste Modell zu sein, das wir haben. Es ist sicher unvollkommen und wird in den nächsten Jahren noch erheblich verändert werden. Durchaus möglich, daß es sich als völlig falsch erweist, doch dies scheint mir sehr unwahrscheinlich zu sein. Da ich aus Platzgründen nicht auf die Einzelheiten aller Modelle von

---

* Wenn Astronomen das Licht sehr ferner Quasare untersuchen, stellen sie fest, daß das helle Spektrum solcher Quasare von vielen dunklen Linien durchkreuzt ist. Sie entsprechen »Kopien« des Spektrums kalten Wasserstoffs, die jedoch in unterschiedlichem Maß rotverschoben sind. Man vermutet als Ursache, daß das Licht des betreffenden Quasars von vielen verschiedenen Wolken kalten Wasserstoffs in unterschiedlichen Entfernungen (unterschiedlichen Rotverschiebungen) zwischen uns und dem Quasar absorbiert wird. Diese Wolken könnten »mißlungene« Galaxien sein: Wasserstoffmassen, die sich in WIMP-Löchern gefangen haben, ohne je helle Sterne zu bilden. Wenn diese Annahme stimmt, könnten die Leerräume zwischen dem Schaum heller Galaxien tatsächlich voll kalter dunkler Materie sein.

Universen mit dunkler Materie eingehen kann, die heute von den Theoretikern diskutiert werden, möchte ich mich im folgenden auf den Favoriten konzentrieren – wohl wissend, daß das Rennen noch nicht gelaufen ist, daß, wer das Feld anführt, noch stürzen kann und ich selbst (obwohl meine Neigung dem WIMP-Modell gilt, aus Gründen, die im siebten Kapitel näher erläutert werden) natürlich auch schon auf astronomische »Verlierer« gesetzt habe.

Was für die kalte dunkle Materie spricht

Wenn Astronomen ihre Vorstellungen über die Bildung der Galaxien in Universum-Modellen mit unterschiedlichen Arten von dunkler Materie prüfen wollen, benutzen sie Computersimulationen. Am Himmel können wir das Galaxienmuster sehen und die Ketten und Fäden erkennen, die dieses Muster bildet. In Computermodellen werden Gleichungen zur Beschreibung von Punkten entwickelt, die für Galaxien stehen. Sie sind in einem dreidimensionalen Raumgitter gleichförmig angeordnet. Dann führt das Computerprogramm numerische Operationen aus, die einer winzigen Verschiebung der »Galaxien« von ihren Ausgangspositionen entsprechen und es ihnen erlauben, aufeinander einzuwirken, wie es das Gravitationsgesetz verlangt. Gleichzeitig wird das Gitter gedehnt, um die Expansion des Universums zu simulieren. Die Wechselwirkungen zwischen den »Galaxien« lassen sich verändern, indem man die Effekte eingibt, die durch heiße, kalte oder warme dunkle Materie hervorgerufen würden. Nach Ablauf einer Rechenzeit, die die Entwicklung unseres Universums bis heute repräsentiert, lassen sich die neuen Positionen der Galaxien, die jetzt durchaus nicht mehr gleichförmig verteilt sind, auf dem Bildschirm studieren oder ausdrucken. Das Bild, das wir vor uns haben, entspricht dem Anblick, den der Himmel in einem solchen Modelluniversum böte. In einer ersten, oberflächlichen Prüfung lassen sich die Muster, die mit dem wirklichen Himmel die größte Ähnlichkeit haben, direkt erkennen. Eingehendere Tests – unter anderem exakte statistische Vergleiche der Ketten und Fäden, die bei den Computersimulationen entstanden sind, mit den Ketten und Fäden der wirklichen Welt – zeigen endgültig, ob das jeweilige Modell eine gute oder schlechte Annäherung an die Wirklichkeit darstellt.

Alle diese Vorgänge erfordern umfangreiche Computerberechnungen. Gegenwärtig sind mehrere Arbeitsgruppen mit diesen Forschungen befaßt. Die grundlegenden Techniken habe ich mir von dem mexikanischen Astronomen Carlos Frenck erklären lassen, der an der Universität Durham in England tätig ist. Er hat solche Studien in Zusammenarbeit mit George Efstathiou von der Universität Cambridge, Marc Davis von der Universität von Kalifornien und Simon White von der Universität Tucson durchgeführt. In einer ihrer letzten Studien arbeiteten sie mit einem Gitter von 32 768 »Galaxien«, die den genannten Wechselwirkungen unterworfen waren. Das mag als eine allzu vereinfachende Wiedergabe des realen Universums erscheinen, in welchem sich mühelos mehr als eine Million Galaxien abbilden lassen (man braucht nur mehrere Aufnahmen vom nördlichen Himmel zusammenzufassen, vgl. S. 166 f.); aber mit einem solchen Modell stößt man bereits an die äußerste Grenze heutiger Großrechner. Trotzdem liefert es sehr interessante Einblicke in die Prozesse unseres Universums.

Die »N-Körper-Simulationen« (im Beispiel ist $N = 32768$) dekken sich erstaunlich genau mit den Berechnungen der theoretischen Physiker, die herausfinden wollten, wie sich Materie in einem von WIMPs beherrschten Universum verhalten würde. Objekte mit hundertmillionen- bis billionenfachen Sonnenmassen würden sich rasch zu einem CDM-Universum anordnen – und das entspricht in der Größenordnung ungefähr den Massen der bekannten Galaxien, die in der Tat ungefähr so alt wie das Universum selbst sind.

Man nimmt an, daß sich die Galaxien aus lokalen Dichteschwankungen in einem Meer von WIMPs entwickelt haben. Dabei entstanden Gravitationslöcher bzw. -höhlen, in denen sich Baryonenmaterial fing. Die meisten Galaxien haben wie das Milchstraßensystem Spiralform und entsprechen vermutlich kleineren und relativ häufigen Dichteschwankungen. Seltener sind

176

Riesen-E-Galaxien (*E* für elliptisch) – wahrscheinlich machen sie nicht mehr als 15 Prozent der Gesamtzahl aus. Sie dürften aus größeren, aber selteneren Schwankungen der Urdichte entstanden sein. Das ist nicht nur eine bloße Vermutung. Es gibt exakte mathematische Gleichungen, die die Beschaffenheit solcher Zufallsschwankungen beschreiben, und die genauen Proportionen großer und kleiner Galaxien zeigen eine erstaunliche Übereinstimmung mit diesen statistischen Regeln.

Die Voraussage der Theoretiker reicht noch weiter: Wenn Baryonenmaterial in eine Gravitationshöhle fällt und sich zu Sternen zusammenzuschließen beginnt, führt die Gravitationswirkung zwischen dem Baryonenmaterial und der dunklen Materie, die heute den Galaxienhalo bildet, zu einer Rotationsgeschwindigkeit, die über den gesamten Radius der Scheibe gleich bleibt – was den Beobachtungsdaten genau entspricht.

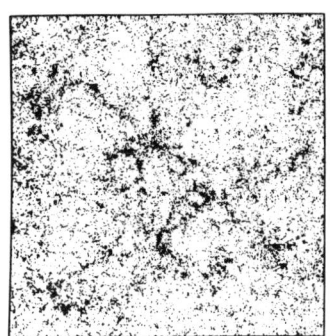 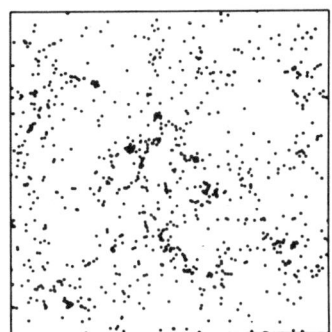

Abb. 6.7: *Legt man den Computersimulationen kalte dunkle Materie und einen Omegawert von eins zugrunde, zeigt das Ergebnis große Ähnlichkeit mit dem realen Universum. Die Gesamtverteilung der Materie, einschließlich der CDM, in einem solchen Universum ist im linken Bild wiedergegeben. Die Verteilung der »Galaxien«, als Regionen dargestellt, in denen die Gesamtdichte Spitzenwerte erreicht, ist rechts abgebildet. (Es sind die im Text erläuterten »N-Körper-Simulationen«. – Mit freundlicher Genehmigung von Carlos Frenck.)*

Jetzt kommen die beobachtenden Astronomen ins Spiel. Die kosmische Hintergrundstrahlung ist sehr gleichförmig, mit Abweichungen von weniger als 0,1 Promille von der Gleichförmigkeit. Ihre letzte Wechselwirkung mit Materie fand 100000 Jahre nach dem Urknall statt, folglich muß die Materie damals ebenso gleichförmig verteilt gewesen sein. Deshalb können die Zwischenräume *nicht* leer sein, denn auch zehn oder zwanzig Milliarden Jahre reichen nicht aus, um die Materie so gründlich aus ihnen zu entfernen, daß ein Universum entsteht, welches derartig inhomogen ist, wie unseres zu sein *scheint*, legt man die Verteilung der leuchtenden Galaxien zugrunde. Doch Masse findet sich nicht nur dort, wo Licht ist. Aus irgendeinem Grund haben sich Galaxien einzig und allein an Stellen gebildet, wo die Dichteschwankungen am größten waren, so daß viele »verhinderte« Galaxien über die Zwischenräume verteilt sind. Die meiste Materie breitet sich als riesiger unsichtbarer Ozean weit gleichförmiger aus als die sichtbaren Galaxien. Selbst ein kolossaler Superhaufen von Galaxien ist nur eine kleine Welle auf diesem Meer von dunkler Materie.

Die Computersimulationen können alle beobachteten Merkmale der Verteilung heller Galaxien sehr schön reproduzieren, aber jeweils nur für eines von zwei möglichen Szenarien, die beide von kalter, nicht heißer, dunkler Materie ausgehen. Im ersten ist das (Modell-)Universum offen, mit $\Omega = 0,2$, und die Galaxien werden als zuverlässige Masse-Indikatoren vorausgesetzt. Im zweiten ist $\Omega = 1$, der Hubble-Parameter hat einen Wert von $50\,km/s/Mpc$, und die Galaxien sind stärker zusammengeklumpt als die dunkle Materie. Abgesehen von allem, was angesichts früher erörterter Argumente für $\Omega = 1$ spricht, scheint die Tatsache des Mikrowellenhintergrundes stark für die zweite Möglichkeit zu sprechen. Als Frenck und Mitarbeiter sich dann den wirklichen Galaxien zuwandten, fanden sie noch mehr Anhaltspunkte dafür, daß sie auf der richtigen Spur waren. Sobald man die Einzelheiten des Modells mit den Beobachtungsdaten aus dem Universum zur Deckung gebracht hat, kann man diese Einzelheiten als Parameter verwenden, die das mögliche Verhalten der (Modell-)Galaxien in weiteren Computersimulationen einschränken. Die Simulation mit $\Omega = 1$ und entsprechenden Korrekturen führt automatisch – ohne weitere Eingriffe der Theoretiker – zu den massereichen Halos und flachen Rotationskurven, die für die Astronomen noch vor ein paar Jahren eine so große Überraschung bedeuteten. Frenck weist darauf hin, daß dies »recht bemerkenswert« sei, da die »freien Parameter des Modells zuvor anhand von Beobachtungsdaten festgelegt worden sind«. Offenbar muß nur noch geklärt werden, warum die Galaxien sich in dieser unregelmäßigen Verteilung – unter Aussparung der Zwischenräume – ausgebildet haben.

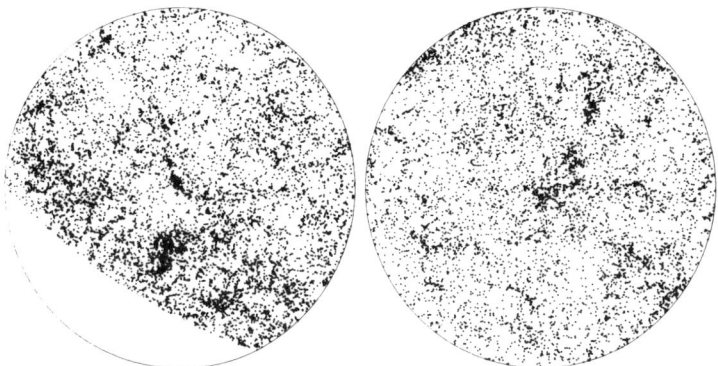

Abb. 6.8: *Direkter Vergleich der wirklichen Galaxienverteilung am Himmel (links) mit einer Computersimulation für Ω = 1 in einem Universum voll kalter dunkler Materie. (Mit freundlicher Genehmigung von Carlos Frenck.)*

Die Astronomen sind sich dieses Problems erst seit kurzem bewußt, so daß sie sich bisher kaum mit den Vorgängen beschäftigt haben, die daran möglicherweise beteiligt sind. Den Theoretikern wurde relativ schnell klar, daß die Beobachtungsdaten sie abermals auf etwas stießen, was ihnen schon längst hätte auffallen müssen. Als sich in den größten Gravitationslöchern die ersten Galaxien bildeten, als ein Stern nach dem anderen aufleuchtete, kann das durchaus ein explosionsartiger Vorgang gewesen sein. Dieser Prozeß primordialer Sternenbildung könnte dazu geführt haben, daß von jeder jungen Galaxie eine Energiewelle ausgegangen ist – sowohl in Form elektromagnetischer Strahlung (Wärme, Licht, ultraviolette Strahlung, Röntgenstrahlung usw.) als auch in Gestalt einer Druckwelle, die sich durch das Material des intergalaktischen Raums bewegte. Beide – die ultraviolette Strahlung und der »Wind« aus energiereichen Teilchen, die von den in der Entstehung begriffenen Galaxien ausgingen – könnten die Bildung anderer Galaxien in einem Umkreis von 20 Megaparsec oder darüber hinaus unterdrückt haben. Sie hätten nämlich jedem Baryon im intergalaktischen Medium mehr Energie geliefert, so daß das Material heißer geworden und nicht so leicht in die Gravitationslöcher gefallen wäre. Dazu hätten in dieser Frühphase noch nicht einmal 10 Prozent der gesamten Baryonenmasse in den tiefsten Höhlen zu Galaxien werden müssen, und nicht einmal ein Prozent der dabei erzeugten Energie hätte die Baryonen in den Zwischenräumen zu erreichen brauchen.

Martin Rees von der Universität Cambridge hat darauf hingewiesen, daß diese Bedingungen unschwer zu erfüllen sind und daß die vorgeschlagenen Mechanismen keine wilden Spekulationen von Theoretikern sind, die verzweifelt versuchen, ein hinfälliges Modell zu retten. Vielmehr wäre es erstaunlich, so Rees, wenn die beschriebenen Prozesse keine Rolle gespielt hätten – wenn sich *keine* großräumigen Faktoren auf die Galaxienbildung ausgewirkt hätten. Trotz aller Ungewißheiten, die es gegenwärtig noch gebe, brauchten sich die Vertreter der Auffassung, daß Omega gleich eins sei, von der gegebenen Verteilung heller Galaxien im Universum nicht verunsichern zu lassen.

Dies ist einer der noch offenen Wissenschaftsbereiche, deren weitere Erforschung wahrscheinlich jene Theoretiker stärken wird, die für ein geschlossenes Universum plädieren. Allerdings verlangt die Ehrlichkeit, darauf hinzuweisen, daß es ganz neue Beobachtungsdaten gibt, die hier doch für einige Verlegenheit sorgen. Ich spreche von der im fünften Kapitel erwähnten Studie aus dem Jahr 1986. Sie legt den Schluß nahe, daß die Milchstraße und *alle* ihr nahen Galaxien, angeordnet in einer flachen, scheibenförmigen Region von ungefähr 100 Megaparsec Durchmesser, einen riesigen Strom bilden, der sich mit einer Geschwindigkeit von mindestens 600 Kilometern pro Sekunde relativ zur kosmischen Hintergrundstrahlung durch den Raum bewegt. Andere Studien lassen auf ähnliche großräumige Strömungsbewegungen in anderen Regionen des Universums schließen. Wenn wir davon ausgehen, daß diese Werte stimmen, sind die Bewegungen kaum mit dem korrigierten CDM-Grundmodell zu vereinbaren, mit dem sich ansonsten so erfolgreich arbeiten läßt. Beispielsweise entwickelt sich in den oben besprochenen Computersimulationen von sich aus keine solche großräumige Strömung.

Es ist noch viel zu früh, um zu entscheiden, ob sich diese Entdeckungen in weiteren Untersuchungen bestätigen oder ob sie sich eines Tages als falsch herausstellen werden. Und es läßt sich auch noch nicht mit Gewißheit sagen, ob sie – bei erwiesener Richtigkeit – das CDM-Modell in Frage stellen oder ob man eine Möglichkeit finden wird, die Schwierigkeiten zu umgehen. Ich wiederhole: Es geht im vorliegenden Buch um neueste Entwicklungen in der Forschung, nicht um gesicherte Erkenntnisse und Ergebnisse. Doch diene der Hinweis, daß es auch mit dem von mir favorisierten CDM-Modell Schwierigkeiten gibt, als Anlaß, einige andere Theorien zu erwähnen. Sie sind weit merkwürdiger als die WIMPs und bilden gewissermaßen die eiserne Ration, auf die man zurückgreifen kann, falls die WIMPs völlig ausfallen. Vielleicht können die betreffenden Theorien den WIMP-Modellen auch aus ihren Schwierigkeiten heraushelfen, indem sie in Verbindung mit der kalten dunklen Materie Einzelheiten wie die großräumigen Strömungsgeschwindigkeiten erklären.

Insgesamt handelt es sich um Spekulationen ohne Grundlage in Form von Beobachtungs- oder experimentellen Daten. Sie verdanken ihre Existenz einzig und allein einer etwas ungezügelten Theorienbildung. Trotzdem könnte sich irgendwann herausstellen, daß die eine oder andere auch im realen Universum eine Rolle spielt.

Strings und andere Merkwürdigkeiten

Zu den ernster zu nehmenden Spekulationen dieser Art gehören die kosmischen Strings. Leider wird der Terminus »string«* in verschiedenen, aber möglicherweise verwandten Zusammenhängen benutzt. Deshalb will ich zunächst versuchen, die termino-

---

* englisch = Faden, Saite

logischen Verwendungsweisen zu erläutern, bevor ich auf die kosmologische Bedeutung der Strings zu sprechen komme.

Viele Physiker, die sich mit kleinsten Abständen beschäftigen, zeigen heute großes Interesse an einer relativ neuen Theorie der Elementarteilchenwelt. Die meisten von uns stellen sich Teilchen wie die Quarks oder Leptonen als kleine Kugeln vor. Seit Jahren erzählen uns die Physiker, daß das falsch sei und daß wir uns die Elementarteilchen als mathematische Punkte vorzustellen hätten, die nach keiner Richtung hin Raum beanspruchen, dafür aber ihren Einfluß innerhalb der mit ihnen verknüpften Kraftfelder entfalten*. Doch bei dem Versuch, alle Naturkräfte in einer einzigen mathematischen Beschreibung zu vereinigen, haben die theoretischen Physiker inzwischen herausgefunden, daß sie viele Schwierigkeiten umgehen können, wenn sie mit einer zehndimensionalen Raumzeit arbeiten, in der die fundamentalen Einheiten nicht als mathematische Punkte dargestellt werden, sondern als winzige eindimensionale Objekte – als Schleifen mit einer Ausdehnung von 10^{-35} Zentimetern**. Die »zusätzlichen« Dimensionen – abgesehen von den drei vertrauten des Raumes und der einen der Zeit – sind in diesen winzigen Schleifen aufgewickelt. Nicht ohne eine gewisse Übertreibung wird die entsprechende Theorie, die mit den kleinsten jemals vom Menschen postulierten Abständen umgeht, als »Superstringtheorie« bezeichnet.

Die Superstringtheorie schließt die Möglichkeit einer anderen Stringform von kosmischen Ausmaßen ein. Doch die kosmischen Strings, die für die Überlegungen zur dunklen Materie von besonderem Interesse sind, sind kein ausschließliches Produkt der Superstringtheorie. Viele andere Hypothesen über das Verhalten von Materie und Energie in der Inflationsphase des frühen Universums gelangen zu der gleichen Vorhersage: daß sich fast infinitesimal dünne Fäden oder Saiten großer Energie in Form von Masse durch das Universum ziehen, jede nur ungefähr 10^{-30} cm im Durchmesser, aber mit ungefähr 10^{20} Kilogramm (100000 Billio-

---

* Die Quantenphysiker sagen sogar, daß auch der Ort eines solchen mathematischen Punktes nicht genau festgelegt werden könne.
** Dezimalzahl mit 35 Nullen und einer Eins hinter dem Komma.

nen Tonnen) Masse pro Zentimeter. Solche Strings stehen unter entsprechend gewaltigen Spannungen, und wenn sie gedehnt werden, wandelt sich die Energie, die zu ihrer Dehnung verwendet wird, in Masse um, so daß ihre Gesamtmasse noch anwächst.

Wie derartige exotische Objekte (möglicherweise) erzeugt worden sind, hängt von der Art und Weise ab, in der die ursprüngliche Einheit des Universums in der frühesten Phase zerfiel. Die großen vereinheitlichten Theorien (GUTs, nach dem englischen *Grand Unified Theories*) legen den Schluß nahe, daß es bei sehr hohen Energien keine Unterschiede zwischen den Grundkräften der Natur gibt. Der Elektromagnetismus und die Kräfte, die im Inneren von Atomkernen herrschen – die starke und die schwache Wechselwirkung –, sind heute voneinander sehr verschieden, und alle drei unterscheiden sich erheblich von der Gravitation. Doch wie im dritten Kapitel erwähnt, meinen die Theoretiker, im Schöpfungsaugenblick seien alle vier Kräfte gleich stark gewesen und hätten den gleichen mathematischen Regeln gehorcht. Bei der Abkühlung des Universums hätten sich die vier Kräfte abgespalten und präsentierten sich seither der Welt in verschiedener Form. Trotzdem müsse man sie noch durch ein einheitliches mathematisches System beschreiben können. Daß dieses System bislang nicht gefunden wurde, nehmen die Theoretiker eher gelassen hin. Sie haben verschiedene gute Ansätze, unter anderem die Superstringtheorie, und sind sicher, daß sie das Problem eines Tages lösen werden. In unserem Zusammenhang ist wichtig, daß in vielen Überlegungen zur großen Vereinheitlichung – oder, umgekehrt, zur Abspaltung der vier Kräfte bei Abkühlung des Universums – eine Zustandsveränderung angenommen wird, eine grundlegende Wandlung des Universums in seinen physikalischen Eigenschaften, die man als Phasenübergang bezeichnet. Ich habe oben erwähnt (S. 60), daß die Physiker diesen Vorgang mit den Veränderungen vergleichen, die stattfinden, wenn Wasser zu Eis gefriert. Wir wollen diese Prozesse nun etwas genauer betrachten.

Wenn eine Flüssigkeit kristallisiert, sich in einen festen Körper verwandelt, dann geschieht das häufig in unvollkommener Weise. Statt eines gleichförmigen Kristallklumpens bilden sich verschiedene Regionen, separate Bereiche innerhalb des Kristalls heraus. Sie sind zwar in sich vollkommen gleichförmig und geschlossen, weisen aber eine andere atomare und molekulare Struktur auf als die benachbarten Bereiche. Deshalb gibt es Grenzen zwischen den Bereichen, Fehler im Kristall, sogenannte Sprungstellen. Kosmische Strings sind Fehler in der Textur der Raumzeit, verursacht durch Unvollkommenheiten im Phasenübergang, der durch Abkühlung den großen einheitlichen Zustand des Universums zerstörte. In gewissem Sinn umschließen diese schmalen, aber außerordentlich langen Röhren Regionen der Raumzeit, in denen die Gesetze der großen Einheitlichkeit noch immer gelten und in denen alle Naturkräfte eins sind. Nach den großen vereinheitlichten Theorien entstanden diese Strings bereits 10^{-35} Sekunden nach dem Schöpfungsaugenblick.

Die Theorie geht, wie im Fall der WIMPs, davon aus, daß im Urknall eine Riesenzahl kosmischer Strings erzeugt wurde. Anders als WIMPs schießen sie jedoch fast mit Lichtgeschwindigkeit wie extrem gedehnte Gummibänder durch das Universum. Die meisten, so die Theorie, haben nicht bis heute überlebt. Strings besitzen nämlich keine freien Enden, sondern bilden immer geschlossene Schleifen, so daß sie vom Rest des Universums abgetrennt sind. Diese Schleifen können sich indessen über das gesamte sichtbare Universum erstrecken. Doch wenn sich zwei kosmische Stringstücke kreuzen (entweder zwei getrennte Stücke oder eine verschlungene Schleife aus einem einzigen langen Stringstück), können sie neue Verbindungen eingehen und kleinere Schleifen abstoßen. Auch die vibrierenden kleinen Schleifen geben Energie in Form von Gravitationsstrahlung ab, so daß die Schleifen schrumpfen. Kleine Schleifen lösen sich von großen Schleifen, die sich von Riesenschleifen lösen, die sich von... Das Prinzip ist klar. Wenn es kosmische Strings gibt, enthält das Universum Materialschleifen von unterschiedlicher Masse, die jedoch groß genug ist, um durch ihren Gravitationseinfluß auf das umgebende Meer von WIMPs und Baryonen dafür zu sorgen, daß die Strings zu Keimen des Galaxienwachstums werden. Was Wunder, daß die Astronomen – in ihrem Bestreben, die dritte Art von Strings im Universum zu erklären: die langen Galaxienketten,

die ich bisher wohlweislich immer als »Fäden« bezeichnet habe –
das Konzept der kosmischen Strings mit Begeisterung aufgriffen.
Haben die Superstrings möglicherweise kosmische Strings und
diese Galaxienstrings erzeugt? Trotz brüchiger Beweisführung ist
diese Möglichkeit so faszinierend, daß es sich sehr wohl lohnen
dürfte, ihr nachzugehen.

Die Eigenschaften kosmischer Strings schienen den Wünschen
der Astronomen genau zu entsprechen. Es handelt sich um ziem-

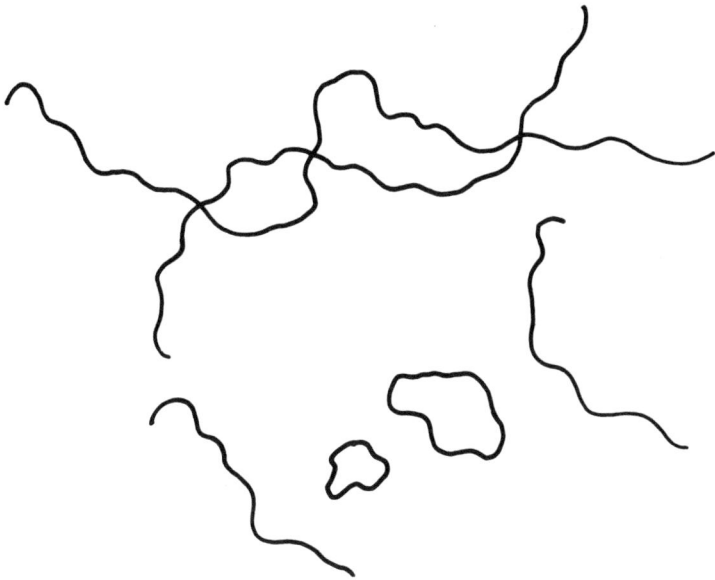

Abb. 6.9: *Kosmische Strings*
Wenn zwei kosmische Strings einander überschneiden, können sie zerrei-
ßen und sich in Schleifenform neu verbinden. Könnten diese Schleifen die
Keime von Galaxien sein?

lich seltsame Gebilde, denn trotz seiner gewaltigen Masse übt ein
kosmischer String, wenn er lang und gerade ist, heute nur cinen
geringen gravitativen Einfluß auf seine unmittelbare Umgebung
aus. Tatsächlich schneidet ein String bei seiner Bewegung ein
Stück aus der Raumzeit heraus und verändert dadurch die lokale
Geometrie, was höchst merkwürdige Konsequenzen für jedes

Objekt hat, das mit ihm zusammentrifft. Nehmen wir an, ein solcher String durchquere unseren Körper waagerecht in Höhe der Taille. Zunächst würden wir nichts spüren. Doch im Sog des Strings, in dem sich die Raumzeit verwirft, würden sich das Ober- und Unterteil unseres Körpers mit einer Geschwindigkeit von 4 km/s aufeinander zubewegen, was höchst unangenehme Konsequenzen hätte. Oder stellen wir uns vor, ein String striche in einem Zimmer nahe an uns vorbei, aber nicht durch unseren Körper. Wiederum würden wir überhaupt keine Massenanziehung spüren, und wenn wir die Augen schlössen, würden wir überhaupt nicht merken, daß etwas passiert wäre – bis uns die gegenüberliegende Zimmerwand mit einer Geschwindigkeit von mehreren Kilometern pro Sekunde ins Gesicht knallte. Strings hinterlassen bei ihrer Bewegung durch den Raum einen starken Sog, und das führt zu der höchst interessanten Überlegung, ob solche Sogwirkungen das faden- und flächenförmige Wachstum der Galaxien erklären könnten. In diesem Sinn äußerte sich Alexander Vilenkin von der Tufts-Universität 1984 auf einer Tagung im Chicagoer Fermilab, wo es um die Zusammenhänge zwischen Teilchenphysik und Kosmologie ging: »Ein charakteristisches Merkmal des Stringszenarios ist die Bildung ebener Sogwellen hinter Strings, die sich mit relativistischen Geschwindigkeiten fortbewegen. Dieser Sog wäre möglicherweise eine Erklärung dafür, wie sich großräumige Strukturen in einem Universum bilden können, das von schwach wechselwirkenden Teilchen wie Axionen beherrscht wird.«

Doch dem Vorkommen kosmischer Strings im heutigen Universum sind Grenzen gesetzt. Jedes Objekt, das die Raumzeit verformt, beugt das Licht und verzerrt auch vorbeikommende elektromagnetische Wellen anderer Art, beispielsweise die kosmische Hintergrundstrahlung. Einige Astronomen hoffen, in fernen Regionen des Universums kosmische Strings entdecken zu können, indem sie deren Einfluß – so etwas wie einen langen, dünnen, verzerrenden Linseneffekt – in den Bildern noch entfernterer Objekte, zum Beispiel der Quasare, nachweisen. Bis jetzt ist ihnen das nicht gelungen, aber vielleicht sind die verbliebenen kosmischen Stringstücke einfach nicht mehr lang genug, um eine registrierbare Wirkung hervorzurufen. Vom Mikrowellenhintergrund wissen wir, daß unser Universum sehr gleichförmig ist. Das schränkt die Menge der möglicherweise vorhandenen kosmischen Strings ein, denn ab einer bestimmten Zahl würden sie größere Schwankungen in der Hintergrundstrahlung hervorrufen, als wir tatsächlich beobachten. Aus Messungen der kosmischen Strahlung wissen wir, daß die Strings nicht mehr als ein Hunderttausendstel der Dichte stellen können, die für ein geschlossenes Universum erforderlich ist. Doch selbst ein Zehntel dieses Betrags – Strings, die nur für den millionsten Teil der kritischen Dichte sorgen würden – könnte dem Universum seinen Stempel aufdrücken, indem er in einem mit kalter dunkler Materie angefüllten Universum für die Entstehung von Galaxien sorgte.

Die Einzelheiten sind noch nicht vollständig ausgearbeitet, und fast jeden Monat werden neue Ideen vorgeschlagen. Doch es hat den Anschein, als könnten Stringschleifen das Wachstum von Galaxien auslösen. Die kleinsten heute noch vorhandenen Schleifen besäßen ungefähr eine Milliarde Sonnenmassen und hätten einen Durchmesser von etwa 10 000 Lichtjahren. Solche kleinen Schleifen würden einen ganz anderen Einfluß auf die Raumzeit ausüben als lange, gerade Strings, und in der Tat würden sie Materie in Form von WIMPs und Baryonen ähnlich anziehen und in sich versammeln, wie Wasser in einen See fließt. Nach Berechnungen, die Neil Turok vom Imperial College in London vorgenommen hat, zeigt die Art, wie große Schleifen kleinere abtrennen und wie die kleineren Schleifen sich dann zusammenballen, große Ähnlichkeit mit dem charakteristischen Muster bestimmter Galaxienhaufen, der nach ihrem Entdecker, dem Astronomen George Abell, so genannten »Abellschen Haufen«. Meist enthalten sie fünfzig oder mehr Galaxien, die in einem Raumvolumen von lediglich 1,5 Megaparsec (knapp fünf Lichtjahren) Durchmesser angeordnet sind. Auch wenn noch niemand alle Berechnungen durchgeführt hat, die notwendig sind, um die Hypothese zu belegen, liegt die Vermutung nahe, daß die hellen Galaxien sich in einem Universum voll kalter dunkler Materie nur deshalb zu schaumigen Flächen und Fäden zusammengefügt haben, weil dort zufällig kosmische Strings vorbeigekommen sind und weil sich noch heute im Kern der Galaxien und Galaxienhaufen Stringschleifen befinden.

Kosmische Strings könnten sogar das Szenario mit heißer dunkler Materie zu neuem Leben erwecken. Zwar würden die frei strömenden Neutrinos (oder andere HDM-Teilchen) die kleinräumigen Abweichungen in der Baryonendichte auch dann eliminieren, wenn das Universum kosmische Strings enthielte, doch sobald die Neutrinos so weit abgekühlt wären, daß sie nicht mehr für diese Gleichförmigkeit sorgen könnten, würden sich Baryonen und Neutrinos an Stringschleifen sammeln und sehr viel früher zur Galaxienbildung führen als im HDM-Modell ohne Strings. Die Teilung von Stringschleifen könnte vielleicht erklären, warum einige Galaxien sich wie Amöben geteilt zu haben scheinen. Obwohl entsprechende Berechnungen noch nicht vorliegen, ist die Vermutung geäußert worden, daß die Störungen im Sog eines vorbeiziehenden Strings jene großräumige »Strömungsgeschwindigkeit« der Galaxien erklären könnten, die man unlängst in unserer Nachbarschaft entdeckt hat. Auch die heute offenkundige Verbindung vieler Galaxien zu Ketten und Fäden – die dritte Art von Strings – könnte durch die Bildung einer Folge von »Keimen« erklärt werden: Danach hätte sich ein langer, verdrehter String mit sich selbst gekreuzt und Schleifen abgetrennt. Sehr interessant werden die Resultate der N-Körper-Simulationen nach Einbau der Stringeffekte in die Computerprogramme sein. Alles in allem kann kaum überraschen, daß die Astronomen sich für die kosmischen Strings – zweifellos der momentane »Spitzenschlager« – derart begeistern. Eine Kombination aus Strings *und* WIMPs (oder sogar Neutrinos mit Masse) zeigt so viele Eigenschaften des beobachteten Universums, daß es verständlich ist, wenn die theoretischen Physiker heute meinen, sie seien endlich auf der richtigen Spur. Und sie haben vielleicht noch weitere Trümpfe auf Lager.

Schwarze Löcher, Quark-Klümpchen und Schattenmaterie

Wenn die Theoretiker nicht die Spielregeln ändern wollen, indem sie sagen, sie verstünden die Gravitation überhaupt nicht, oder sich auf die Existenz von etwas berufen, was sie ganz und gar nicht begreifen – beides käme einem totalen Offenbarungseid gleich –, so haben sie doch immer noch drei Karten, die sie gegebenenfalls ausspielen könnten. Die eine kommt uns bekannt vor, auch wenn sie so tut, als wäre sie ein völlig neues Blatt. Ich meine das Konzept der Schwarzen Löcher.

Schwarze Löcher wären zweifellos gute Kandidaten für die dunkle Materie, und sie üben tatsächlich Gravitationseinfluß auf ihre Umgebung aus, wie gefordert wird. Aber »gewöhnliche« Schwarze Löcher, die entstehen, wenn Sterne sterben und in sich zusammenstürzen oder wenn Materie sich im Mittelpunkt einer Galaxie oder eines Quasars zu einem besonders massereichen Kern verdichtet, können nicht für die fehlende Masse verantwortlich gemacht werden, da sie ursprünglich selbst aus Baryonen bestehen. Selbst wenn die Baryonen später im Inneren von Schwarzen Löchern vernichtet werden, müssen sie einmal im Urknall erzeugt worden sein, und damit waren sie an die Grenzen gebunden, die die Heliumhäufigkeit setzt. Schwarze Löcher können nur dann die dunkle Materie liefern, die für ein geschlossenes Universum erforderlich ist, ohne gegen den Grenzwert der Baryonenzahl zu verstoßen, wenn sich die Schwarzen Löcher gebildet haben, *bevor* die Baryonen erzeugt wurden, also in einer noch früheren Phase des Urknalls. Solche urzeitlichen Schwarzen Löcher wären viel kleiner als Atome und hätten doch jeweils ungefähr die Masse eines Planeten. Sie könnten sich aus den Dichteschwankungen des sehr frühen Universums noch vor dem Baryonenstadium gebildet haben – doch der einzige Grund, ihre Existenz in Betracht zu ziehen, ist der Wunsch, die fehlende Masse herbeizuschaffen. Es gibt keine Beobachtungsdaten, die auf ihr Vorhandensein schließen lassen, und es führt von ihnen kein logisch zwingender Weg zur heutigen Galaxienverteilung des Universums. Für die Lösung des Problems der dunklen Materie, die das Universum beherrscht, eignen sich solche urzeitlichen Schwarzen Löcher kaum besser als die Beschwörung irgendwelcher magischen oder geheimnisvollen verborgenen Phänomene.

Wer jedoch eine Schwäche für wissenschaftliche Ideen mit magischem »Touch« hat, den können die Theoretiker mit einer Möglichkeit bedienen, die noch viel unterhaltsamer ist als die Schwarzen Löcher. Eine Spielart der Superstringtheorie, die die Gravitation und alle anderen Kräfte in einem einzigen mathematischen System zusammenfaßt, enthält eine besondere Art der Spaltung, weiter und tiefer reichend als jene Symmetriebrechung, welche erforderlich ist, um die ursprüngliche große Einheitlichkeit der Kräfte in ihre vier Teilelemente zu zerlegen. Nach dieser Version kam es in einer noch früheren Urknallphase zu einer anderen Spaltung, die zwei eigene Systeme von Teilchen und Kräften entstehen ließ, beide im selben Universum. Das erste System ist die uns vertraute Welt der Sterne, Galaxien, Planeten und übrigen Dinge, die durch die bekannten vier Kräfte zusammengehalten werden. Das zweite System ist – etwas anderes, unsichtbar und vielleicht überhaupt nicht nachweisbar, mit uns im realen Universum koexistierend, eigene Teilchen und Kräfte besitzend, die allerdings nur miteinander, nicht mit unserer Welt in Wechselwirkung stehen.

Wie wäre diese Schattenwelt beschaffen? Es wäre möglich, wenn auch unwahrscheinlich, daß sie eine Art Kopie unserer Welt darstellte, mit den gleichen, oder ähnlichen, vier Kräften, Teilchen, die unseren Quarks und Leptonen entsprächen, mit Schattensternen, Schattenplaneten und sogar Schattenmenschen, die ihren Geschäften nachgingen und (vielleicht) über die Möglichkeit nachsännen, ob es *unsere* Welt gibt. Viel wahrscheinlicher ist jedoch, daß die physikalischen Gesetze in dieser Schattenwelt, wenn es sie denn gäbe, etwas oder ganz anders aussähen. Sie könnte andere Teilchen enthalten, die sich nach anderen Regeln verhielten. In jedem Fall aber hätten die beiden Welten nur eine Möglichkeit, aufeinander einzuwirken – durch die Schwerkraft. Ist die fehlende Masse also eine vollständige Gegenwelt, die denselben Raum einnimmt wie wir? Liegt ein Teil der dunklen Materie in der Milchstraße in Form von Schattensternen und Schattenplaneten vor? Oder ist gar das ganze Universum mit exotischen Schattenteilchen angefüllt, die zur Gesamtdichte des Universums beitragen, aber nicht an den Wechselwirkungen zwischen Neutrinos, WIMPs, kosmischen Strings und all den anderen Teilchen unserer Welt beteiligt sind?

Damit ist die Phantasie der Theoretiker aber noch lange nicht am Ende (im Anhang werden ein paar weitere Spekulationen erwähnt). Doch die Schattenmaterie ist in vielerlei Hinsicht die extremste Möglichkeit, auf die man bisher verfallen ist. Eine mit Vorsicht zu genießende Theorie! Je besser wir die beobachtete Verteilung der Galaxien erklären können, ohne uns auf Schattenmaterie oder andere exotische Konstrukte zu berufen, desto geringer ist die Wahrscheinlichkeit, daß diese bizarre Möglichkeit irgendeine praktische Bedeutung gewinnt. Falls sich aber die anderen Theorien, die heute so vielversprechend erscheinen, als falsch erweisen, bleibt uns die tröstliche Gewißheit, daß die Phantasie der Theoretiker immer für ein paar neue Hypothesen gut ist.

In der Mitte der Plausibilitätsskala, auf halbem Weg zwischen der abenteuerlichen Idee der Schattenmaterie und der relativen Seriosität der WIMPs, ist eine andere Hypothese angesiedelt: die bereits erwähnte *strange*-Materie. In gewisser Hinsicht ist sie eine ziemlich konservative Idee, weil sie ohne die Einführung neuer Teilchen auskommt. Sie verwendet nur Materie der bereits bekannten Art, wenn auch in neuer, dichterer Form. Es geht um den Gedanken, daß ein Materieklumpen aus einer ungefähr gleichen Zahl von up-, down- und strange-Quarks stabil sein könnte. Erinnern wir uns: Die übliche Baryonenmaterie enthält nur up- und down-Quarks. Eine hypothetische Materieart mit strange-Quarks wird logischerweise als »strange-Materie« bezeichnet. Hypothetische Klumpen aus strange-Materie nennt man im Englischen auch Quark-Nuggets. Es ist nicht sicher, ob sie stabil sein könnten – im einzelnen würde das von der starken Wechselwirkung und anderen Eigenschaften der Quarks abhängen, die sich exakter Berechnung entziehen. Doch wenn es Quark-Klümpchen gibt, enthalten sie mehr oder weniger konventionelle Materie, die nie zu Baryonen verarbeitet worden ist und damit auch nicht dem Grenzwert der Heliumhäufigkeit unterliegt.

Die Spekulationen über strange-Materie reichen von der Vorstellung, der Urknall könne Nuggets mit knapp der doppelten Protonenmasse in solcher Menge zurückgelassen haben, daß sie die fehlende Masse stellen könnten, bis zur Annahme, daß es ganze Sterne aus strange-Materie gebe, entstanden aus dem Zusammensturz alter, erloschener Sterne, die zunächst Neutronensterne wurden, bevor sie den Zustand der strange-Materie erreicht hätten. Doch selbst wenn es strange-Materie gibt, vermag sie nicht auf natürliche Weise alle dunkle Materie zu erklären, die ein geschlossenes Universum benötigt.

Nicht die Träume der Theoretiker, sondern Beobachtungen und Experimente werden uns Anhaltspunkte dafür liefern, welche »Kandidaten« für die fehlende Masse in Frage kommen. So sind beispielsweise WIMPs in den N-Körper-Simulationen erforderlich, um die Deckung mit der realen Welt zu gewährleisten. Und kalte dunkle Materie ist auch der beste Kandidat für die Erklärung anderer merkwürdiger astronomischer Beobachtungen, die ich im nächsten Kapitel beschreiben werde. Alles übrige, so interessant es für Science-fiction-Liebhaber sein mag, ist reine Spekulation.

Nachdem ich die ausgetretenen Pfade so weit verlassen habe, möchte ich nun die wahrscheinlichste Hypothese der gegenwärtigen kosmologischen Forschung skizzieren, bevor ich näher auf einige aufsehenerregende Beobachtungsdaten eingehe.

Die wahrscheinlichste Hypothese

Unser Universum enthält Materie, die teilweise in Form leuchtender Galaxien sichtbar ist, größtenteils aber dunkel bleibt und sich nicht direkt beobachten läßt. Die Galaxien stehen zu Haufen zusammen, die viel größer sind, als Astronomen noch vor kurzem vermutet haben. Ein einzelner Superhaufen kann sich über 500 Millionen Lichtjahre erstrecken, und manche galaktischen Fäden sind so lang, daß einige Astronomen glauben, sie seien der sichtbare Teil von Galaxienketten, die sich durch das ganze Universum ziehen. Galaxien in Superhaufen bewegen sich relativ zueinander sehr viel schneller, als man jemals angenommen hatte, und große Galaxiengruppen verlagern sich relativ zur kosmischen Hintergrundstrahlung mit mehreren hundert Kilometern pro Sekunde – eine Bewegung, die mit der Expansion des Universums nichts zu tun hat.

Die wahrscheinlichsten Modelle des Universums können alle diese Erscheinungen erklären. Zwar wissen wir nicht mit Sicherheit, woraus 99 Prozent der kosmischen Masse bestehen – wahrscheinlich handelt es sich nicht um ein und dasselbe Material. Andererseits reicht die »gewöhnliche« – baryonische – dunkle Materie vollkommen aus, um zu erklären, wie sich die Sterne in der Ebene des Milchstraßensystems konzentrieren: Die Gravitationskraft von Braunen Zwergen und Planeten von der Größe des Jupiters hilft mit, die Dinge an ihrem Platz zu halten. Aber wenn man mit der N-Körper-Methode die Wachstumsstruktur des Universums in den größten existierenden Rechenanlagen simuliert, stellt sich heraus, daß die Neutrinos diese Struktur zwar erklären *könnten* (vielleicht unter Zuhilfenahme von kosmischen Strings), daß sich aber ein viel realistischeres Bild der Galaxienverteilung ergibt, wenn man in den Simulationen von einem eben geschlossenen Universum (Omega gleich eins) und einer verborgenen Masse in Form von schwach wechselwirkender kalter dunkler Materie ausgeht. Die Auffassungen darüber, wie sich Galaxien bilden, müssen korrigiert werden, um dem beobachteten (schaumigen) Erscheinungsbild zu entsprechen, doch es gibt verschiedene plausible Korrekturmechanismen, auch ohne kosmische Strings zu bemühen. Obwohl kosmische Strings also nicht unbedingt erforderlich sind, fügen sie sich nahtlos in das CDM-Szenario ein, und man darf hoffen, mit ihnen einmal die großräumigen Strömungsbewegungen sowie die flächen- und fadenförmige Verteilung der Galaxien erklären zu können.

Besonders bemerkenswert an diesen neuen Entdeckungen ist die Feststellung, daß die kleinsten Objekte im Universum, die Elementarteilchen, für die Struktur der größten Objekte, der Galaxien-Superhaufen, verantwortlich sind. Zur Zeit steht einem besseren Verständnis der Galaxien und Galaxienhaufen weniger der Mangel an astronomischen Beobachtungen und Informationen im Wege als die Grenzen, die unserem Wissen auf der Ebene der Elementarteilchen gesetzt sind. Die Situation ist fast eine exakte Wiederholung der Probleme, denen sich die Physiker vor mehr als einem halben Jahrhundert gegenübersahen, als sich aus den astronomischen Beobachtungen und astrophysikalischen Berechnungen genaue Rückschlüsse auf die Temperatur im Sonnenkern ergaben, die Kenntnisse in der Kernphysik aber nicht ausreichten, um zu erklären, welche Reaktionen im Inneren der Sonne dafür sorgen, daß sie ihre Wärme über Jahrmilliarden erhalten kann. Und das ist mehr als nur ein schwacher Anklang an die Vergangenheit. Ironischerweise scheint deutlich zu werden, daß die Forscher in ihrem Bestreben, die Beschaffenheit der fehlenden Masse zu ergründen, möglicherweise nicht der Galaxienverteilung in den fernsten Tiefen des Weltraums hätten nachstellen müssen – vielleicht würden sie rascher gefunden haben, wonach sie suchen, wenn sie sich in unseren astronomischen Heimatgefilden umgeschaut hätten, bei der Sonne nämlich.

7. KAPITEL

Solare Astrophysik

In den zwanziger Jahren unseres Jahrhunderts fanden sich Astronomie und Physik zu einer neuen wissenschaftlichen Disziplin zusammen – der Astrophysik. Mit Hilfe der Spektroskopie entdeckten die Astronomen, woraus die Sterne, unsere Sonne eingeschlossen, bestehen. Messungen der Bahnen von Doppelsternen zeigten, wieviel Masse bestimmte Sterne enthalten. Schließlich wurden neue Methoden entwickelt, um den Abstand zu einigen Doppelsternen zu bestimmen, woraufhin sich ihre Leuchtkraft errechnen ließ. Es stellte sich heraus, daß Leuchtkraft und Masse in einer direkten Beziehung stehen, und daraus konnte man Rückschlüsse auf die physikalischen Prozesse im Sterneninneren ziehen. Aus der Bahndynamik des Sonnensystems und aus der Gezeitenwirkung der Sonne auf die Erde hat man die Masse unserer Sonne sehr genau berechnet. Ihr Abstand läßt sich durch eine Vielzahl geometrischer Techniken bestimmen. Ihre Leuchtkraft kann man mühelos durch Beobachtung ermitteln. Als die ersten Astrophysiker unter Leitung von Arthur Eddington in Cambridge alle diese Daten zusammenfaßten, stellten sie fest, daß die Beziehung zwischen der Masse und der Leuchtkraft der Sonne genau den Regeln entspricht, die für andere Sterne zu gelten scheinen. Daraufhin rechneten sie aus, wie heiß der Sonnenkern sein muß, damit der innere Druck so groß ist, daß er die äußeren Schichten gegen die nach innen wirkende Kraft der Gravitation an ihrem Platz halten kann. Das sind einfache physikalische Gesetze, nur daß sie auf Sterne angewendet werden: Astrophysik. Eddington und seine Kollegen erhielten als Ergebnis (nicht anders als Astrophysiker heute), daß die Temperatur im Mittelpunkt der Sonne fast 15 Millionen Grad Celsius beträgt. Während die Untersuchung der Sonne in ihrem heutigen Zustand genau zeigte, was in ihrem Inneren vorgeht, konnten Geologen anhand der Untersuchung von irdischem Gestein das Entstehungsalter der Erde und damit das des Sonnensystems erheblich zurückdatieren. Unsere

Sonne strahlt demnach schon seit mindestens vier Milliarden Jahren mit derselben Leuchtkraft wie heute, denn so viel Zeit haben die geologischen Prozesse gebraucht, um die Erde zu bilden.

Die Sonnenwärme

Nur eine einzige Energiequelle kann eine solche Hitze im Inneren der Sonne erzeugen und während der von den Geologen veranschlagten Jahrmilliarden aufrechterhalten: die Umwandlung von Materie in Energie, in Übereinstimmung mit der wohlbekannten Gleichung der speziellen Relativitätstheorie $E = mc^2$. Um die gegenwärtige Leuchtkraft unserer Sonne aufrechtzuerhalten – 4×10^{33} erg/s –, müssen pro Sekunde vier Millionen Tonnen Material umgewandelt werden. Das ist nur ein winziger Bruchteil der Sonnenmasse, die 2×10^{27} Tonnen beträgt. Vorausgesetzt, der Umwandlungsprozeß hält unverändert an, ist in den nächsten Jahrmilliarden kein Mangel an »Brennstoff« zu befürchten. Wie aber wird im Inneren der Sonne Materie in Energie verwandelt?

Ende der zwanziger Jahre meinten die Astrophysiker, sie wüßten es. Unter den extremen Hitze- und Druckverhältnissen im Inneren der Sonne gibt es keine Wasserstoff- und Heliumatome im üblichen Sinn. Die Elektronen werden von den Atomkernen abgetrennt, so daß die nackten Kerne zurückbleiben. Kerne und Elektronen vermischen sich in einer heißen Flüssigkeit, Plasma genannt. »Flüssigkeit« ist möglicherweise eine irreführende Bezeichnung, denn dieser Stoff hat keinerlei Ähnlichkeit mit irgendeiner auf der Erde bekannten Flüssigkeit. Die Dichte des Plasmas im Kern der Sonne ist zwölfmal so hoch wie die Dichte von Blei, so daß die Atomkerne reichlich Gelegenheit zur Wechselwirkung haben. Jeder Kern ist bei gleichbleibend hoher Temperatur und hohem Druck dem Trommelfeuer der anderen Kerne ausgesetzt. Die meisten Kerne sind einfache Protonen, Wasserstoffatome, die ihr Elektron verloren haben. Etwa ein Viertel der Baryonen liegt in Form von Heliumkernen vor, die aus dem Urknall stammen. Einige Heliumkerne sind nach Meinung der Astrophysiker aber auch im Inneren der Sonne entstanden. Außerdem gibt es Spuren von schwereren Elementen, die in früheren Sternen erzeugt und in den Weltraum hinausgeschleudert wurden: Teil jener Materialwolke, aus der sich unser Sonnensystem gebildet hat.

Ein Helium-4-Kern besteht aus zwei Protonen und zwei Neutronen. Da ein isoliertes Neutron in ein Proton und ein Elektron zerfällt, scheint die Annahme vernünftig, daß unter den Bedingungen, die im Inneren der Sonne herrschen, von Zeit zu Zeit vier Protonen und zwei Elektronen aus dem heißen, dichten Plasma zu einem Helium-4-Kern zusammengepreßt werden. Das würde genau ins Bild passen, denn die Masse eines Helium-4-Kerns ist kleiner als die Summe der Masse von vier Protonen und zwei Elektronen. Wenn jede Sekunde 600 Millionen (6×10^8) Tonnen Protonen (Wasserstoffkerne) im Sonneninneren zu Helium-4-Kernen würden, entspräche die Masse, die dabei in Energie umgewandelt würde, genau den oben genannten vier Millionen Tonnen – ungefähr 7 Prozent des »Brennstoffs« werden durch den Fusionsprozeß in reine Energie verwandelt.

Die Zahlen paßten so gut zusammen, daß die Astrophysiker von der Richtigkeit des Ganzen überzeugt waren. Allerdings ließ sich anfangs schwer erklären, wieso die Sonne heiß bleibt. Sobald die Helium-4-Kerne entstanden sind, sind sie stabil; auch klingt es im Prinzip nicht eben kompliziert, daß vier Protonen zusammengepreßt und zwei Elektronen hinzugefügt (oder Positronen, die Antiteilchen der Elektronen, emittiert) werden, so daß ein Heliumkern entsteht. In Wirklichkeit gibt es aber ein Problem mit der positiven Ladung der Protonen. Da sich gleichnamige Ladungen abstoßen, ist es für die positiv geladenen Protonen selbst unter den extremen Bedingungen des Sonnenkerns schwer, in direkten Kontakt zu kommen. Statt dessen prallen die heißen Protonen in rascher Bewegung voneinander ab, ohne sich zu berühren, etwa so, wie zwei Stabmagneten, die man mit ihrem Nordpol aufeinander zubewegt, auseinanderstreben. Diese Schranke können die Protonen überwinden, wenn sie sich rasch genug bewegen – das heißt, wenn das Plasma heiß genug ist. Doch als die Kernphysiker erstmals die Wechselwirkung der Protonen unter den Bedingungen berechneten, die nach Auskunft der Astrophysiker im Sonneninneren herrschen, gelangten sie zu dem Ergebnis, daß keine Fusion stattfinden könne, weil die Temperatur zu niedrig sei. Die Tatsache, daß es die Sonne und die Sterne gibt und daß sie ihre Energie irgendwo hernehmen müssen, schien mit den grundlegenden Erkenntnissen der Kernphysik nicht vereinbar zu sein. Doch dann stellte sich heraus, daß die Astrophysiker recht hatten und daß es an den Physikern war, ihre Theorien zu ändern.

Dank der Entwicklung der Quantenphysik Ende der zwanziger und Anfang der dreißiger Jahre stellten die Physiker fest, daß infolge der Quantenunschärfe die Wechselwirkung zwischen Protonen im Sonneninneren doch schon bei »nur« 15 Millionen Grad beginnen kann. Die Ungewißheit in der Position zweier Protonen, die einander nahekommen, kann dazu führen, daß die Reichweite ihrer Wechselwirkung verschmiert. In quantentheoretischer Sicht überlappen sich die beiden Protonen gewissermaßen, während sie sich nach der klassischen Physik noch nicht einmal berühren würden. Die Veränderungen der klassischen Vorstellung durch die Quantenphysik erwiesen sich als genau die Modifikationen, die die Astrophysiker brauchten. Das war einer der ersten konkreten Beweise für die Fähigkeit der Quantentheorie, die reale Welt zu beschreiben.

Natürlich gab es weitere Schwierigkeiten, und es war noch ein langer Weg, bevor die Astrophysiker in den fünfziger Jahren endlich sagen konnten, sie verstünden, wie der Wasserstoff im Sonneninneren in Helium verwandelt wird. Es verhält sich nicht einfach so, daß vier Protonen gleichzeitig zusammenkommen – das wäre ein ziemlich unwahrscheinliches Ereignis –, sondern die Heliumkerne werden Schritt für Schritt aufgebaut. Heute geht man davon aus, daß bei dem Prozeß, der im Inneren der Sonne abläuft und 98,5 Prozent ihrer Energie erzeugt, zunächst zwei Protonen zu einem Deuteriumkern verschmelzen, wobei sie ein Positron abgeben. Das Deuterium fängt ein weiteres Proton ein, so daß ein Helium-3-Kern entsteht. Zwei solche Kerne können sich zu einem Helium-4-Kern verbinden, wenn sie zwei Protonen ins Plasma zurückgeben. Es kann sich aber auch ein Helium-3-Kern mit einem Helium-4-Kern zu einem Kern des Beryllium-7 verbinden. Dieser kann ein Elektron verlieren und zu Lithium-7 werden, dann ein Proton hinzugewinnen und sich in zwei Helium-4-Kerne aufspalten, oder das Beryllium-7 fängt ein Proton ein und verwandelt sich in Bor-8, das seinerseits wieder ein Positron abgibt, auf diese Weise zu Beryllium-8 wird und sich *daraufhin* in zwei Helium-4-Kerne aufspaltet. Ganz gleich, wie die Prozesse im einzelnen ablaufen – unter dem Strich ergibt sich stets die Umwandlung von vier Protonen in einen Helium-4-Kern. Kümmern wir uns nicht weiter um die Einzelheiten, behalten wir nur das Bor und Beryllium im Gedächtnis; sie werden sich noch als außerordentlich interessant erweisen.

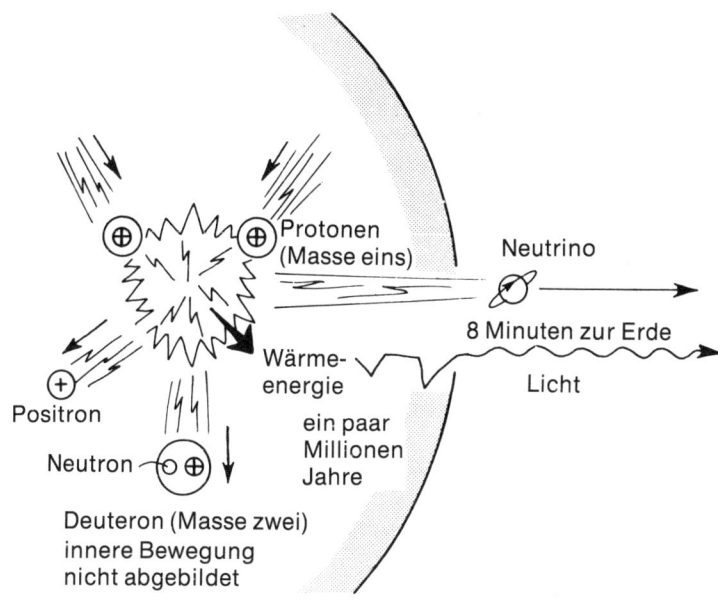

Abb. 7.1: *Entstehung von Sonnenneutrinos*
Wenn zwei Protonen sich zu einem Deuteron verbinden, ist eines der freigesetzten Produkte ein Neutrino.

Bei einigen Schritten in dieser Kette entstehen auch Neutrinos. Jedesmal wenn ein Positron oder ein Elektron beteiligt ist, wird nämlich auch ein Neutrino (oder Anti-Neutrino) erzeugt, damit die Gesamtzahl der Leptonen im Gleichgewicht bleibt. Im Endeffekt verwandelt der Fusionsvorgang vier Protonen in einen

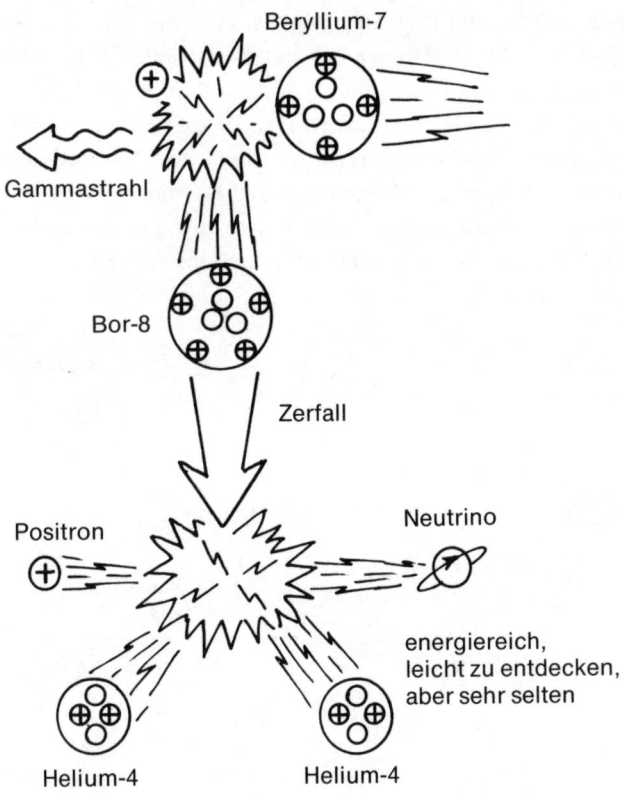

Abb. 7.2: *Entstehung von noch mehr Sonnenneutrinos*
Ein weiterer Prozeß im Sonneninneren, der nach der Theorie Neutrinos freisetzen soll. Beryllium- oder Borkerne erzeugen durch ihre Wechselwirkung zwei Helium-4-Kerne, wobei sie ein Neutrino freisetzen. Warum sehen wir nur ein Drittel der zu erwartenden Zahl dieser sehr energiereichen Sonnenneutrinos? (Abbildung 7.1 und 7.2 nach Diagrammen, die ich mit freundlicher Genehmigung von Willy Fowler verwenden durfte.)

Helium-4-Kern *plus zwei Positronen und zwei Neutrinos.* Wenn sich zwei Protonen zu Deuterium verbinden, setzen sie zusammen mit dem abgegebenen Positron ein Neutrino frei. Wenn Beryllium-7 ein Elektron aufnimmt (was der Emission eines Positrons entspricht), gibt es ein Neutrino ab; und jedesmal, wenn sich ein Bor-8-Kern von einem Positron trennt, weil es sich in Beryllium-8 verwandelt (das sich seinerseits in zwei Helium-4-Kerne aufspaltet), gibt es zusammen mit dem Positron ein Neutrino ab. Nun haben Neutrinos, wie gesagt, eine sehr geringe Wechselwirkungstendenz. Die Neutrinos, die aus den Reaktionen im Sonneninneren hervorgegangen sind, dürften die Sonne durchqueren, ohne die Existenz von Materie zur Kenntnis zu nehmen, auch wenn diese zwölfmal so dicht ist wie Blei, und sich im Raum verteilen, an der Erde vorbei und durch sie hindurch.

In den sechziger Jahren wurde den Astronomen klar, daß sie nur eine Möglichkeit zum Nachweis der Sonnenneutrinos und zur Messung ihres Flusses finden müßten, um einen direkten Zugang zum Sonneninneren zu gewinnen – eine Möglichkeit zur Aufzeichnung jener Prozesse, die für die riesigen Temperaturen im Inneren der Sterne sorgen. Doch da Neutrinos kaum Neigung zeigen, mit gewöhnlicher Materie in Wechselwirkung zu treten, erschien es wenig erfolgversprechend, einen Detektor für Sonnenneutrinos zu bauen. Und da ja allgemein »bekannt« war, wie sich die Sonne aufheizt, gab es auch keinen zwingenden Grund, sich der Aufgabe zu unterziehen. Ray Davis vom Brookhaven National Laboratory in den USA ließ sich indessen nicht von den Schwierigkeiten einschüchtern und machte sich an den Bau eines solchen Detektors (nähere Informationen hierzu besonders auf S. 203), wofür er von seinen Kollegen manchen sarkastischen Kommentar einstecken mußte, waren sie doch der Meinung, der Detektor würde entweder nicht funktionieren oder nur zeigen, was man bereits wisse, in keinem Fall also die Mühe lohnen. In den siebziger und achtziger Jahren wurde der Detektor trotzdem in Dienst gestellt, registrierte aber nicht die erwartete Neutrinostrahlung. Vielmehr hat er in einer mittlerweile langen Reihe von sehr zuverlässigen Beobachtungen nur ein Drittel der vorausgesagten Zahl von Sonnenneutrinos gefunden. Entweder irrt die Astrophysik, oder die Kernphysik muß ihre Theorien überprüfen. Man wird an die zwanziger Jahre erinnert, nur daß es diesmal um Dinge von wahrhaft kosmischer Bedeutung geht.

Bevor wir uns mit den Konsequenzen dieses Resultats befassen und die Möglichkeit prüfen, ob der Neutrinodetektor vielleicht die aufschlußreichsten Hinweise zur Beschaffenheit der fehlenden

Masse gefunden hat, müssen wir erst einmal zu verstehen suchen, was ein Tank voll Reinigungsflüssigkeit, den man in einer Goldmine in South Dakota installiert hat, uns über die Sonne verraten kann.

Das Problem der Sonnenneutrinos

Seit den sechziger Jahren beschäftigt sich Ray Davis ausschließlich mit der Suche nach den Sonnenneutrinos. Da Neutrinos keine Neigung zu Wechselwirkungen in irgendeiner Form zeigen, war er darauf angewiesen, in seinem Detektor ein Material zu benutzen, das billig genug war, um es in großen Mengen einsetzen zu können. Davis entschied sich für Tetrachlorethylen (Cl_2Cl_4), das in der Textilreinigung (»chemischen Reinigung«) verwendet wird und mühelos von industriellen Herstellern zu beziehen ist. Wie andere Elemente kommt auch Chlor in verschiedenen Formen oder Isotopen vor. Im Durchschnitt ist eines von vier Chloratomen das Isotop Chlor-37, das sich durch Aufnahme eines Neutrinos in ein Atom des Argon-37 verwandeln kann; durchschnittlich wird also jedes vierte Chloratom in jedem Tetrachlorethylenmolekül Chlor-37 sein und damit an dieser Reaktion teilnehmen können. Wenn sie stattfindet, sprengt der Aufprall des Neutrinos das Argon-37 aus dem Molekül heraus. Im Prinzip kann das Argon-37, das auf diese Weise in einem Tank mit Reinigungsflüssigkeit entsteht, chemisch nachgewiesen werden. Aber man braucht wirklich eine große Menge Flüssigkeit, um die Sonnenneutrinos einzufangen.

Wenn die Standardmodelle der Sonnenfunktionen richtig sind, müßten die Proton-Proton-Reaktionen (pp-Ketten) eine Flut von 60 Milliarden Neutrinos erzeugen, die pro Sekunde jeden Quadratzentimeter des Raumes in Erdentfernung von der Sonne durchqueren. Leider entstehen diese Neutrinos unter relativ geringem Energieaufwand und sind deshalb nicht in der Lage, die Chlor-37-Reaktion auszulösen. Die Beryllium-7-Neutrinos, die in einem der möglichen Entstehungsprozesse des Helium-4 erzeugt werden, sind energiereicher und müßten die Chlor-Argon-Umwandlung bewirken können. Doch da nur ein kleiner Bruchteil des Heliums auf diese Weise erzeugt wird, durchqueren laut Theorie nur vier Milliarden dieser Neutrinos pro Sekunde jeden Quadratzentimeter der Erdoberfläche. Bor-8-Neutrinos sind zwar seltener – drei Millionen pro Quadratzentimeter und Sekunde –, dafür aber noch energiereicher und deshalb leichter zu entdecken. Diese energiereicheren Neutrinos hoffte Davis zu finden. Zuerst mußte er jedoch andere Teilchen aus dem Weltraum, kosmische Strahlen, ausschließen, die die Umwandlung von Chlor in Argon hätten auslösen können.

Zu diesem Zweck hatte Davis den Detektor in der Homestake-Goldmine in Lead, South Dakota, 1500 Meter unter der Erdoberfläche, aufgestellt. Damit befand sich genügend Gestein über der Anlage, um alle Teilchen mit Ausnahme der Neutrinos fernzuhalten. Aber nun brauchte Davis noch 400 000 Liter Reinigungsflüssigkeit (genug, um ein olympisches Schwimmbecken zu füllen), wenn er überhaupt ein Resultat erzielen wollte. Er rechnete damit, daß der Tank selbst bei einem so gewaltigen Aufwand pro Monat nur 25 bis 30 Sonnenneutrinos einfangen würde. Die an dem Projekt beteiligten Physiker sprechen in diesem Zusammenhang von *solar neutrino units* (Sonnenneutrino-Einheiten) oder SNU. Definiert sind sie durch die Neutrinostrahlung und die Wahrscheinlichkeit, daß ein Neutrino durch eines der »Targetatome« im Tank eingefangen wird. Die Einzelheiten sind nicht so wichtig; entscheidend ist, daß Davis nach den astrophysikalischen Standardmodellen sechs SNU hätte registrieren müssen. Von 1968 bis heute hat er in einer Serie von mehr als fünfzig Versuchen durchgehend etwa neun Neutrinos pro Monat eingefangen, was zwei SNU entspricht. Nach eingehender Prüfung der Systeme, die zur Entdeckung der im Tank erzeugten Argonatome führen sollen, und Ausschluß aller anderen Möglichkeiten blieb nur der Schluß übrig, daß der Detektor tatsächlich bloß ein Drittel der erwarteten Sonnenneutrinos registriert. Das ist das »Sonnenneutrino-Problem«.

Genaugenommen besagt Davis' Experiment, daß entweder unsere astrophysikalische Theorie der Sterne falsch ist oder daß wir nicht wissen, wie Neutrinos bei der Wechselwirkung von Teilchen

entstehen (oder beides). Dies hat die Theoretiker zu vielen Spekulationen veranlaßt, wodurch wohl die Produktion von Sonnenneutrinos unterdrückt sein könnte, wobei sie die Astrophysik, die
Kernphysik oder beide veränderten. John Bahcall vom Institute of
Advanced Study in Princeton berichtet, Davis und er hätten zwischen 1969 und 1977 insgesamt 19 verschiedene Hypothesen dieser Art gezählt (und dann mit Zählen aufgehört, weil »seither zwei
bis drei neue Ideen pro Jahr vorgeschlagen werden«). Um den
Spekulationen den Boden zu entziehen und eine Vorstellung davon zu gewinnen, was tatsächlich im Inneren der Sonne passiert,
ist ein neues Experiment erforderlich. Der Chlor-Detektor fängt
nämlich hauptsächlich Neutrinos aus dem seltenen Bor-8-Prozeß
ein, der nur an der Herstellung von einem Zehntausendstel des
Heliums beteiligt ist, das heute pro Sekunde im Sonneninneren
erzeugt wird. Könnte man mit einem Detektor ganz anderer Art
die weit häufigeren energiearmen Neutrinos einfangen, die im
pp-Prozeß entstehen, würden wir dieses seltsame Resultat wahrscheinlich in einem ganz neuen Licht sehen. Fast alle mit dem Problem befaßten Astronomen, Physiker und Chemiker sind sich
darin einig, daß der ideale Sonnenneutrino-Detektor der »zweiten
Generation« mit Gallium arbeiten müßte – 30 Tonnen, um einen
wirklich guten Detektor zu bekommen, 15 Tonnen, um Fortschritte zu erzielen. Gallium besitzt alle erforderlichen Eigenschaften, sowohl um die energiearmen Sonnenneutrinos (mit
einer erwarteten Häufigkeit von 120 SNU) einzufangen, als auch
um die chemische Veränderung mit der nötigen Empfindlichkeit
zu registrieren, wenn ein Neutrino ins Ziel trifft. Allerdings ist
Gallium sehr teuer (Hunderttausende von Dollar pro Tonne) und
steht nur in kleinen Mengen zur Verfügung (weltweit ein paar Tonnen pro Jahr). Bis sich das ideale Experiment finanzieren läßt,
muß sich die wissenschaftliche Welt mit weniger vollkommenen
Detektoren zufriedengeben, die man wohl in den nächsten Jahren
bauen wird, ohne möglicherweise das Neutrino-Problem ein für
allemal lösen zu können *.

---

* Ein derartiges Experiment wurde inzwischen mit dem »Gallex-Detektor« in
  Italien gestartet. Der Gallex-Detektor arbeitet 1200 Meter tief im Gestein der

Davis hat mit seinen Meßergebnissen in ein Wespennest gesto-
chen, doch bislang können wir nicht mit Sicherheit entscheiden,
ob wir dadurch gezwungen sind, uns um ein besseres Verständnis
der Neutrinos zu bemühen, die Physik zu verändern oder nach
neuen astrophysikalischen Theorien zu suchen. Ohne im einzelnen auf die gut fünfzig Spekulationen einzugehen, die mittlerweile
das Problem der Sonnenneutrinos zu lösen suchen, möchte ich die
drei wichtigsten Hypothesen erörtern, bevor ich mich detailliert
mit der Lösung befasse, die am besten ins kosmologische Konzept
paßt.

Oszillierende Neutrinos?

Neutrinos kommen, wie wir wissen, in drei Spielarten oder Typen
vor. Es besteht die *Möglichkeit*, daß es in unserem Universum in
Verbindung mit einem vierten elektronenähnlichen Teilchen noch
einen vierten Neutrinotyp gibt, aber das ist nicht sehr wahrscheinlich. Nach dem heutigen Erkenntnisstand besteht die Leptonen-
familie aus dem Elektron und seinem Neutrino, dem Myon und
seinem Neutrino sowie dem Tau-Teilchen und seinem Neutrino.
Die Neutrinos, die bei der Wasserstoff-Fusion im Sonneninneren
entstehen, sind ausnahmslos Elektron-Neutrinos (genau gesagt
Elektron-Antineutrinos, aber das wollen wir hier außer acht lassen, der Sachverhalt ist auch so schon kompliziert genug). Der
Detektor von Davis weist nur Elektron-Neutrinos nach. Das gibt
Anlaß zu einer interessanten Spekulation. Nehmen wir einmal an,
mit den Elektron-Neutrinos passiere etwas auf dem Weg von der
Sonne zu uns, speziell: sie würden in irgendeiner Weise verwandelt, so daß sich die ursprünglichen Elektron-Neutrinos am Ende
gleichmäßig auf die drei möglichen Neutrinotypen aufteilten.
Dann würden wir bei ihrer Ankunft auf der Erde nur ein Drittel
der vorhergesagten Zahl von Elektron-Neutrinos entdecken – genau das, was Davis feststellte.

Abruzzen. Beteiligt sind französische, israelische, italienische und deutsche
(Max-Planck-Institut für Kernphysik) Wissenschaftler. (Anmerkung des Verlags)

Diese Spekulation ist nicht ganz so verwegen, wie sie auf den ersten Blick erscheint, weil die Spielregeln der Elementarteilchenphysik manchen Teilchenarten einen derartigen Identitätswechsel gestatten. Allerdings muß eine entscheidende Voraussetzung erfüllt sein, bevor der Identitätswechsel (von den Physikern als Oszillation bezeichnet) stattfinden kann: Die betreffenden Teilchen müssen eine Masse haben. Sie kann noch so klein sein, aber sie darf nicht gleich Null sein. Anfang der achtziger Jahre setzten viele Physiker große Hoffnungen auf diese Möglichkeit. Wenn das Neutrino eine, wenn auch noch so geringe, Masse besitzt, könnten Oszillationen stattfinden, und das Neutrinoproblem wäre gelöst. Eine solche Neutrinomasse hätte, bei hundert oder mehr Neutrinos pro Kubikzentimeter des Universums, möglicherweise auch das Rätsel der fehlenden Masse lösen können. Als dann die ersten Experimente tatsächlich Resultate brachten, die auf eine Neutrinomasse und Neutrino-Oszillationen schließen ließen, war die Freude grenzenlos – aber nur von kurzer Dauer.

Die Experimentalphysiker Frederick Reines, Henry Sobel und Elaine Pasierb von der Universität von Kalifornien in Irvine zeichneten das Verhalten von Neutrinos auf, die aus dem 2000-Megawatt-Kernreaktor der Du Pont Company in Savannah River stammten. Als Target diente ein Becken mit schwerem Wasser (Deuteriumoxid), gut elf Meter vom Reaktor entfernt. Sie zählten auf ähnliche Weise wie Davis die Zahl der im Detektor eintreffenden Elektron-Neutrinos, indem sie die Reaktionen verfolgten, die im schweren Wasser hervorgerufen wurden. Das Experiment schien zu zeigen, daß weniger Elektron-Neutrinos den Detektor erreichten, als den Reaktor verließen – sie verschwanden *unterwegs*, genauso, wie man es von den Sonnenneutrinos annahm. Zur gleichen Zeit erklärte eine Arbeitsgruppe am Institut für theoretische und experimentelle Physik in Moskau, man habe Nachweise dafür, daß das Neutrino eine Masse von ungefähr 20 bis 40 Elektronenvolt besitze (die Masse eines Elektrons beträgt 511 000 eV).

Mittlerweile ist das Bild längst nicht mehr so eindeutig. Obwohl in anderen sowjetischen Experimenten dieselbe Zahl für die Neutrinomasse ermittelt wurde, konnte sie bisher von keinem Experiment im Westen bestätigt werden. Eine Arbeitsgruppe an der Universität Zürich setzte zum Beispiel vor kurzem die »Obergrenze« zu 18 eV fest, weil sich in ihren Experimenten keine Neutrinos mit Masse gezeigt hatten und weil nach ihrer Meinung jede Masse oberhalb dieser Grenze nachgewiesen worden wäre. Die Kosmologen wenden ein, daß bei einem Elektron-Neutrino mit einer so großen Masse, wie sie die sowjetischen Forscher angeben – zumal die beiden anderen Neutrinoarten vermutlich noch schwerer wären –, die Masse der dunklen Materie zu groß wäre. Das Universum wäre »übergeschlossen« und einer Gravitationsverzögerung unterworfen, die stärker wäre, als die Beobachtungsdaten ausweisen. Ähnliche Experimente wie das in Savannah River konnten das Vorkommen von Neutrino-Oszillationen auf kurzen Entfernungen nicht bestätigen.

Doch damit ist die Geschichte der Neutrino-Oszillationen noch nicht zu Ende erzählt. Erstens sind einige der beliebtesten Theorien, die GUTs (große vereinheitlichte Theorien), darauf angewiesen, daß die Neutrinos Masse haben, mag sie auch noch so gering sein. Zweitens hängt die Genauigkeit von Tests wie dem in Savannah River vom Verhältnis zwischen der Energie der Neutrinos einerseits und der Entfernung zwischen Quelle und Detektor andererseits ab. Bei einer gegebenen Energie würden sich die Auswirkungen eines sehr kleinen Unterschieds zwischen den Massen der drei Neutrinoarten nur bei einer sehr großen Entfernung zeigen – zum Beispiel dem Weg von der Sonne zur Erde. Einige Theoretiker, die die Annahme ablehnen, massereiche Neutrinos könnten für die beobachtete Haufenbildung der Materie im Universum ursächlich sein, und statt dessen hypothetische Teilchen wie die Axionen postulieren, um die Galaxienbildung zu erklären, wären recht glücklich über einen Hintergrund leichter Neutrinos von ein, zwei oder noch weniger eV. Die Vorstellung von Neutrinos, die auf dem Weg von der Sonne zur Erde ihre Identität wechseln, hat zwar viel von ihrer ursprünglichen faszinierenden Einfachheit verloren, ganz läßt sie sich aber immer noch nicht abtun. 1986 entzündete sich dann die Phantasie der Theoretiker an einer Variation des Themas: Der Identitätswechsel der Neutrinos wurde nun ins Innere der Sonne verlegt, auf einen Zeitpunkt, der vor ihrem Austritt in den Weltraum liegt. Bei Niederschrift dieses

Buches stand die Hypothese noch hoch im Kurs. Sie ist ein schönes Beispiel für die Versuche, das Neutrinoproblem zu lösen, indem man die Physik ummodelt *.

Die Physik ändern?

Der Gedanke, die Sonnenneutrinos könnten ihre Identität im Sonneninneren ändern und nicht auf dem Weg zur Erde, tauchte erstmals in einer wissenschaftlichen Veröffentlichung auf, die 1985 auf einer internationalen physikalischen Tagung in Finnland vorgelegt wurde. Die Autoren S. P. Michejew und A. J. Smirnow arbeiten am Institut für Kernforschung in Moskau. Sie stützen sich auf frühere Berechnungen zur Neutrino-Oszillation, die Lincoln Wolfenstein von der Carnegie-Mellon-Universität in Pittsburgh durchgeführt hatte, weshalb man manchmal auch von der »MSW«-Theorie spricht. Allerdings schenkte ihr niemand große Beachtung, bis Hans Bethe sie 1986 in einem Artikel der Zeitschrift *Physical Review Letters* mit dem ganzen Gewicht seines Namens unterstützte.

Bethes Parteinahme erregte so viel Aufsehen, weil er seit dem Ende der dreißiger Jahre entscheidend dazu beigetragen hat, daß wir die Einzelheiten der Fusionsprozesse im heißen Sterneninneren verstehen. Seine Idee, daß Kohlenstoffkerne dabei als Katalysatoren dienen könnten, erwies sich im Fall der Sonne als nicht ganz zutreffend, obwohl dieser Prozeß bei massereicheren, heißeren Sternen eine wichtige Rolle bei der Energieerzeugung spielt. Mit seinem Kollegen Charles Critchfield entwickelte Bethe später die pp-Kette, die man noch immer für die entscheidende Energiequelle der Sonne hält.

Die ungewöhnliche Tatsache, daß ein namhafter Wissenschaftler in seinem achtzigsten Lebensjahr Teile einer Theorie revi-

---

* Kürzlich glaubte man, bei den von der Supernova, die Anfang 1987 in unserer Nachbargalaxie, der Großen Magellanschen Wolke, aufgeleuchtet war, emittierten Neutrinos Hinweise auf eine kleine Masse gefunden zu haben. Leider brachten die verschiedenen Messungen aber keine verläßlichen Resultate. (Anmerkung R. L.)

dierte, der er fast ein halbes Jahrhundert zuvor den Weg bereitet hatte, mußte natürlich für einigen Aufruhr in der Fachliteratur sorgen. Hatte Bethe doch geschrieben, Michejews und Smirnows Aufsatz sei eine »sehr wichtige Arbeit« und »die erste Erklärung (des Sonnenneutrino-Problems), die zutreffen könnte«. Der Beifall ist vielleicht ein bißchen *zu* enthusiastisch ausgefallen – jedenfalls glaube ich nicht, daß die Dinge so einfach liegen. Aber gewiß sollten wir uns durch Bethes Stellungnahme veranlaßt fühlen, diese Ideen ernst zu nehmen.

Der entscheidende Ansatz des MSW-Modells ist die Beschreibung der Neutrinos als Wellen und nicht als Teilchen. Dieser Dualismus ist eine grundlegende Eigenschaft der Teilchenwelt. Aus vielen Experimenten weiß man, daß Licht sich unter bestimmten Bedingungen als Welle, unter anderen als Teilchenstrom verhält, während Elektronen zum Beispiel manchmal in der Art von Teilchen und manchmal in der Art von Wellen wechselwirken. Die mathematische Beschreibung dieses merkwürdigen Verhaltens ist Teil der Quantentheorie, einer ausgezeichneten und erfolgreichen Beschreibung der Mikrowelt. Wenn es gerade hieß, daß ein Neutrino sowohl wellenähnliche als auch teilchenähnliche Eigenschaften aufweist, so handelt es sich schlicht um ein Merkmal der Realität, das uns nur deshalb merkwürdig erscheint, weil unsere Wirklichkeitserfahrung auf ganz anderen, ungleich riesigeren Größenverhältnissen beruht*. Unter diesem Gesichtspunkt kann man sich die Oszillation eines Neutrinos von einem Typus (einem Quantenzustand) zum anderen als einen kontinuierlichen Prozeß vorstellen – wie wenn man auf der Skala eines Radios nacheinander drei verschiedene Sender einstellt. Dabei verwandelt sich die Welle von der Erscheinungsform des Elektron-Neutrinos zu der des Myon-Neutrinos, der des Tau-Neutrinos und wieder zurück. Bis hierhin haben wir es nur mit einer anderen Perspektive der bekannten Neutrino-Oszillationen zu tun. Doch nun kommt der neue Gedanke.

---

* Wer noch nicht davon überzeugt ist, daß es sich um eine zutreffende Beschreibung der Wirklichkeit handelt, dem sei die Lektüre meines Buches *Auf der Suche nach Schrödingers Katze* empfohlen.

Michejew und Smirnow vertreten die Auffassung, daß die Oszillationen durch die Wechselwirkung der Neutrino-Wellen mit der Materie auf ihrem Weg durch die Sonne beeinflußt würden. Solche Wechselwirkungen sind zwar sehr selten, aber es besteht tatsächlich eine gewisse Wahrscheinlichkeit, daß derjenige Teil der Welle, der Elektron-Neutrinos entspricht, von der Materie beeinflußt wird, die sie durchquert – »gestreut« wird, wie die Physiker sagen. Das geschieht mit Elektron-Neutrinos, weil an den Streuvorgängen im Sonneninneren eine große Zahl von Elektronen beteiligt ist. Doch da es dort keine Myonen oder Tau-Teilchen gibt, gibt es auch keinen vergleichbaren Streueffekt für denjenigen Teil der Welle, der Myon- oder Tau-Neutrinos entspricht.

Der Streuprozeß erhöht vorübergehend die effektive Masse der beteiligten Elektron-Neutrinos, indem er ihnen mehr Energie verleiht. Dadurch steigen die Aussichten, daß ein solches Elektron-Neutrino zu einem Myon-Neutrino oder Tau-Neutrino »oszilliert«. Die Oszillation kann stattfinden, weil die beiden anderen Neutrinoformen mehr Masse besitzen als das Elektron-Neutrino unter normalen Bedingungen, aber die Oszillation ist am stärksten, wenn die beteiligten Teilchenarten die gleiche Massenenergie besitzen. Deshalb verschiebt sich das Gleichgewicht der Teilchenarten innerhalb der Welle zuungunsten der Elektron-Neutrinos, und die Elektron-Neutrino-Komponente der Welle gewinnt durch Streuung im Sonneninneren Massenenergie hinzu. Doch sobald die Oszillation stattgefunden hat, reagieren die erzeugten Myon- oder Tau-Neutrino-Komponenten der Welle nicht mehr mit der Materie, die sie durchqueren. Zu dem Zeitpunkt, wenn der Neutrinostrom die Sonne verläßt und die Elektron-Neutrino-Komponente keinen solchen Einflüssen mehr unterworfen ist, hat sich die Zahl der Elektron-Neutrinos verringert.

Kann diese Verringerung die kleine Zahl der von Davis entdeckten Elektron-Neutrinos erklären? Bethe und einige andere Forscher haben ausgerechnet, daß dies der Fall wäre, wenn der Unterschied zwischen den gequantelten Massenenergie-Zuständen der Neutrinoarten sehr gering wäre (unter 0,008 eV) und wenn die Mischungswahrscheinlichkeit im Sonneninneren weniger als ein Prozent betrüge. Dies würde bedeuten, daß die Masse des Myon-Neutrinos ungefähr bei 0,008 eV läge und die Masse des Elektron-Neutrinos erheblich darunter. Den Kosmologen, die nach der fehlenden Masse suchen, wäre damit kaum geholfen, denn wollte man den Omegawert allein mit Neutrinos auf eins bringen, müßte jedes Neutrino eine Masse von ein paar Dutzend Elektronenvolts haben. Andererseits entsprechen die Zahlen weitgehend den Erfordernissen der großen vereinheitlichten Theorien, die zu den erfolgreichsten Versuchen gehören, die Kräfte und Teilchen der Natur mit einer einheitlichen mathematischen Beschreibung zu erfassen. Wenn überhaupt, so spricht das MSW-Modell eher die Elementarteilchenphysiker als die Astronomen an. Gründlich läßt sich die Hypothese allerdings nur dadurch überprüfen, daß man mehr Sonnenneutrino-Detektoren baut, die auf Neutrinos mit unterschiedlichen Energien reagieren. Der Detektor von Davis liefert uns nämlich nur einen einzigen Punkt einer Kurve. Hätte man Detektoren, die auch Neutrinos mit anderen Energien registrieren, so würde man ein Sonnenneutrino-Spektrum erhalten, und an der Verteilung der Neutrinos auf die verschiedenen Energien könnte man sehr rasch ablesen, ob Bethes Begeisterung für die MSW-Theorie gerechtfertigt ist oder nicht. Im letzten Fall dürften wir wohl mit Recht meinen, daß unsere Vorstellungen von der Teilchenphysik und den Neutrinos zutreffen, daß aber mit unserer Standardtheorie über die Sonne irgend etwas nicht stimmt. Dies könnte uns, wie wir noch sehen werden, bei der Suche nach der dunklen Materie ein erhebliches Stück voranbringen.

Die Astronomie ändern?

Am einfachsten könnten wir unsere Vorstellungen vom Neutrinofluß mit den Ergebnissen des Experiments von Davis zur Deckung bringen, wenn wir annähmen, daß die Temperatur im Sonneninneren 10 Prozent niedriger ist als bisher vermutet. Doch selbst ein so bescheidener Änderungsvorschlag läßt sich nicht mit den Standardmodellen vereinbaren – Beweis dafür, wie erfolgreich die Theorie über die Beschaffenheit der Sterne ist, derart genau geben die Standardmodelle an, wieviel Energie im Kern der Sonne erzeugt werden muß, damit ihr äußeres Erscheinungsbild entsteht: Größe, Masse und Leuchtkraft. Während die Teilchenphysiker nicht wissen, ob die Neutrinomasse null, 30 eV oder einen Wert dazwischen beträgt, sind sich die Astrophysiker sicher, daß ihre Standardberechnungen zur Sonnenwärme noch nicht einmal eine Fehlerquote von 10 Prozent aufweisen. Doch sie haben einige kuriose Spekulationen darüber angestellt, was wäre, wenn die Brennvorgänge in einem Stern wie der Sonne vorübergehend oder ständig aussetzten, d. h. wenn sein reguläres Verhaltensmuster unterbrochen würde.

Entscheidendes Ergebnis dieser Überlegungen ist: Die Sonne würde lange brauchen, um sich auf Veränderungen einzustellen, die in ihrem Inneren stattfinden. Würden die Kernfusionsreaktionen, die für ihre Wärme sorgen, wie von Zauberhand von einem Augenblick zum anderen gestoppt, während alle anderen physikalischen Gesetze unverändert blieben, so würde die Sonne nicht erlöschen wie eine Lampe, die man ausschaltet. Energie, die im Sonneninneren in Form von Photonen erzeugt wird, benötigt sehr viel Zeit – ungefähr eine Million Jahre –, um an die Oberfläche zu gelangen. Zwar bewegen sich die Photonen mit Lichtgeschwindigkeit, doch können sie nicht auf geradem Weg vom Kern zur Oberfläche gelangen, sondern folgen einem äußerst komplizierten Zickzackkurs, weil sie in dem extrem dichten Sonnenzentrum ständig von irgendeinem Atomkern oder Elektron abprallen wie eine Kugel in einem kosmischen Flipperapparat. Rechnet man alle Zickzackwege zusammen, legt jedes Photon im Durchschnitt eine Million Lichtjahre zurück, bevor es aus dem Inneren der Sonne an ihre Oberfläche gelangt – eine Strecke, die in gerader Linie 1 390 000 km mißt. Für die 150 Millionen km bis zur Erde braucht das Photon dann nur noch etwas über 500 Sekunden.

Folglich sind Sonnenlicht und -wärme, die wir heute wahrnehmen, in Wirklichkeit schon eine Million Jahre alt. Und selbst wenn die Kernreaktionen vor einer Million Jahren zum Stillstand gekommen wären, würden wir die Sonne morgen nicht ausgehen sehen. Wenn eine heiße, flüssige Riesenkugel wie die Sonne erkaltet, beginnt sie sich zusammenzuziehen. Bei der Kontraktion wandelt sich jedoch Gravitationsenergie in Wärme um, und die Temperatur der Kugel steigt wieder an. Auf diese Weise werden auch die zu einem Stern kollabierenden Gaswolken in ihrem Zentrum heiß genug, um Kernreaktionen aufnehmen zu können. Nach den Berechnungen der Astrophysiker könnte die Sonne ihr gegenwärtiges Erscheinungsbild ungefähr 10 Millionen Jahre beibehalten, ohne irgendwelchen Kernbrennstoff zu verbrauchen. Erst nach dieser langen Zeit würde man am bloßen Anblick erkennen, daß mit der Sonne irgend etwas nicht mehr in Ordnung ist.

Auch wenn die kernphysikalischen Vorgänge einwandfrei ablaufen, geht das heutige Erscheinungsbild der Sonne in Wirklichkeit auf den Durchschnitt aller Kernreaktionen sowie die Strahlungs- und Konvektionsprozesse im Lauf der letzten Million oder mehr Jahre zurück. Die Astrophysiker erklären, daß die Temperatur im Inneren der Sonne *durchschnittlich* 15 Millionen Grad beträgt. Sollte die Temperatur einige Jahre, einige hundert Jahre oder auch einige hunderttausend Jahre um 10 Prozent schwanken, so könnten wir das niemals am äußeren Erscheinungsbild der Sonne ablesen. Die Neutrinos dagegen fliegen natürlich auf direktem Weg vom Zentrum der Sonne zu Davis' Detektor in der Goldmine in South Dakota. Können wir seinen Beobachtungen vielleicht entnehmen, daß es in der Sonne zu einer vorübergehenden Temperaturverminderung gekommen ist, daß sich dieser Vorgang aber noch nicht in den äußeren Regionen ausprägen konnte, weil noch nicht genug Zeit vergangen ist?

Diese Idee erregte Anfang der siebziger Jahre einiges Aufsehen, weil sie an eine frühere Vorstellung anknüpfte, die in den fünfziger Jahren aufgekommen war, um das Wiederkehren der Eiszeiten auf der Erde zu erklären. Der Astronom Ernst Öpik, ein geborener Este, der damals in Nordirland arbeitete, trug die Hypothese vor, daß sich in einem Stern wie der Sonne während der normalen Phase nuklearer Brennvorgänge die schwereren Elemente, die in Fusionsreaktionen entstehen, um den heißen Kern herum aufbauen könnten – gewissermaßen als nukleare Schlacke. Für die Strahlung, die bestrebt sei, den Kern zu verlassen, könnte diese Schlacke zu einem noch wirksameren Hindernis werden als das normale Kernmaterial, so daß die Wärme im Sonneninneren eingeschlossen bliebe. Dadurch würden die äußeren Schichten abkühlen und ein wenig schrumpfen, während der Kern selbst immer heißer würde, bis sich starke Konvektionsströme bildeten und ausbrächen, wobei sie die Schlacke mit nach außen rissen. Während der Stern sich von diesem »Schluckauf« erhole, kühle sein *Inneres* ab, wodurch die Kernreaktionen eine Zeitlang gebremst oder ganz zum Stillstand gebracht werden könnten.

Es ist nicht leicht, ein derartiges Verhaltensmuster mit dem Rhythmus der bekannten Eiszeiten in Einklang zu bringen, die man heute im übrigen befriedigend erklären kann, ohne sich auf Veränderungen in der Sonne berufen zu müssen. Doch die Möglichkeit, daß die Kernreaktionen vorübergehend aussetzen könnten, war der sprichwörtliche Strohhalm, an den sich die Astrophysiker in ihrer ersten Bestürzung über die Ergebnisse des Experiments von Davis klammerten.

Eine eher kuriose Variante war die Spekulation, der störende Einfluß könne von außen und nicht aus dem Sonneninneren stammen. Von Zeit zu Zeit durchquert unser Sonnensystem auf seiner Umlaufbahn um das Zentrum des Milchstraßensystems Gas- und Staubwolken. Wenn die Sonne Material aus einer solchen Wolke an sich ziehe – so die Vermutung –, verwandle sich die Gravitationsenergie des einfallenden Materials in Wärme; der gleiche Vorgang findet statt, wenn ein Stern sich ein bißchen zusammenzieht. Die zusätzliche Wärmequelle störe die Konvektionsmuster der äußeren Sonnenschichten. Könnten sich die Auswirkungen dieses Vorgangs nicht im innersten Kern bemerkbar machen und die nuklearen Brennprozesse verändern? Die Möglichkeit war nie mehr als reine Spekulation, aber doch mit einem gewissen Anspruch auf Glaubwürdigkeit, weil man vermutet, daß das Sonnensystem kürzlich (*kürzlich*, wenn man astronomische Zeitmaßstäbe zugrunde legt) eine Region durchmessen hat, in der es derartige Wolken gibt, so daß sich die Sonne heute möglicherweise von den Nachwirkungen dieser Begegnung erholt.

Wieder eine andere Spekulation lautete, es könne bei der Energieproduktion im Inneren der Sonne zu natürlichen Schwankungen kommen. Infolgedessen schwanke auch die Temperatur im Zentrum um den langfristigen Durchschnittswert von 15 Millionen Grad, ihn um kleine Beträge über- und unterschreitend. Doch alle diese »Lösungen« sind im Grunde ziemlich künstlich, ausschließlich zu dem Zweck ersonnen, erklären zu helfen, warum Davis nur so wenige Sonnenneutrinos entdeckte. Es gab einfach keine zwanglose Erklärung für das Neutrinoproblem. Keine der vorgeschlagenen Lösungsmöglichkeiten vertrug sich mit den wichtigsten physikalischen Theorien, keine machte Vorhersagen über andere Eigenschaften der Sonne und über fundamentale Teilchen, die man durch neue Beobachtungen und Experimente hätte überprüfen können – bis die WIMPs die Szene im Triumph betraten.

Auftritt der WIMPs

Möglicherweise ist das Problem der Sonnenneutrinos bereits 1978 gelöst worden – doch die betreffenden Wissenschaftler haben ihre Arbeit nicht veröffentlicht, weil sie ihnen zu abenteuerlich erschien. John Faulkner und sein Student Ron Gilliland von der Universität von Kalifornien in Santa Cruz wählten den üblichen astrophysikalischen Ansatz: Sie suchten nach einem Ereignis, das die Temperatur des Sonnenkerns um 10 Prozent abkühlen könnte. Dabei stellten sie nicht die astrophysikalischen Theorien in Frage, sondern führten nur ein einziges hypothetisches Teilchen ein, das Wärme aus dem Sonnenzentrum transportiere und sie über einen kleinen Bruchteil des Sonnenradius verteile. Die von Davis entdeckten Neutrinos kämen aus den innersten fünf Prozent des Sonnenradius, wo die Temperatur am höchsten sei. Doch der größte Teil der Energie, der für die Sonnenwärme sorge, werde in einem weit größeren Volumen erzeugt. Man kann nämlich ein Modell entwerfen, das insgesamt genausoviel Energie erzeugt wie die Standardmodelle, obwohl direkt im Zentrum eine etwas geringere Temperatur herrscht. Dazu muß man nur von der Annahme ausgehen, daß die äußeren Bereiche etwas wärmer sind als in den Standardmodellen.

Wie wäre das möglich? Faulkner und Gilliland legten die Hypothese zugrunde, es gebe möglicherweise ein schwach wechselwir-

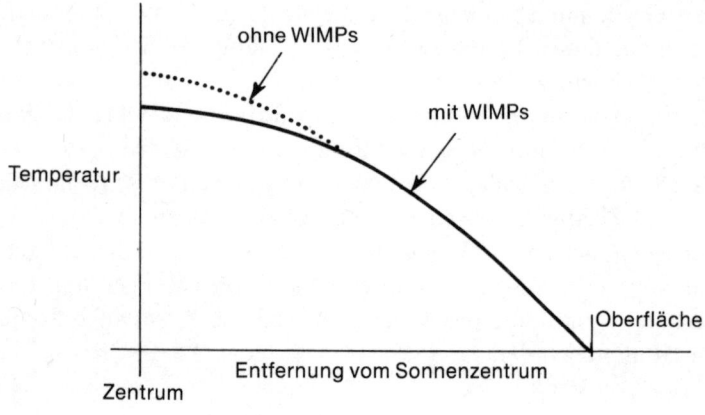

ohne WIMPs

mit WIMPs

Temperatur

Oberfläche

Entfernung vom Sonnenzentrum

Zentrum

Abb. 7.3: *Die WIMP-Lösung*
Wenn der Sonnenkern WIMPs enthielte, würden sie ihn gerade so weit ab-
kühlen, wie erforderlich ist, um zu erklären, warum auf der Erde so wenig
Sonnenneutrinos entdeckt werden.

kendes Teilchen – ein Mitglied der WIMP-Familie (vgl. S. 172) –,
das schwer genug sei, um sich im Sonnenkern zu sammeln. Dort
könne solch ein WIMP mit einem heißen Proton zusammensto-
ßen, selbst Energie gewinnen und das Proton mit weniger Energie
– also kühler – zurücklassen. Das WIMP-Teilchen, das um das
Zentrum kreise, könne dann auf ein kühleres, weiter draußen be-
findliches Proton stoßen und die vorher aufgenommene Energie
wieder abgeben. Dieser Prozeß wiederhole sich endlos, während
WIMPs den Sonnenkern umkreisen. Insgesamt werde durch die
WIMPs Wärme aus dem innersten Zentrum der Sonne gleichmäßiger über den Kern verteilt. WIMPs mit der richtigen Masse und
anderen erforderlichen Eigenschaften (die dafür sorgen, daß sie
oft genug mit den Protonen wechselwirken) könnten dies so wirksam leisten, daß im Vergleich zur Anzahl der Protonen relativ wenige WIMPs ausreichen würden. Allerdings müsse es genau die
richtige Zahl von WIMPs sein (eines pro 100 Milliarden Protonen)
mit genau der richtigen Masse an genau dem richtigen Ort. Faulkner und Gilliland hatten keine Schwierigkeit, ein Sonnenmodell in
Übereinstimmung mit der wirklichen Sonne herzustellen, mit genau dem Neutrinofluß, den Davis gemessen hatte, mit einem Kern

216

von konstanter Temperatur (einem isothermen Kern), der sechs Prozent der Sonnenmasse enthält und durch die Gegenwart der WIMPs isotherm bleibt. Aber weil ihnen das Ganze zu sehr an den Haaren herbeigezogen schien, legten die beiden Wissenschaftler ihre Ausarbeitungen zu den Akten.

1985 indessen wurden die WIMPs »gesellschaftsfähiger«, ohne daß die Gründe etwas mit dem Problem der Sonnenneutrinos zu tun gehabt hätten. Als sich die Neutrinos als wenig geeignete Kandidaten für die dunkle Materie im Universum erwiesen und Modelle mit kalter dunkler Materie zunehmende Beliebtheit gewannen, waren die Kosmologen plötzlich auf WIMPs angewiesen. Gleichzeitig wurden in der Physik der Elementarteilchen die Theorien zur Supersymmetrie entwickelt, die ebenfalls die Existenz von WIMPs verlangen (vgl. Anhang). Wieder andere Theorien enthielten die Hypothese, daß das Universum ein Meer von stabilen Axionen enthalten müsse. Es war nur eine Frage der Zeit, bis jemand diese Ideen auf das Problem der Sonnenneutrinos anwenden würde.

Als die Neuigkeit nach Santa Cruz gelangte, William Press und David Spergel vom Harvard Smithsonian Center für Astrophysik hätten eine Theorie entwickelt, nach der Teilchen von kalter dunkler Materie (CDM), von den beiden Forschern »Kosmionen« genannt, das Sonnenzentrum abkühlen, klingelte etwas bei Faulkner (Gilliland hatte inzwischen längst promoviert und arbeitete am National Center for Atmospheric Research in Boulder, Colorado). Er holte das alte Manuskript wieder hervor, brachte einige kleine Änderungen an (in denen es darum ging, wie die Sonne auf ihrem Weg um die Milchstraße WIMPs aufnehmen könne) und legte es dem *Astrophysical Journal* vor, wo auch Press und Spergel ihre Arbeit veröffentlicht hatten; 1985 erschien es hier.

Im wesentlichen behauptet die neue Theorie, daß WIMPs (CDM) zumindest einen Teil des Hintergrundes dunkler Materie in unserem Universum stellten, daß sie wesentlichen Anteil an der Galaxienbildung gehabt hätten und daß sie heute in den großen Halos von dunkler Materie zu finden seien, die Galaxien wie die unsere umgeben. Unter der »richtigen« kosmologischen Verteilung der WIMPs und geeigneten Eigenschaften aus teilchenphysikalischer Sicht ist zu verstehen, daß die Sonne auf jeweils 100 Milliarden Protonen ein WIMP einfängt und daß die WIMP-Teilchen, die von der Gravitationskraft angezogen werden, sonst aber nur schwach wechselwirken, in einer Wolke, die sich über zehn Prozent des Sonnenradius verteilt, um den Kern kreisen und bei jeder Umkreisung im Durchschnitt mit einem Proton wechselwirken. Die WIMPs hätten nach dieser Theorie eine Masse, die fünf- bis zehnmal so groß wie die Protonenmasse wäre. Lawrence Hall von der Harvard-Universität hat ein Modell entwickelt, in dem die Zahl der im Universum enthaltenen WIMPs genauso groß ist wie die der Baryonen. Betrüge die WIMP-Masse exakt zehn Protonenmassen, so ergäbe sich nach Halls Berechnungen für Omega genau der kritische Wert eins, der Anteil der Baryonenmasse läge bei 10 Prozent – was sich mit den Schätzungen aufgrund der Heliumhäufigkeit genau decken würde – und das Neutrinoproblem wäre gelöst.

Wie nicht anders zu erwarten, stürzten sich die Astrophysiker in den Jahren 1985 und 1986 auf die WIMP-Forschung. Bei einem Besuch am Tata-Institut in Bombay tat sich Faulkner mit Douglas Gough, einem Besucher aus Cambridge, und dem am Institut arbeitenden M. N. Vahla zusammen. Gough untersuchte seit Jahren kleine, regelmäßige Veränderungen an der Sonnenoberfläche, Schwingungen, die wie Atembewegungen sind. Diese Schwingungen lassen sich mit dem Standardmodell des Sonneninneren nicht recht erklären. Faulkner und Gough bemerkten, daß die Änderung des Temperaturgefälles vom Kern zur Oberfläche, die durch das WIMP-Modell erforderlich wird, die physikalischen Bedingungen so modifiziert, daß sie sich mit der gängigen physikalischen Theorie genau decken. Mit Vahlas Hilfe berechneten sie die Einzelheiten der Schwingungen (»in Handarbeit«, wie Faulkner stolz berichtet, d. h. sie arbeiteten mit Papier und Bleistift).

Inzwischen hatte sich Gilliland derselben Idee zugewandt (das Problem der Sonnenschwingungen ging er allerdings mit Hilfe eines Großrechners an). Mit ihm arbeiteten der ebenfalls in Boulder tätige Werner Däppen und der Däne J. Christensen-Dalsgaard von der Universität Aarhus. Abermals zeigte sich, daß sich die beobachteten Sonnenschwingungen am besten durch ein Modell erklären lassen, bei dem die Temperatur im Sonnenkern um 10 Prozent niedriger angesetzt wird als in den Standardmodellen. Ohne voneinander zu wissen, gelangten die beiden Forschergruppen auf getrennten Wegen zum gleichen Schluß. Ihre Arbeiten wurden im Mai 1986 nebeneinander in der Zeitschrift *Nature* abgedruckt. Doch auch hier sind wir noch nicht am Ende der Geschichte angelangt, denn schon nach ein paar Wochen hatte das WIMP-Modell die wichtigste Prüfung bestanden, die sich jede wissenschaftliche Theorie gefallen lassen muß – es hatte eine erfolgreiche Vorhersage gemacht.

Die Schwingungen, die sich vom WIMP-Modell so genau erklären lassen, gehören einem Typ an, den man P-Moden nennt. Das sind Druckwellen, die sich in einer Flüssigkeit mit Schallgeschwindigkeit fortpflanzen – ähnlich den Wellen, welche man in einer Badewanne hervorruft, wenn man mit der flachen Hand auf die Wasseroberfläche schlägt. Es gibt noch einen anderen Schwingungsmodus, die G- oder Gravitationswellen, die den Wellen entsprechen, die in der Badewanne auf- und niederschwappen, wenn man sich hineinsetzt. Sie bewegen sich langsamer fort.

Faulkner und Kollegen sagten vorher, wenn das WIMP-Modell der Sonne richtig sei, müsse es eine solche Gravitationsschwingung der Sonne mit einer Periode von etwa 29 Minuten geben. Die Standardtheorie postuliert eine fundamentale Schwingung mit einer Periode von 36 Minuten; aber diese Wellen sind schwer zu entdecken, man hatte sie noch nie beobachtet. Entscheidend ist, daß andere Versuche, die Temperatur im Sonnenkern zu reduzieren – durch Veränderung astrophysikalischer oder kernphysikalischer Theorien –, die Dauer der Schwingungen verlängerten, über die 36 Minuten des Standardmodells hinaus. Zwei Wochen nach Veröffentlichung der WIMP-Vorhersage in *Nature* erfuhr Faulkner, daß Claus Fröhlich vom *World Radiation Centre* in der Schweiz die vorhergesagte 29-Minuten-Periode entdeckt hätte. Wie hatte der Schweizer das so rasch tun können? Die Anhaltspunkte fanden sich in alten Daten, die ein Satellit (*Solar Maximum Mission*) bereits 1980 aufgezeichnet hatte. Und warum waren sie niemandem vorher aufgefallen? Da die Beobachter an die Vorhersage des Standardmodells geglaubt hatten, hatten sie nur nach Belegen für eine Schwingungsdauer von 36 Minuten und darüber gesucht. Faulkner: »Die Beobachter hatten zuviel Vertrauen in die Theorie.« Sobald die Schweizer Arbeitsgruppe die Daten noch einmal durchsah, fand sie Anhaltspunkte für die 29-Minuten-Periode.

Das sind bislang nur Hinweise, und es ist noch viel Forschungsarbeit erforderlich, um das WIMP-Modell endgültig durchzusetzen. Gegenwärtig sieht es jedenfalls so aus, als könnten Teilchen mit der fünf- bis zehnfachen Protonenmasse im Inneren der Sonne das schwierigste Problem der Astrophysik lösen und mindestens 90 Prozent der Masse unseres Universums erklären. Die WIMPs sind zur Zeit wohl die beste Hypothese. Daß wir nicht wissen, welches der SUSY-Teilchen beteiligt ist, gereicht dem Modell zum Vorteil, nicht zum Nachteil, da es sich auf diese Weise jeder von den Theoretikern bevorzugten WIMP-Art anpassen läßt.

Der Anfangserfolg des WIMP-Modells bei der Lösung des Sonnenneutrino-Problems hat die Experimentalphysiker veranlaßt, die WIMP-Hypothese noch ernster zu nehmen, als sie es vielleicht nur aufgrund der Theorien getan hätten. Wie wir noch sehen werden, entwickelt man heute Experimente, um WIMPs nachzuweisen – von denen zumindest einige Astronomen fest annehmen, sie seien in der Galaxis vorhanden und würden sich im Zentrum der Sonne sammeln.

Bevor wir uns mit den praktischen Möglichkeiten zum Nachweis von WIMPs auf der Erde befassen, müssen wir aber noch einige kosmologische Konsequenzen aus diesen Überlegungen bedenken.

Kosmologische Konsequenzen

Manche Physiker nennen das hypothetische Teilchen, das erforderlich ist, um das Problem der Sonnenneutrinos zu lösen, lieber »Kosmion«, weil es möglicherweise nicht zu den Teilchen gehört, die von den verschiedenen Elementarteilchentheorien vorgeschlagen werden. Vielleicht zeigen die Beobachtungen der Sonnenneutrinos eines Tages, daß es sich um Teilchen ganz neuer Art handeln muß. Sollte das der Fall sein, so ist doch bemerkenswert, wie gut sich die Erfordernisse der solaren Astrophysik und die Erkenntnis, daß es dunkle Materie im Bereich unserer Galaxis geben muß, miteinander vertragen.

Sicher läßt sich ohne Schwierigkeit erklären, wie die Kosmionen/WIMPs von der Sonne eingefangen werden. Wenn diese Teilchen die Galaxis in einem stabilen Halo umgeben, so müssen sie das galaktische Zentrum mit einer Bahngeschwindigkeit von ungefähr 300 km/s umkreisen, damit die Umlaufbahnen stabil sind. Ob ein solches Teilchen, wenn es von der Sonne eingefangen wird, in ihr bleibt oder nicht, hängt davon ab, ob seine Geschwindigkeit groß genug ist, um es wieder aus der Anziehungskraft der Sonne hinauszutragen. Im Sonnen*zentrum* beträgt die erforderliche Fluchtgeschwindigkeit 3000 km/s. Auch dort, wo die Entfernung vom Zentrum so groß ist, daß die halbe Sonnenmasse »unter« dem Teilchen liegt und die andere Hälfte »über« ihm, ist noch immer eine Fluchtgeschwindigkeit von 2100 km/s erforderlich. Mithin würde tatsächlich eine große Zahl der Kosmionen, die durch die Oberfläche in die Sonne eindringen, in ihrem Inneren festgehalten werden. Doch eben dieser Prozeß schafft einige theoretische Probleme.

Frei im Raum bewegliche Kosmionen stoßen nicht sehr häufig zusammen. So wäre durchaus denkbar, daß ein Meer von Kosmionen, das unser Universum erfüllt, ebenso viele Teilchen wie Antiteilchen enthielte, ohne daß diese sich in der Zeit seit dem Urknall vernichtet hätten. Wäre hingegen eine Wolke von Kosmionen im Sonneninneren gefangen, käme es weit häufiger zu Wechselwirkungen. Schwach wechselwirkend sind WIMPs nur in der Begegnung mit *anderen* Teilchen; trifft hingegen ein WIMP-Teilchen auf ein WIMP-Antiteilchen, so kommt es auch hier rasch und ausnahmslos zur gegenseitigen Vernichtung. Zwischen der Häufigkeit, mit der die Sonne neue Kosmionen (Teilchen wie Antiteilchen) aufnähme, und der Häufigkeit, mit der sie sich im Sonneninneren gegenseitig vernichteten, würde sich ein Gleichgewicht einpendeln. Je mehr Kosmionen und Antikosmionen sich in der Sonne aufhielten, desto größer wäre die Wahrscheinlichkeit einer Begegnung und gegenseitigen Vernichtung. Deshalb würde die

Zahl nur so lange wachsen, bis sich die Vernichtungshäufigkeit mit der Aufnahmehäufigkeit die Waage hielte.

Die Zahl der Kosmionen, die aufgenommen werden könnten, wird durch die Masse der dunklen Materie im Halo begrenzt, und diese kennt man aus Beobachtungen von Galaxienrotationen. Aber es ist sehr schwer, das Gleichgewicht richtig zu bestimmen (*richtig*, das heißt so, daß das Problem der Sonnenneutrinos gelöst ist) – ganz gleich, für welche Teilchenart der Supersymmetrie oder anderer Theorien man sich entscheidet. Manche Theorien lassen Teilchen zu, die sich nicht so leicht vernichten; es wäre auch möglich, daß die Sonne nur Kosmionen und keine Antikosmionen einfinge (oder umgekehrt). Die nächstliegende Möglichkeit ist natürlich, daß die WIMPs im Sonneninneren – die Kosmionen – während des Urknalls genauso entstanden wie die Baryonen: mit einem Überschuß der Teilchen gegenüber den Antiteilchen. Dies die Annahme, die in der erwähnten Arbeit von Lawrence Hall implizit enthalten ist: Wenn das Kosmion/WIMP gefunden werden sollte, dann würden uns seine Eigenschaften genauso Aufschluß über die Bedingungen des Urknalls geben wie die heutige Heliumhäufigkeit im Universum. Auch die Existenz dreier Neutrinoarten hängt unmittelbar mit der Urknallphysik zusammen. Die Kosmologen erwarten die Entdeckung des Kosmions mit gemischten Gefühlen – sie hoffen, daß es in die Standardversion paßt, befürchten aber, es könnte Fehler im Standardmodell des Urknalls aufdecken.

Für den Fall, daß die dunkle Materie aus dem gleichen Grund erhalten geblieben ist wie die Baryonenmaterie, nämlich aufgrund einer kosmischen Asymmetrie, ergeben Halls Berechnungen für die Masse des Kosmions/WIMP einen »natürlichen« Spielraum bis hin zur zehnfachen Protonenmasse. Damit wäre das Problem der Sonnenneutrinos gelöst. Und es reicht mit Sicherheit, um die dunkle Materie zu erklären, die in den galaktischen Halos vorhanden sein muß. Doch wenn es ebenso viele Kosmionen wie Baryonen gibt, meint Hall, dann »genügt ihre Zahl nicht ganz, damit $\Omega = 1$ ist«. Ich persönlich halte das nicht für weiter schlimm. Es wäre natürlich schön, wenn man alle fehlende Masse mit einer einzigen Hypothese erklären könnte, aber es erscheint doch viel wahrscheinlicher, daß mehr als eine der Möglichkeiten, die in den letzten Jahren von Physikern vorgeschlagen wurden, für die Wahrheit von Bedeutung ist. Denken wir nur daran, daß die besten Theorien heute von den Neutrinos zwar Masse *verlangen*, aber eine Masse, die zu klein ist, um für ein geschlossenes Universum sorgen zu können. Eine Kombination aus Neutrinos und WIMPs: darauf könnte alles hinauslaufen*. Und obwohl es herrlich wäre, wenn die Anzahl der Kosmionen gleich der Anzahl der Baryonen wäre, ist auch das nur eine Vermutung.

Insofern haben die Forscher, die im Übergangsbereich von Teilchenphysik und Kosmologie arbeiten, noch einige Folgerungen zu bedenken, bevor sie mit Fug behaupten können, daß die WIMP-Theorie des Sonneninneren einer näheren Prüfung standhält. Möglicherweise wäre die ganze Mühe bei so geringen Erfolgsaussichten viel zu groß, gäbe es nicht noch eine weitere Überlegung zum Einfluß der WIMPs auf die Kernfusionsprozesse im Inneren von Sternen wie der Sonne. Faulkner hatte noch nicht alle Konsequenzen seines Modells durchgerechnet, als ich ihn 1986 zu diesem Punkt befragte. Er fing gerade damit an, die Computerprogramme zu entwickeln, die die Idee im einzelnen prüfen sollten. Doch eine einfache, vorläufige Rechnung (abermals mit Papier und Bleistift) ergibt, daß ein ganz bestimmter Effekt auf die Entwicklung alternder Sterne vorhanden sein muß, wenn sie *alle* in ihrem Kern eine Mischung von WIMPs enthalten und wenn diese WIMPs tatsächlich die Eigenschaften besitzen, welche erforderlich sind, um das Problem der Sonnenneutrinos zu lösen. Wie uns das Erscheinungsbild der Sonne – fälschlicherweise – mitteilt, daß im Zentrum eigentlich eine Temperatur von 15 Millionen Grad

---

* Es sollte uns auch nicht verwundern, daß all die verschiedenen Massearten sich zu einem Wert addieren, der der kritischen Dichte so nahe kommt. Wenn die inflationären Szenarien, die sehr befriedigend erklären, warum das Universum heute so gleichförmig ist, tatsächlich richtig sind, *muß* Omega außerordentlich nahe an eins liegen. Es geht dann einfach um die Frage, wie die verfügbare Massenenergie während des Urknalls verteilt wurde und ob sich ein gewisser Anteil beispielsweise in Form von WIMPs manifestiert hat, so daß nur der entsprechende Rest für Baryonen, Neutrinos oder welche Teilchen auch immer übrigblieb. Ganz gleich, wie wir den Kuchen aufteilen, seine Gesamtgröße verändert sich nicht.

herrsche, so hat man die äußere Erscheinung der Sterne, vielleicht ebenfalls fälschlicherweise, dazu benutzt, ihr Alter zu bestimmen. Wie groß dieser Effekt ist, rechnet Faulkner gerade aus. Doch in welche Richtung er wirkt, das sagen uns elementare physikalische Gesetze. Wenn sich WIMPs im Sterneninneren befinden, müssen die ältesten Sterne in unserer Galaxis, die blauen Sterne in den Kugelhaufen, erheblich jünger sein, als aus den astrophysikalischen Standardmodellen hervorgeht.

Warum sollte das für die Kosmologie so aufregend sein? Weil das allgemein angenommene Alter dieser Sterne, ungefähr 20 Milliarden Jahre, ein beträchtliches Ärgernis für die Standardmodelle des geschlossenen Universums darstellt – setzen diese doch den Hubble-Parameter mit ungefähr 50 an und gelangen damit zu einem Alter von weniger als 15 Milliarden Jahren. Sterne müssen natürlich jünger als das Universum sein. Die WIMPs könnten erklären, wie es Sterne, die 20 Milliarden Jahre alt aussehen, in einem Universum von 15 Milliarden Jahren geben kann – und könnten vielleicht die Möglichkeit bieten, den Hubble-Parameter auf einen Wert von etwas über 50 zu erhöhen, was vielen Kosmologen lieber wäre. Das Problem der Sonnenneutrinos scheint unter den Schwierigkeiten, die die WIMP-Theorie lösen könnte, noch die *geringste* Bedeutung zu haben – ein Grund mehr dafür, daß wir möglichst bald eines dieser Kosmionen erwischen.

Zurück auf die Erde

Nach den kosmologischen Entfernungsmaßstäben, die in diesem Buch größtenteils vorkommen, steht unsere Sonne quasi so nah wie die Laterne vor unserer Haustür, und wenn wir die Suche nach der dunklen Materie wieder zurück ins Sonnensystem verlegen, bewegen wir uns in heimatlichen Gefilden. Die neueste Generation von Experimenten, die die Physiker planen, geht noch einen Schritt weiter – oder näher, wenn man es richtig betrachtet: Sie bringt die Suche zurück auf die Erde, ins Laboratorium.

Vorläufer dieser neuen Untersuchungen ist Davis' Experiment, das erste in einer ganzen Reihe von Studien, die alle Spuren von

Kosmionen hier auf der Erde entdecken sollen. Neue Sonnenneu-trino-Detektoren befinden sich schon in fortgeschrittenem Planungsstadium. Wenn sich herausstellen sollte, daß die Neutrinos Masse haben, so könnten sich die Experimente am Ende als Kosmionendetektoren herausstellen. Ganz gleich, ob die Neutrinos genügend Masse haben, um für ein geschlossenes Universum zu sorgen: die neue Generation von Neutrinodetektoren sollte in der Lage sein, die WIMP-Theorie zu bestätigen (oder zu widerlegen). Mit ihrer Hilfe müßte sich herausfinden lassen, ob es zu Neutrino-Oszillationen kommt oder nicht und wie viele Neutrinos die Sonne mit unterschiedlichen Energien abstrahlt. Doch diese Experimente sind keineswegs leichter oder billiger als die Untersuchungen mit Davis' Detektor. Davis selbst hat zusammen mit Kollegen von Max-Planck-Instituten, dem Weizmann-Institut, dem Institute for Advanced Study in Princeton und der Universität von Pennsylvania eine Pilotstudie mit einem System durchgeführt, das fast anderthalb Tonnen Gallium in Form einer Chlorverbindung ($GaCl_3$) enthielt. Schon ein Neutrino mit einer Energie von lediglich einer Viertelmillion eV kann mit Gallium-71 wechselwirken, wobei Germanium-71 und ein Elektron entstehen. Das Germanium soll mit einer Mischung aus Helium und Salzsäure aus dem Detektor ausgewaschen werden, dann sollen die Atome gezählt werden. Tests lassen darauf schließen, daß das Verfahren funktioniert, aber ein Detektor von hinreichender Größe würde 50 Tonnen Gallium benötigen – wie das finanzieren? Allein das Gallium würde fast 10 000 000 Dollar kosten.

Andere Pläne sind: ein Experiment an der Universität Oxford zur Verwendung von Indium, das unter 3,4 K abgekühlt wird, so daß es supraleitend wird und als Neutrinodetektor zu verwenden ist; ein kanadischer Versuch mit einem Tank, der 1000 Tonnen schweres Wasser enthalten und auf der untersten Sohle eines Bergwerks in Sudbury, Ontario, aufgestellt werden soll; schließlich ein Detektor auf der Basis von flüssigem Argon, den man im Gran-Sasso-Tunnel in den Alpen installieren will. Ich erwähne das alles nur, um zu zeigen, daß es sich um großangelegte, teure und schwierige Projekte handelt. Inzwischen hat sich die Erkenntnis durchgesetzt, daß Kosmionen von der Beschaffenheit, die erforderlich ist, um das Problem der Sonnenneutrinos zu lösen, sehr viel leichter zu entdecken sein müßten. Ihre Masse, die Zahl der Teilchen pro Kubikmeter in unserem Bereich der Galaxis, ihre Geschwindigkeiten und andere Eigenschaften sollten sich überprüfen lassen, ohne auf die Bequemlichkeit eines Labors zu verzichten und in die Tiefen von Bergwerksschächten oder Alpentunnels hinabzusteigen.

Wiederum sind zahlreiche Experimente geplant, die sich alle den einfachen Tatbestand zunutze machen sollen, daß ein kosmionisches WIMP eine große Masse besitzt, mehr als ein Proton. Wenn ein solches Teilchen auf einen Atomkern trifft, so wird dieser davon nicht unbeeindruckt bleiben. Die *schwache* Wechselwirkung, der die WIMPs ihren Namen verdanken, bedeutet, daß sie nur gelegentlich mit Baryonenmaterie wechselwirken. Läßt sich ein WIMP tatsächlich zur Wechselwirkung mit einem gewöhnlichen Atomkern herab, so wird dieser Kern unter dem Eindruck der Begegnung sicherlich zurückprallen. Das Beispiel eines typischen Kosmionendetektors – noch im Planungsstadium – mag zeigen, wie sich die Physiker dieses Effekts zu bedienen gedenken:

Forscher am Rutherford-Appleton-Laboratorium (RAL) in Oxfordshire planen einen Detektor, der galaktische Kosmionen anhand ihrer Wechselwirkungen mit Targets aus Silicium und Germaniumverbindungen nachweisen soll. Dabei nimmt man an, die Energie eines einzigen dieser Teilchen – einfache kinetische Energie, nicht mc^2 – sei so groß, daß es, wenn es auf einen Atomkern in einem Target aus reinem Silicium von einem Kubikmillimeter Durchmesser trifft, die Temperatur des Targets um ein fünftausendstel Grad (5 mK) erhöht. Der Targetkern würde um 10 oder 100 Atomdurchmesser zurückprallen, die Nachbaratome anstoßen und die Energie des Kosmions als Wärme an sie weitergeben.

Diese Temperaturveränderung ist klein, aber immer noch groß genug, um sie im Prinzip mit der üblichen Niedrigtemperaturtechnik zu entdecken. Auf diese Weise sind beispielsweise schon einzelne Röntgenphotonen entdeckt worden. Natürlich gibt es bei der Verwirklichung der Idee noch Probleme. Der Detektor muß gegen das »Rauschen« vagabundierender Röntgenstrahlen, Teilchen der gewöhnlichen kosmischen Strahlung und die Produkte möglicher radioaktiver Zerfallsprozesse (durch Verunreinigungen im Detektor selbst) abgeschirmt werden. Doch alle diese Dinge gehören zum Handwerk der Experimentalphysiker. Das Verfahren hat den großen Vorteil, daß ein Detektor mit nur einem Kilogramm Target-Material* (statt der vielen Tonnen, die in Neutrinodetektoren erforderlich sind) ein Kosmion pro Tag finden müßte, wenn sich die WIMP-Theorie als richtig erweisen sollte. Solche relativ billigen, einfachen Laborexperimente könnten die fehlende Masse lokalisieren *und* die Supersymmetrie-Theorien überprüfen – während sich die Neutrino-Forscher und die Physiker, die mit Hochenergie-Beschleunigern arbeiten, stets um größere finanzielle Mittel bemühen müssen, wenn sie das Problem auf ihrem Feld angehen wollen.

Weiter können wir bei der Suche nach der fehlenden Masse bisher nicht kommen. Wir sind bis an die fernsten Grenzen unseres Universums und bis zu den Anfängen der Zeit vorgedrungen, um am Ende auf Untersuchungen zu stoßen, die hier und jetzt durchgeführt werden – Untersuchungen, die in ein paar Jahren vielleicht Spuren der dunklen Materie zutage fördern werden. Es kann keinen Zweifel daran geben, daß sich dort draußen *irgend etwas* befindet, wenn wir auch noch nicht genau wissen, was oder wieviel es ist. Wir sehen nicht mehr als 10 Prozent des Universums. Ist das Universum offen oder geschlossen? Welches Schicksal ist ihm letztlich bestimmt? Noch können die Theoretiker spekulieren und uns eine ganze Palette möglicher Zukunftsentwürfe zur Auswahl vorlegen.

---

* Natürlich nicht in einem Klumpen, sondern in einer Anordnung winziger Würfel, die alle verdrahtet sind, nicht um den Schall, sondern um die Temperatur zu messen.

8. KAPITEL

Zukunftsentwürfe zur Auswahl

Eines wissen wir vom Ende des Universums mit Sicherheit: Es liegt nach menschlichen Zeitvorstellungen in weiter Ferne. Konkret brauchen wir uns keine Sorgen darüber zu machen, etwa in der Art, wie wir uns darüber sorgen müssen (oder sollten), wann die nächste Eiszeit kommt oder wann die Ölvorräte zu Ende gehen, auf die wir alle so dringend angewiesen sind. Für uns Menschen reicht der Blick in die Zukunft ungefähr fünf Milliarden Jahre weit – und er sorgt vielleicht für einen kleinen Schauder. Denn dann wird sich die Sonne zu einem roten Riesenstern aufblähen und die Erde verschlingen. Der Tod unseres Heimatplaneten wäre eigentlich ein geziemendes Ende für ein Buch wie das vorliegende. Doch nach dem kosmischen Maß der Dinge ist das Ende der Erde nicht mehr als ein »Schluckauf« des Universums und hat mit dessen endgültigem Schicksal nichts zu tun. Gleichgültig, ob wir die offenen oder die geschlossenen Szenarien betrachten, die Agonie der Materie wird sich über lange Zeiten hinziehen.

Sternschicksal

Lassen wir im Augenblick die neuen Entdeckungen beiseite, die uns mitteilen, daß 90 Prozent des Universums nicht aus Baryonen bestehen und nicht die vertraute Gestalt von Sternen und Planeten besitzen. Was wird mit der Materieart, die wir kennen, geschehen, wenn das Universum altert? Selbst Sterne leben nicht ewig, obwohl sie sich durch die Nutzung ihres Kernbrennstoffs Jahrmilliarden gegen die eigene Schwerkraft zur Wehr setzen können. Wenn der Brennstoff erschöpft ist, gewinnt die Gravitation ihren langen, zähen Kampf und zwingt die Überreste des (alten) Sterns zum endgültigen Zusammensturz. Es erweist sich, daß bei einem solchen Kollaps nur dreierlei herauskommen kann: Weißer Zwerg, Neutronenstern oder Schwarzes Loch.

Beginnen wir nochmal kurz mit dem Beginn: Durch Prozesse, die die Physiker noch nicht ganz verstehen, bilden sich Sterne aus Staub- und Gaswolken im Raum. Dagegen ist völlig klar, wie sie heiß werden und heiß bleiben, sobald sie sich gebildet haben. Durch Gravitationskollaps freigesetzte Wärme bringt den (jungen) Stern zum hellen Glühen. Wenn er zusammenstürzt, wird er so kompakt und dicht, daß genügend Wärme entsteht, um Fusionsreaktionen in seinem Inneren auszulösen. Diese Reaktionen sorgen beispielsweise für die Wärme unserer Sonne und sollten eigentlich jene mächtigen Neutrinoströme erzeugen, nach denen Ray Davis sucht. Je mehr Masse ein Stern hat, desto mehr Brennstoff muß er pro Sekunde verbrauchen, um sich gegen die eigene Schwerkraft zu behaupten. Einige Sterne befinden sich nur ein paar Millionen Jahre in diesem stabilen Hauptreihenzustand. Der Sonne gelingt das schon seit 4,5 Milliarden Jahren, und ihr bleibt ungefähr noch einmal soviel Zeit, bevor ihr Wasserstoffvorrat erschöpft ist. Andere Sterne können eine noch längere Lebensdauer haben. Doch wenn der ganze Wasserstoff im Inneren eines Sterns in Helium verwandelt ist, müssen sich die Dinge ändern.

Wenn der Stern keinen Wasserstoff mehr brennen kann, ist er auch nicht mehr in der Lage, der Schwerkraft zu widerstehen, und abermals beginnt sein Kern zusammenzustürzen. Das setzt noch mehr Gravitationsenergie frei, während Wärme und neue Kernreaktionen mit der Umwandlung von Helium in Kohlenstoff beginnen. Die in diesem Prozeß erzeugte Energie bringt die äußeren Schichten des Sterns zur Ausdehnung. Deshalb wird die Sonne in etwa fünf Milliarden Jahren, wie schon gesagt, die Erde verschlingen. Schließlich wird alles Helium in Kohlenstoff umgewandelt sein, und der Prozeß wird sich fortsetzen wie zuvor: Der Kern ballt sich noch dichter und heißer zusammen, während der Kohlenstoff durch Fusion in Sauerstoff verwandelt wird. Der Prozeß kann sich mehrfach wiederholen, bis der größte Teil des Kernmaterials in Eisen-56 umgewandelt ist. Doch dann muß er enden, weil keine Energie mehr freigesetzt wird, sobald weitere Protonen und Neutronen zum Atomkern des Eisen-56 hinzukommen. Damit noch schwerere Elemente aufgebaut werden, muß von irgendwoher Energie zugeführt werden.

Genau dies ist bei einigen großen Sternen der nächste Schritt. Da der Stern seine Wärmequelle verloren hat, stürzt er in sich zusammen, wobei die Masse der äußeren Schichten – seine ausgedehnte Atmosphäre – unter dem Einfluß der Schwerkraft nach innen fällt und sich ihrerseits stark erhitzt, weil Gravitationsenergie freigesetzt wird. So kann es bei hinreichender Sternmasse, wenn Wasserstoff und Helium aus der Atmosphäre des Sterns über dem Kern zusammengepreßt werden, zu einer plötzlichen Explosion der Fusionsaktivität kommen. Die Explosion findet in einer Hülle statt, die den Kern wie eine Orangenschale umgibt. Die resultierende Druckwelle geht in zwei Richtungen – nach außen, wobei der Rest der Atmosphäre in den Weltraum katapultiert wird und einen leuchtenden, expandierenden Nebel bildet, aber auch nach innen, wobei der Kern noch dichter zusammengepreßt wird und eine Spur von Elementen entsteht, die schwerer als Eisen sind. Auch sie können in den neu entstandenen Nebel hinausgeschleudert werden. Der Stern ist zu einer Supernova geworden. In seinem Todeskampf hat er das interstellare Medium mit schweren Elementen durchsetzt, die in die nächste Generation von Sternen und Planeten Eingang finden werden. Nur weil frühere Sterngenerationen diesen Zyklus durchlaufen haben, besitzt unsere Sonne eine Familie von Planeten – gibt es letztlich uns Menschen mit Körpern, die auf Kohlenstoffverbindungen beruhen und den Sauerstoff der Luft atmen, und Gehirnen, die beispielsweise über den Ursprung von Weltraumwolken wie dem berühmten Krebsnebel spekulieren.

Doch nicht alle Sterne beenden ihr Leben auf so spektakuläre Weise. Masseärmere Sterne wie unsere Sonne verlöschen stiller, indem sie ein bißchen Gas in den Weltraum verpuffen und sich mit einem Dasein als glimmende Asche bescheiden, sobald die nuklearen Fusionsprozesse erschöpft sind. Welches Ende ihnen bestimmt ist, hängt von ihrer Masse ab.

Nach der Theorie ist ein sterbender Stern eine Kugel aus dichter Materie, in erster Linie Eisenkernen, die in einem Meer freier Elektronen schwimmen. Natürlich bleibt eine dünne Atmosphäre aus Wasserstoff und Helium sowie eine Kruste, die dicht besetzt ist mit Atomkernen wie denen des Kohlenstoffs. Doch die können wir hier außer acht lassen. Als wichtigste Teilchen im ersten Stadium des Sterntodes erweisen sich die Elektronen.

Elektronen besitzen eine sehr wichtige Eigenschaft. Diese teilen sie mit anderen (von uns gewöhnlich als solche vorgestellten) Teilchen, etwa Protonen und Neutronen. Es handelt sich um die Teilchenfamilie der Fermionen (benannt nach dem italienischen Physiker Enrico Fermi). Nun, zwei Fermionen können in einem Atom niemals genau denselben »Quantenzustand« annehmen. Deshalb befinden sich beispielsweise die Elektronen eines Atoms in einem gewissen Abstand vom Kern. Als die Physiker erstmals entdeckten, daß die Elektronen des Atoms den Kern in einer Wolke umkreisen, waren sie sehr erstaunt, denn Elektronen sind negativ geladen und der Kern positiv. Solche entgegengesetzten Ladungen müßten sich natürlich anziehen. Warum stürzen die Elektronen nicht in den Kern? Im Prinzip lautet die Antwort: Täten sie es, befänden sie sich alle im selben Zustand, auf demselben Energieniveau. Um seine Identität zu bewahren, muß jedes an einen Atomkern gebundene Elektron seinen eigenen Ort irgendwo in der Nähe des Kerns finden, wo es sich mit den anderen zum Atom gehörigen Elektronen in einer Wolke zusammendrängt, die den Kern umkreist.

Es gibt jedoch auch »Teilchen«, die keine Fermionen sind und die (nach einem anderen bedeutenden Physiker, dem Inder Satyendra Bose) Bosonen heißen. Diese Teilchen stellen wir uns häufig als Wellen oder Strahlung vor. Zu den Bosonen gehören beispielsweise die Photonen, die sich bereitwillig im selben Zustand mit anderen Photonen zusammendrängen. Darauf beruht unter anderem das Prinzip des Lasers: Der starke Lichtstrahl, den er aussendet, besteht aus zahllosen Photonen, die sich alle exakt im selben Zustand befinden und im Gleichschritt marschieren. – Doch das hat nichts mit dem zu tun, was einen toten Stern widerstandsfähig gegen die eigene Schwerkraft macht.

Wenn ein toter Stern abkühlt und schrumpft, kommt ein Zeitpunkt, wo alle Elektronen so eng gepackt sind, daß sie sämtliche möglichen Zustände besetzt halten, die es im Inneren des Sterns für sie gibt. Weiter lassen sie sich nicht mehr zusammenpressen, weil dann mehrere Elektronen in denselben Zustand gezwungen würden. Sie setzen der nach innen wirkenden Schwerkraft einen nach außen gerichteten Druck entgegen – man nennt ihn den Druck der entarteten Elektronen. Beträgt die Masse des Sternüberrestes weniger als das 1,4fache der Sonnenmasse, so ist damit der Prozeß abgeschlossen. Die Gravitationskraft befindet sich im Gleichgewicht mit dem Druck der entarteten Elektronen, wenn ein Stern wie die Sonne ungefähr auf die Größe der Erde zusammengeschrumpft ist. Man bezeichnet ihn dann als Weißen Zwerg. Astronomen kennen viele Weiße Zwerge, und solche Sterne waren auch schon entdeckt, bevor die eben skizzierte Theorie zur Verfügung stand, um ihren Ursprung zu erklären. Wenn ein solcher Stern abkühlt, behält er im wesentlichen seine Größe, wird nur immer dunkler und durchläuft das Stadium des Braunen Zwergs, bis er schließlich zum Schwarzen Zwerg wird – einer Eisenkugel, umgeben von einer Kohlenstoffschicht und vielleicht einer dünnen Eisspur, den Überresten des Sauer- und Wasserstoffs in seiner alten Atmosphäre. Unsere Sonne erwartet demnach das Schicksal, eine solche schwärzlich-rostige Kugel zu werden, die dünn mit Eis bedeckt ist.

Doch was ist, wenn die Masse des Sterns, auch nachdem er seine äußeren Schichten in einem letzten gewaltigen Aufleuchten fortgeschleudert hat, noch immer mehr als 1,4 Sonnenmassen beträgt? Zwar ist es den Elektronen auch jetzt nicht möglich, dieselben Zustände zu besetzen, doch sie finden unter so starkem Gravitationsdruck einen anderen Ausweg: Sie werden in Protonen hineingequetscht und bilden mit ihnen zusammen Neutronen, wobei Neutrinos freigesetzt werden. Man könnte denken, daß dies dem natürlichen Bestreben dieser Teilchen entgegenkommt, weil sich doch positive und negative Ladungen anziehen. Doch in Atomkernen (und unter vergleichbaren Bedingungen) wirken andere Kräfte, die Protonen und Elektronen auseinanderhalten, bis der Druck zu groß wird. Ich will hier nicht auf Einzelheiten eingehen; entscheidend ist: Hat ein toter Stern mehr als die 1,4fache Sonnenmasse, dann verwandelt der Gravitationsdruck alle Elektronen und Protonen in Neutronen, und der Stern kollabiert eine Stufe weiter zu einer Neutronenkugel – praktisch zu einem einzigen »Atomkern« – von ungefähr 20 km Durchmesser. An diesem

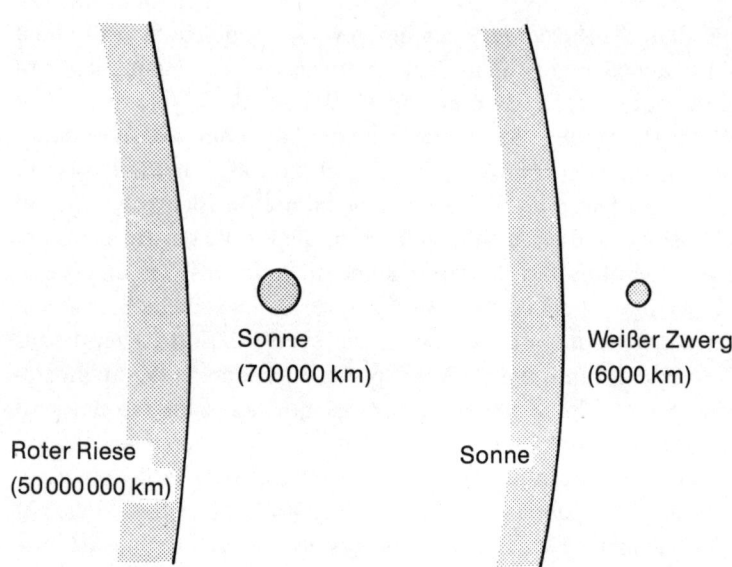

Abb. 8.1: *Sterngröße*
Die Bandbreite möglicher Sterngrößen, maßstabsgerecht abgebildet. Die Erde hat ungefähr die gleiche Größe wie ein Weißer Zwerg. Ein Neutronenstern hat etwa die Größe eines Gebirgsstocks. [»Größe« bezeichnet hier den Radius, nicht den Durchmesser. – R. L.]

Punkt wird der Prozeß durch den Entartungsdruck der Neutronen aufgehalten, genauso wie sich der Elektronenentartungsdruck des Weißen Zwergs gegen die Schwerkraft behauptet. Doch der Entartungsdruck der Neutronen kann der Schwerkraft nur widerstehen, wenn die Masse des Sternüberrestes kleiner als drei Sonnenmassen ist.

Einige Physiker haben die Vermutung geäußert, daß es noch ein weiteres Stadium gebe, in dem die Neutronen in ihre Grundbestandteile, die Quarks, zerlegt würden, so daß der Stern eine »Quarksuppe« bilde. Doch das hat wenig Einfluß auf die Berechnungen, weil die Quarksuppe ungefähr dieselbe Dichte hätte wie die Neutronenmaterie. Wenn ein Stern mit mehr als drei Sonnenmassen keinen Kernbrennstoff mehr besitzt, hat er keine Möglichkeit, sich gegen die Schwerkraft zu behaupten, und kollabiert unausweichlich zum Schwarzen Loch, während die Materie, die er

234

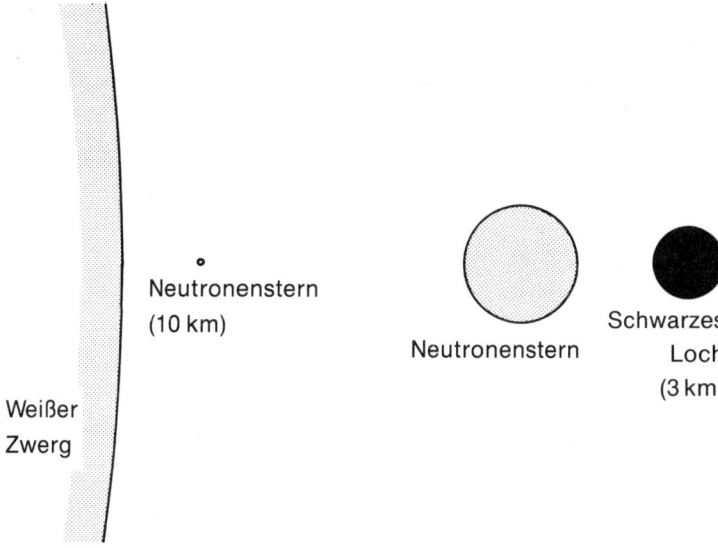

Weißer
Zwerg

Neutronenstern
(10 km)

Neutronenstern

Schwarzes
Loch
(3 km)

einst enthielt, buchstäblich zu nichts zerquetscht wird. Neutronensterne und Schwarze Löcher könnten durchaus in den Explosio-
nen von Supernovae entstehen; da das Material im Kern der ex-
plodierenden Sterne zusammengequetscht wird, bleiben vielleicht
sogar Neutronensterne mit weniger als 1,4 Sonnenmassen zurück.
Schwarze Löcher können sich ferner bilden, wenn ein anderes
kompaktes Objekt – etwa ein Neutronenstern – aus seiner Umgebung so viel Materie an sich zieht, daß es den Grenzwert von drei
Sonnenmassen überschreitet.

Welchen Ursprung sie auch immer gehabt haben mögen, es
gibt eine Fülle solcher kompakter Objekte. Man hat Hunderte
von Neutronensternen in Form von Pulsaren entdeckt und kennt
etliche Objekte, bei denen es sich wahrscheinlich um Schwarze
Löcher handelt. Jeder Stern *muß* als Weißer Zwerg, Neutronenstern oder Schwarzes Loch enden. Doch was geschieht dann?

Das Schicksal der Materie

Grob geschätzt, beträgt das Alter unseres Universums (die Zeit, die seit dem Urknall bis heute verstrichen ist) 10 Milliarden oder 10^{10} Jahre. Kosmologen können in Modelluniversen verschiedener Größe berechnen, wie sich die Materie mit fortschreitender Zeit entwickelt. Wir sahen: Es ist am wahrscheinlichsten, daß unser Universum sehr dicht an der Trennungslinie zwischen dem offenen und geschlossenen Zustand liegt, mit anderen Worten, daß Omega fast gleich eins ist. In diesem Fall wird die Expansion noch sehr lange andauern, bevor es zu einer ganz allmählichen Umkehr kommt und das Universum wieder auf den Punkt Omega zusammenschrumpft. Beim Entwurf solcher kosmologischen Modelle kann man den Zeitzyklus des Universums beliebig lang setzen, indem man den Wert von Omega größer als eins nimmt und ihn gleichzeitig möglichst nahe an diesen Wert heranrückt, ohne daß er je mit ihm zusammenfällt. Natürlich kann man auch eine *unendliche* Lebenszeit des Universums annehmen – dazu braucht man Omega nur etwas (oder beträchtlich) kleiner als eins zu setzen. Das Schicksal der Materie hängt von der Existenzdauer des Universums ab, denn nach ihr richten sich die verschiedenen Prozesse, die vor dem Endkollaps ablaufen können.

Der kürzeste zeitliche Maßstab, der einer Betrachtung wert ist, ergibt sich bei einem geschlossenen Universum, das sich ungefähr 10^{11} Jahre nach dem Urknall wieder zusammenzuziehen beginnt. Das wäre nach einem Zeitraum, der zehnmal länger ist als das gegenwärtige Alter unseres Universums. Niemand vertritt ernsthaft die Auffassung, daß wir in einem so kleinen Universum leben, doch es ist gerade noch möglich, die Beobachtungen des realen Universums mit den Bedingungen eines solchen Modells in Einklang zu bringen. In einem derart kleinen Universum gehen die Entstehungsprozesse von Sternen, Planeten und – vermutlich – von Leben in Galaxien wie der unseren auch nach dem Wendepunkt und dem Beginn des Kollapses unverändert weiter. Wenn wir die philosophischen Fragen nach der Bedeutung der Zeit in einem kollabierenden Universum beiseite lassen, kommt es zum ersten einschneidenden Ereignis, wenn das Universum auf ein

Hundertstel der Größe unseres heutigen Universums geschrumpft ist und die Galaxien beginnen, sich miteinander zu vermischen. Leben in der uns bekannten Form könnte auch unter solchen Bedingungen noch möglich sein, und man würde eine Hintergrundstrahlung von ungefähr 100 K messen. Bei einem Tausendstel der heutigen Größe ist der Himmel jedoch infolge der Blauverschiebung so hell wie die Oberfläche unserer Sonne, denn es trifft die Strahlung längst vergangener Epochen ein. Die Hintergrundstrahlung hat eine Temperatur von 1000 Grad angenommen, und jedes Leben in der uns bekannten Form ist unmöglich geworden.

Bei einem Millionstel der heutigen Größe unseres Universums explodieren die Sterne, während die Hintergrundtemperatur mehrere Millionen Grad beträgt, vergleichbar der Temperatur, die heute im Inneren der Sonne herrscht. Bei einem Milliardstel der Größe und einer Temperatur von einer Milliarde Grad zerfallen die Atomkerne in Protonen und Neutronen. Bei einem Billionstel der heutigen Größe schließlich werden Protonen und Neutronen zu einer Quarksuppe zerschlagen, wobei Temperaturen von ungefähr einer Billion (10^{12}) Grad auftreten.

Das ist zweifellos ein höchst dramatisches Bild des großen Endkollapses*, das allerdings mit Vorsicht zu behandeln ist. Erstens enthält unser Universum mindestens zehnmal mehr dunkle Materie als Baryonen, und wir können nicht sicher sein, wie sich diese Teilchen beim Kollaps auf die Baryonen auswirken werden. Zweitens gibt es keinen Anhaltspunkt dafür, daß unser Universum, selbst wenn es geschlossen ist, klein genug ist, um ein solches Szenario zu durchlaufen. Tatsächlich spricht alles dafür, daß unser Universum gerade noch offen oder (was ich für wahrscheinlicher halte) eben geschlossen ist. In jedem Fall bliebe reichlich Zeit, daß sich sehr langfristige Quanteneffekte bemerkbar machen könnten. Und dann fände – nach allem, was wir wissen – die Materie ein ganz anderes Ende.

Vorausgesetzt, die Expansion des Universums dauert lange genug, dann endet die Sternentstehung, wenn die Wasserstoff- und

---

* Zum Teil wurde es dem Buch *The Anthropic Cosmological Principle* von John Barrow und Frank Tipler entnommen (vgl. Literaturhinweise S. 263 ff.).

Heliumvorräte bis auf einen kleinen Rest aufgebraucht sind. Aus der Verteilung junger und alter Sterne in der Galaxis und dem Tempo, mit dem das stellare Rohmaterial verbraucht wird, schätzen Astrophysiker, daß dies in ungefähr einer Billion (10^{12}) Jahren der Fall sein wird. Mit dem Altern und Abkühlen ihrer Sterne werden sich die Galaxien zunehmend rot färben und schließlich verlöschen; dann sind alle ihre Sterne zu Weißen (und schließlich Schwarzen) Zwergen, zu Neutronensternen oder Schwarzen Löchern geworden. Nach sehr langen Zeitspannen werden die Galaxien schrumpfen. Das liegt zum Teil daran, daß sie durch Gravitationsstrahlung Energie verlieren, und zum Teil an den unvermeidlichen Zusammenstößen zwischen Sternen, bei denen der eine Stern Energie gewinnt und aus der Galaxie hinausgeschleudert wird, der andere Energie verliert und zum Zentrum der Galaxie hin fällt. In ähnlicher Weise werden Galaxienhaufen schrumpfen, bis schließlich Einzelgalaxien und Galaxienhaufen in ein riesiges, von ihnen selbst geschaffenes Schwarzes Loch stürzen werden.

Was mit »schließlich« gemeint ist, vermag unser Verstand kaum zu erfassen. Die Zahlen, mit denen die Kosmologen spielen, sehen einfach genug aus: 10^{15} Jahre, 10^{20} Jahre usw. Denken wir aber daran, daß jede zusätzliche Zehnerpotenz eine *Multiplikation* mit 10 bedeutet. Das Alter des Universums beträgt ungefähr 10^{10} Jahre. 10^{11} Jahre sind also *zehnmal mehr* als alle Zeit, die seit dem Urknall verstrichen ist. Entsprechend erscheinen uns eine Billion (10^{12}) Jahre unfaßbar lang, und 10^{15} Jahre bedeuten gar die *tausendfache* Dauer. Mithin sind 10^{20} Jahre nicht das Doppelte der Zeitspanne, die das Alter unseres Universums umfaßt, sondern das Zehnmilliardenfache. Doch selbst solche Zeiträume sind nur ein Wimpernschlag im Vergleich zu den Äonen, die zum endgültigen Zerfall der Materie erforderlich sind.

Nach einer gegenwärtig häufig vertretenen Theorie der Elementarteilchenphysik (die so beliebt ist, weil sie sich bereits häufig bewährt hat) müßten die Protonen instabil sein und zerfallen, wobei sich jedes Proton in ein Positron, einen Neutrinoschauer und Gammastrahlen verwandeln würde (Neutronen im Inneren eines Weißen Zwerges oder Neutronensterns würden im wesentlichen dasselbe tun, nur daß sie sowohl ein Elektron als auch ein Positron produzieren, um das Gleichgewicht der elektrischen Ladung zu erhalten). Dieselben Gesetze, aus denen wir folgern, daß Baryonen im Urknall erzeugt worden sind, legen den Gedanken nahe, daß diese Teilchen am Ende auch wieder von der kosmischen Bühne abtreten müssen. Doch dieser Prozeß spielt sich in unvorstellbar langen Zeiträumen ab. In einem Materieklumpen (jedem Klumpen aus Baryonen) wird die Hälfte der Protonen in etwas mehr als 10^{31} Jahren zerfallen. Damit kann das Proton unter allen Aspekten unserer alltäglichen Welt als sehr stabil gelten – und das ist gut so, sonst gäbe es uns nämlich nicht. Doch für einen langsam abkühlenden Weißen Zwerg kann der Protonenzerfall erhebliche Bedeutung gewinnen. Ohne Protonenzerfall würde ein solcher Stern alle Wärme abstrahlen und nach ungefähr 10^{20} Jahren ein Schwarzer Zwerg mit der gleichen Temperatur wie die Hintergrundstrahlung werden. Doch der Protonenzerfall in seinem Inneren kann genügend Energie liefern, um ihm 10^{31} Jahre lang eine Temperatur von 5 K ($-268°$ C) zu erhalten. Das mag nicht sehr warm erscheinen, doch inzwischen wird die kosmische Hintergrundstrahlung auf 10^{-13} K abgesunken sein, und unter diesem Gesichtspunkt klingt es doch etwas eindrucksvoller. Die kompakteren Neutronensterne bewahren über den gleichen Zeitraum noch mehr Wärme, möglicherweise eine Temperatur von 100 K. Dann wird die Hälfte der Baryonen verbraucht sein*. Nach 10^{32} Jahren wird es praktisch *keine* Baryonen mehr geben, weil 10^{32}, wie gesagt, *zehnmal* mehr als 10^{31} ist.

Zu jenem künftigen Zeitpunkt haben alle Objekte, die aus Baryonen bestehen, fast ihre ganze Masse verloren. Die schwarzen Zwergsterne sind auf die Masse der Erde zusammengeschrumpft, und ein Planet wie die Erde wird sich auf die Größe eines Asteroiden zusammengezogen haben. Nach 10^{33} Jahren gibt es keine Baryonen mehr im Universum; sie haben sich in

---

* Wobei ich davon ausgehe, daß die »Halbwertzeit« eines Protons *genau* 10^{31} Jahre beträgt. Diese Zahl liegt etwas unter den Werten, die die neuesten Experimente vermuten lassen. Doch ganz gleich, welche Zahlen man einsetzt, das Gesamtbild bleibt unverändert.

Energie, Neutrinos, Elektronen und Positronen verwandelt. Heute gibt es zu jedem Proton im Universum ein Elektron, so daß sich die elektrische Ladung insgesamt ausgleicht. Nach Verstreichen der angegebenen Zeiträume und dem Zerfall der Baryonen wird die verbleibende Form der Materie aus einer gleichen Zahl von Elektronen und Positronen bestehen, die über das Universum verstreut sind. Wenn Materieklumpen wie die Sterne auf diese Weise zerfallen, werden sich die Positronen und Elektronen rasch begegnen und sich gegenseitig vernichten, wobei sie noch mehr Energie in Form von Gammastrahlen freisetzen. Doch ungefähr ein Prozent der ursprünglich im Universum vorhandenen Baryonen wird nach Ende der Sternentstehung vielleicht noch als Wasserstoffgas vorhanden sein. Wenn die Kerne dieser isolierten Wasserstoffatome zerfallen, können sich die dabei entstehenden Positronen mit den Elektronen der Ursprungsatome paarweise zusammentun. Diese einander in sicherem Abstand umkreisenden Elektronen und Positronen bilden eine Art Pseudoatom, Positronium genannt.

Nach 10^{34} Jahren wird das Universum nur noch Strahlung, Schwarze Löcher und Positronium enthalten. Doch selbst ein Schwarzes Loch ist nicht von ewiger Dauer. Der Hawking-Effekt wird auch die Schwarzen Löcher durch »Verdampfung« langsam in Teilchen und Strahlung verwandeln. Ein Schwarzes Loch mit der Masse einer Galaxie braucht zum Verdampfen 10^{99} Jahre. Sogar ein Loch, das die Masse eines Galaxiensuperhaufens enthält – die größte Art von Schwarzen Löchern, die sich wahrscheinlich bilden werden –, wird nach 10^{117} Jahren verschwunden sein. Endprodukte dieses Verdampfungsprozesses werden noch mehr Elektronen und Positronen, noch mehr Neutrinos und Gammastrahlen-Photonen sein. Nach 10^{118} Jahren – falls das Universum so lange existiert – wird die Materie also von ihrem endgültigen Schicksal ereilt worden sein: Sie ist in Positronium, Neutrinos und Photonen umgewandelt. Und wenn die großen vereinheitlichten Theorien irren, das heißt, wenn die Protonen nicht wie erwartet zerfallen, dann verschiebt das die Zeitskala um bloße vier Zehnerpotenzen: Auch ein Proton wird infolge des Hawking-Prozesses nach 10^{122} Jahren verdampft sein.

In einem geschlossenen, aber langlebigen Universum kommt es irgendwann zum Kollaps, der sich bis zum Punkt Omega fortsetzen wird, ohne daß daran allerdings noch Sterne und Galaxien beteiligt wären. Nur noch eine Suppe von Elektronen, Positronen, Neutrinos und Photonen würde in der letzten Singularität zusammengequetscht. Irgendwo zwischen den beiden Extremen liegen Universen mittlerer Größe, die zum Zeitpunkt, da sie wieder in sich zusammenstürzen, noch eine Mischung aus toten Sternen in ihren drei Erscheinungsformen und nicht zu Sternen umgebildeten Gas- und Staubwolken enthalten.

Vermutungen, wie die dunkle Materie sich auf diese Berechnungen auswirken wird, sind reine Spekulation, weil wir nicht wissen, woraus die dunkle Materie besteht. Doch selbst unter den gegebenen Umständen hat es den Anschein, daß Leute, die sich über solche Dinge gern den Kopf zerbrechen, eine Reihe von Zukunftsentwürfen zur Auswahl haben – um dann denjenigen herauszupicken, der ihnen am tröstlichsten erscheint.

Auch damit sind wir aber noch nicht ganz am Ende unserer Überlegungen, denn wir scheinen noch in einem anderen Sinn unter verschiedenen Universen wählen zu können. Das ist eine Deutung der Kosmologie, die uns, wie in einem geschlossenen Universum, wieder an unseren Anfangspunkt zurückführt – zu den eher philosophischen Erwägungen, mit denen dieses Buch begann.

Universen zur Auswahl

Die erfolgreichste Beschreibung der physikalischen Welt, die wir haben, ist die Quantentheorie, die uns sagt, wie sich Teilchen und Kräfte in atomaren und subatomaren Abständen verhalten. Selbst die allgemeine Relativitätstheorie (obwohl sie jeder Prüfung, der sie unterzogen wurde, standgehalten hat) ist nicht so gründlich getestet worden wie die Quantentheorie, das Kernstück der heutigen Physik. Doch diese Theorie behauptet einige sehr merkwürdige Dinge, die wortwörtlich als Wahrheit zu akzeptieren sind, wenn man die Erfolge der Theorie – von den Lasern über die Molekularbiologie bis hin zu den modernsten elektronischen

Rechnern – erklären will. Das wohl eigenartigste Merkmal der Theorie ist die Bedeutung der Aussage, ein Teilchen wie z. B. das Elektron befinde sich in einem bestimmten »Quantenzustand«.

Ich will hier nicht auf Einzelheiten eingehen – das ist in meinem Buch *Auf der Suche nach Schrödingers Katze* geschehen. Doch ein einfaches Beispiel kann die erwähnte Merkwürdigkeit der Quantentheorie erhellen. Jedes Elektron trägt eine Eigenschaft, die die Physiker Spin nennen. Der Einfachheit halber können wir uns den Spin als Pfeil vorstellen, den jedes Elektron trägt und der nur in eine von zwei Richtungen zeigen kann: »nach oben« oder »nach unten«. Eigentlich sollten wir nicht versuchen, uns diese Quanteneigenschaften mit alltäglichen Begriffen zu vergegenwärtigen, aber es ist die einzige Möglichkeit, überhaupt eine Vorstellung von diesen Vorgängen zu bekommen. Ganz gleich, was für ein Vorstellungsbild wir im Kopf haben, entscheidend ist, daß sich ein Elektron mit nach oben gerichtetem Spin in einem anderen Zustand als ein Elektron mit nach unten gerichtetem Spin befindet. Deswegen haben beispielsweise im Heliumatom zwei Elektronen auf dem niedrigsten Energieniveau Platz, ohne denselben Zustand zu besetzen. Da das eine einen Spin hat, der nach oben gerichtet ist, und das andere einen Spin, der nach unten zeigt, können sie sich das Energieniveau teilen und in gewissem Sinn beide denselben Abstand zum Atomkern einnehmen. Hätten sie denselben Spin, wäre das ausgeschlossen, da sie Fermionen sind. In einem komplexeren Atom muß sich das nächste Elektron auf ein höheres Energieniveau begeben, weiter vom Kern entfernt, weil es, welchen Spin es auch hat, vom niedrigsten Niveau durch die Gegenwart eines Elektrons mit gleichem Spin ausgeschlossen ist. Doch um diese Bedingung mit ihren weitreichenden Konsequenzen für die Chemie soll es hier gar nicht gehen. Stellen wir uns statt dessen ein einzelnes Elektron vor, das sich völlig isoliert durch den Raum bewegt. Welchen Spin hat es?

Der Spin des Elektrons läßt sich experimentell ermitteln. Wenn das geschieht, stellen wir stets fest, daß es entweder einen nach oben oder einen nach unten gerichteten Spin besitzt. Doch die Quantentheorie sagt uns, daß das Elektron, sich selbst überlassen, *weder* einen nach oben *noch* einen nach unten gerichteten Spin hat, sondern sich in einer Mischung aus beiden Möglichkeiten befindet, einer sogenannten Überlagerung der Zustände. Die »Wirklichkeit« eines Elektrons, das in einen einzigen, festgelegten Spinzustand gefallen ist, gibt es nur, wenn man es mißt oder wenn es mit einem anderen Teilchen wechselwirkt. Sobald die Messung (oder Wechselwirkung) vorbei ist, geht der eindeutige Spinzustand wieder in eine Überlagerung der Zustände über. Auf dieser Anschauungsebene haben die Dinge nur eine eindeutige, »reale« Existenz, wenn sie beobachtet werden oder wenn sie irgendeinen Anstoß erhalten. Und dieses seltsame Verhalten gilt für *alle* Quanteneigenschaften, nicht nur für den Spin. Es ist ein prinzipielles Merkmal der Quantenphysik. Ohne dieses Merkmal könnten wir nicht erklären, wie ein Laser funktioniert, warum die DNA eine stabile Doppelhelix bildet oder was Halbleiterchips im Inneren von Computern bewirken – um nur ein paar Beispiele zu nennen. Über die Frage, welche Bedeutung dieses seltsame Verhalten für das Wesen der Realität hat, streiten sich Physiker und Philosophen seit einem halben Jahrhundert. Nun haben sich auch die Kosmologen zu Wort gemeldet.

Im wesentlichen gibt es zwei Auffassungen zum Kollaps eines Elektrons (oder anderen Teilchens) aus einer Zustandsüberlagerung in einen definierten Zustand. Die traditionelle Lehrmeinung bezeichnet man als »Kopenhagener Interpretation«, da viel grundlegende Arbeit an dem Institut geleistet wurde, das Niels Bohr in Kopenhagen gegründet hat. Tatsächlich stammt ein Hauptelement dieser Interpretation aus Deutschland, aus der Arbeit von Max Born. Ich meine den Gedanken, daß das Verhalten der Dinge auf der Quantenebene vom Zufall bestimmt ist – nicht von dem launisch-unberechenbaren Zufall, den wir manchmal in unserem Leben zu erkennen meinen, sondern in dem Sinn, daß die Elektronenzustände und ähnliches den festen statistischen Gesetzen der Wahrscheinlichkeit folgen, die z. B. auch dafür sorgen, daß Spielkasinos stets ihren Schnitt machen. Im Fall unseres isolierten Elektrons heißt das: Wenn sein Spinzustand gemessen wird, stehen die Chancen genau 50 : 50, daß man an ihm einen nach oben gerichteten Spin feststellt, und dieselbe Wahrscheinlichkeit besteht, einen nach unten gerichteten Spin zu entdecken.

Man messe eine Million Elektronen oder ein Elektron eine Million Male, und eine halbe Million Male wird die Antwort »nach unten« lauten, die andere halbe Million Male »nach oben«. Niemals aber läßt sich beim einzelnen Meßvorgang das Ergebnis vorhersagen, immer nur die relativen Wahrscheinlichkeiten aller möglichen verschiedenen Resultate. Das gleiche gilt für das Werfen einer Münze. Die Aussichten stehen 50 : 50, daß sie den Kopf zeigt (vorausgesetzt, die Münze ist ausgewogen), und bei jedem Wurf sind die Chancen wieder gleich, auch wenn man gerade eine Kopf- oder Adlerserie gehabt hat. Entsprechend sind bei einem einzelnen Elektron, auch wenn man seinen Spin bereits gemessen und die Antwort »nach oben« erhalten hat, die Aussichten, bei der nächsten Messung dieselbe Antwort zu erhalten, wiederum nur 50 : 50. Allein weil an realen Experimenten riesige Zahlen von Quantenobjekten beteiligt sind, die sämtlich den Gesetzen der Wahrscheinlichkeit gehorchen, läßt sich ihr Verhalten *insgesamt* anhand statistischer Regeln vorhersagen. Die Hälfte der Elektronen haben einen nach oben gerichteten, die andere Hälfte einen nach unten gerichteten Spin, und einer Fernsehröhre beispielsweise ist es völlig gleich, welche Hälfte welche Orientierung aufweist. Die Wahrscheinlichkeitsgesetze der Quantenmechanik funktionieren genauso, wie Lebensversicherungsgesellschaften ihr Geld verdienen: Sie können nicht im voraus sagen, *welcher* ihrer Kunden in welchem Jahr stirbt, aber sie wissen aus ihren Versicherungsstatistiken, *wie viele* sterben werden, und setzen ihre Beiträge entsprechend fest.

Die Wahl der Spinzustände für ein einzelnes Elektron ist ein sehr einfaches Beispiel. Reale Quantensysteme haben weit verwickeltere Zustandsüberlagerungen, die von entsprechend komplizierteren Wahrscheinlichkeitsgesetzen bestimmt werden. Die Wahrscheinlichkeiten selbst können durch Messung oder Wechselwirkung verändert werden. Ein anderes merkwürdiges Kennzeichen der Quantenphysik ist beispielsweise, daß ein Objekt wie ein Elektron nicht auf einen bestimmten Ort festgelegt ist. Es besteht eine gewisse Wahrscheinlichkeit, die sich berechnen läßt, daß das Teilchen irgendwo anders auftaucht (das hängt mit dem wellenartigen Aspekt der dualen Natur des Elektrons zusammen). Die Wahrscheinlichkeit ist sehr groß, daß man das Elektron irgendwo in der Nähe des Ortes findet, wo man es zuletzt beobachtet hat, aber es gibt eine reale, wenn auch geringe Wahrscheinlichkeit, daß es sich ganz woanders zeigt. Wenn man den Ort eines Elektrons tatsächlich mißt, fallen alle diese Wahrscheinlichkeiten in der Gewißheit zusammen, daß es dort ist, wo man es gesehen hat. Doch sobald man die Beobachtung beendet, hat das Elektron erneut die Möglichkeit, sich woandershin zu begeben. Wenn man das Elektron beobachtet, ändert man seine Wahrscheinlichkeiten und hebt die Zustandsüberlagerung auf, in der es sich befindet.

Es klingt verrückt, aber das Merkwürdigste an der Kopenhagener Interpretation ist der Umstand, daß sie hervorragend zu beschreiben vermag, was bei unserer Einmischung in die Quantenwelt geschieht. Sie ist ein Instrument, das auf der praktischen Ebene Anwendung findet und dort seinen Wert wiederholt unter Beweis gestellt hat. Die Gleichungen bewähren sich. Doch niemand hat die geringste Ahnung, was die Interpretation tatsächlich bedeutet – was die Elektronen und Dinge »tun«, wenn sie niemand beobachtet. Aus diesem Grund hat man eine andere Interpretation vorgeschlagen, die für die praktische Anwendung zwar die gleichen »Antworten« liefert wie die Kopenhagener Interpretation, jedoch von einer anderen philosophischen Grundlage aus. Sie wurde in den fünfziger Jahren von dem Amerikaner Hugh Everett entwickelt und aus Gründen, die unmittelbar einleuchten, »Viele-Welten-Interpretation« genannt.

Quantenkosmologie

Die Viele-Welten-Version der Quantentheorie besagt, daß ein Elektron, während man seinen Spin mißt und es beobachtet, *nicht* in einen (von den Wahrscheinlichkeitsgesetzen bestimmten) Spinzustand zusammenfällt, um anschließend in eine Zustandsüberlagerung zurückzukehren. Vielmehr werde die Welt in zwei separate Wirklichkeiten aufgespalten; in der einen Welt habe das Elektron einen nach oben gerichteten Spin, in der anderen einen nach unten gerichteten Spin. Anschließend gingen die beiden Welten ihre eigenen Wege, ohne je wieder etwas miteinander zu tun zu haben. Physiker und Mathematiker streiten sich noch immer darüber, was das zu bedeuten hat – vor allem in Fällen, in denen man das Interpretationsschema erweitern muß, um Systeme zu erfassen, die komplexere Zustandsüberlagerungen enthalten als ein Elektron mit der Wahl zwischen zwei Spins. Entscheidend ist jedoch, daß Berechnungen, die auf der Grundlage der Viele-Welten-Interpretation durchgeführt werden, bei der Anwendung auf praktische Probleme stets genau dieselben Antworten liefern wie die Kopenhagener Interpretation. Sie ist also ein ebenso gutes (nicht besseres und nicht schlechteres) Instrument zum Entwerfen von Computern und Lasern oder zum Berechnen der chemischen Prozesse komplexer Moleküle. Ihre Konsequenzen sind allerdings mehr als interessant.

Einer Auffassung zufolge spaltet sich das gesamte Universum jedesmal, wenn ein Quantensystem gezwungen ist, sich zwischen möglichen Zuständen zu entscheiden, in zwei oder mehr Kopien seiner selbst auf. Das hat die Philosophen voller Entsetzen die Hände über dem Kopf zusammenschlagen lassen, so aberwitzig erschien ihnen der Gedanke, daß durch jede Messung eines Elektronenspins in einem Labor hier auf der Erde Galaxien und Quasare, die Millionen von Lichtjahren entfernt sind, einer augenblicklichen Wirkung unterworfen würden – da sich ja das gesamte Universum in zwei identische Neuauflagen aufteilen soll – oder daß wir und alle anderen Erdenbewohner in unzählige Kopien aufsplitterten, sobald in irgendeinem fernen Quasar eine »Quantenentscheidung« falle. (Science-fiction-Autoren können sich für diese Idee natürlich begeistern!) Es gibt allerdings eine Möglichkeit, die Philosophen zu beruhigen. Forscher wie Frank Tipler von der Tulane-Universität beschränken die »Spaltung« lieber auf das an der Wechselwirkung beteiligte Quantensystem oder auf die Experimentiergeräte, die die Quantenmessung vornehmen. »Es gibt nur ein Universum«, schreibt Tipler, »aber kleine Teile von ihm – Meßgeräte – spalten sich in mehrere Stücke auf.«*

---

* Das Zitat stammt aus einem Artikel von Tipler in *Physics Reports*. Teile des Kapitels 7 in seinem gemeinsam mit John Barrow verfaßten Buch *The Anthropic Cosmological Principle* beschäftigen sich mit demselben Thema (vgl. die Bibliographie auf S. 263 ff. des vorliegenden Buches).

Das Ganze beruht auf ziemlich komplizierten mathematischen Verfahren, die für Fachleute zwar Routinesache, für mich aber doch ein bißchen zu hoch sind, und auf einigen ungewöhnlichen philosophischen Überlegungen. Es ist alles noch in der Entwicklung und daher nicht ausgereift. Doch die Konsequenzen, die sich bei Anwendung der Viele-Welten-Theorie auf die Kosmologie ergeben, sind so verblüffend, daß diese Theorie eines Tages vielleicht sogar die Kopenhagener Interpretation ersetzen wird, wie einst im 17. Jahrhundert die Kopernikanische Interpretation der Planetenbewegung mit der These, daß die Erde die Sonne umkreise, das geozentrische Weltbild des Ptolemäus verdrängt hat. Außerdem rundet sie die Darlegungen dieses meines Buches wunderbar ab. Der Ausgangsgedanke ist, daß man die Gleichungen nimmt, welche die Expansion des Universums vom Urknall an beschreiben, und sie dann mit Hilfe der Viele-Welten-Interpretation quantentheoretisch behandelt. Es ergibt sich folgendes Bild: Im Augenblick der Schöpfung, da die »Größe« des Universums, soweit dieser Begriff überhaupt Bedeutung hat, das Ausmaß einer Quantenfluktuation besitzt, teil sich das Universum durch Quantenprozesse in viele verschiedene Zweige. Ihre Eigenschaften unterscheiden sich, doch alle Zweige gehören einer einzigen Familie an und gehorchen einem gemeinsamen Regelsystem. Für unseren Zusammenhang ist das wichtigste Merkmal, daß es Zweige gibt, die alle zulässigen Werte von Omega aufweisen. Das könnte wie ein Nachteil der Interpretation aussehen, da sie als bekannt vorauszusetzen scheint, warum in unserem Universum Omega so nahe bei eins liegt. Doch es erweist sich, daß dieser besondere Wert von Omega eine *Bedingung* der Viele-Welten-Kosmologie ist.

Diesen kosmologischen Ansatz entwickelten Anfang der achtziger Jahre Jayant Narlikar und Mitarbeiter am Tata-Institut in Bombay. In den gleichen Zusammenhang gehört die Arbeit von Stephen Hawking, von der ich im 3. Kapitel berichtet habe. Hawking hat seine Beschreibung des Universums als geschlossener Raumzeit ohne Ränder und ohne Anfang oder Ende aus der Viele-Welten-Interpretation entwickelt. Tipler kommt von einem etwas anderen mathematischen Ansatz her im wesentlichen zum selben Ergebnis: Die Quantengravitation führt in Verbindung mit der Viele-Welten-Kosmologie unvermeidlich zu der Vorhersage, daß $\Omega = 1$. Im Prinzip kann es viele verschiedene Universen mit vielen verschiedenen Größen geben, doch praktisch spricht eine überwältigende Wahrscheinlichkeit dafür, daß aus dem Urknall gleichförmige, isotrope Universen mit exakt der für die Geschlossenheit erforderlichen Dichte hervorgehen. Begeisterte Anhänger dieser Idee wie Frank Tipler betonen, dies sei unabhängig vom Inflationskonzept; die Viele-Welten-Kosmologie verlange, daß Omega *ununterscheidbar* von eins sei, während die Inflation »nur« verlange, daß Omega zwischen 0,999999 und 1,000001 liege – als ob sich das jemals so genau messen ließe!

Das ist nur ein Beispiel für die Gedanken, die man sich heute über die Beschaffenheit unseres Universums, seinen Anfang und sein endgültiges Schicksal, macht. Die Kosmologie ist gegenwärtig eine der lebendigsten wissenschaftlichen Disziplinen, in der alles in Gärung ist und sich das Bild von Monat zu Monat und von Jahr zu Jahr ändert. Einige Gedanken werden auf der Strecke bleiben, andere die Zeit überdauern. Noch kann niemand mit Sicherheit sagen, zu welchem Ergebnis man in fünf oder zehn Jahren gelangt sein wird, vor allem, soweit es das Schicksal unseres Universums betrifft. Doch habe ich mir dieses besondere Szenario mit gutem Grund für den Schluß aufgehoben. Wenn es wirklich eine zutreffende Beschreibung unseres Universums liefert, so bleibt uns die bessere (oder schlechtere) der beiden Möglichkeiten. Der abschließende Kollaps zurück in den Punkt Omega ist unausweichlich, doch die Umkehr wird sich so langsam vollziehen, daß der Materie noch reichlich Zeit bleibt, zu zerfallen. Eine eindeutigere Lösung für die in diesem Buch behandelten Probleme habe ich leider nicht zu bieten, da sich auch die Experten noch nicht einig sind. Besonderes Kopfzerbrechen bereitet ihnen die Frage, wie wohl die dunkle Materie beschaffen sein mag. Die Daten sprechen (allem Anschein nach) am ehesten dafür, daß unser Universum geschlossen ist und sein endgültiges Schicksal also festliegt. Aber die Suche nach der fehlenden Masse geht weiter – ich werde Sie wissen lassen, wie sie ausgeht.

ANHANG:
SUSY, GUTs und Strings

Um zu verstehen, wie sich die Physiker den Aufbau der Welt vorstellen, beginnt man am besten mit der Frühzeit der Elementarteilchenphysik, also Mitte der sechziger Jahre. Damals meinte man, die materielle Welt bestehe aus zwei Teilchenarten. Auf der einen Seite gibt es die Leptonen: Teilchen wie das Elektron und sein Neutrino, die nicht der »starken« Naturkraft unterworfen sind und keine Ausdehnung besitzen, soweit sich das in Experimenten feststellen läßt. Wir kennen heute sechs Leptonen (Elektron, Myon und Tau-Teilchen sowie die zugehörigen Neutrinos), die noch immer als wirklich »fundamental« gelten. Alle anderen Teilchen, darunter Protonen, Neutronen und Hunderte anderer, werden als Hadronen bezeichnet. Sie sind der starken Wechselwirkung unterworfen und komplexe Objekte von bestimmter Größe.

Wechselwirkungen zwischen diesen Teilchen beschreibt man anhand von vier Naturkräften: der Gravitation, der elektromagnetischen Kraft, der starken und der schwachen Wechselwirkung. In den letzten zwei Jahrzehnten haben die Teilchenphysiker in ihrem Streben, die Beschaffenheit der Hadronen zu klären und die vier Naturkräfte mit einem einzigen System von mathematischen Gleichungen zu beschreiben, erhebliche Fortschritte gemacht. Ein entscheidender Schritt auf diesem Weg ist die Entwicklung von Theorien, die alle Kräfte mit Ausnahme der Gravitation in einem einzigen Ansatz erklären. Man bezeichnet sie als große vereinheitlichte Theorien oder GUTs (nach englisch *Grand Unified Theories*).

Die moderne Elementarteilchenphysik hat ein »Standardmodell« hervorgebracht, das als Arbeitsgrundlage zur Berechnung und Beschreibung der Vorgänge in der Teilchenwelt dient. Man nimmt heute an, daß Hadronen aus Quarks zusammengesetzt sind, die wie die Leptonen fundamentale Teilchen der Größe Null sind. Es gibt sechs Quark-Arten, genau wie es sechs Leptonen-

Arten gibt, und dies Gleichgewicht zwischen den beiden Familien gilt als wichtige Bestätigung für die Gültigkeit des Standardmodells. Die elektromagnetische Kraft wirkt zwischen geladenen Teilchen. Durch eine Reihe von Gleichungen, die die Regeln der Quantenphysik berücksichtigen und die man als Quantenelektrodynamik (QED) bezeichnet, wird diese Kraft für alle praktischen Erfordernisse sehr gut beschrieben. Die starke Kraft wirkt zwischen Quarks und wird durch eine Reihe von Gleichungen beschrieben, die man teilweise in Analogie zur QED entwickelt hat. Dies ist die Quantenchromodynamik (QCD). Der Wortteil »chromo« kommt hier darum vor, weil man das Äquivalent für die Ladung bei der starken Wechselwirkung willkürlich mit Farbnamen belegt hat; dies heißt aber nicht, daß Quarks in der alltäglichen Bedeutung des Wortes »farbig« wären.

Die Mathematiker unter den Physikern haben jetzt eine Möglichkeit gefunden, QED und die Beschreibung der schwachen Kraft in einem einzigen Gleichungssystem als »elektroschwache« Kraft zu beschreiben. Sie gehen von dem Gedanken aus, daß bei genügend hohen Energien (d. h. Temperaturen) die beiden Kräfte ununterscheidbar sind und daß die Symmetrie zwischen ihnen nur bei niedrigeren Temperaturen gebrochen wird. In Erweiterung dieser Idee nimmt man an, daß im ersten Schöpfungsaugenblick, soweit wir von ihm wissen, *alle* vier Kräfte einander äquivalent waren und damit durch eine Super-GUT zu beschreiben sein müßten. Mit der Ausdehnung und Abkühlung des Universums verselbständigte sich jede Kraft bei der entsprechenden Temperatur.

Die Grundvorstellung läßt sich mit der modernen Beschreibung von Kräften veranschaulichen, derzufolge diese auf einem Teilchenaustausch beruhen. Häufig benutzt man das Bild von zwei Schlittschuhläufern, die sich auf einem zugefrorenen See einen schweren Ball zuwerfen. Der Rückstoß beim Werfen oder der Aufprall beim Fangen treibt die Läufer auseinander. Die Analogie erklärt freilich nicht, wie Anziehungskräfte wirken.

In der Teilchenwelt brauchen die Austauschteilchen der Kraft keine »reale« Existenz zu haben. Sie können aus dem Vakuum herbeigezaubert werden, vorausgesetzt, es gibt sie nur über einen kurzen Zeitraum, der von Heisenbergs Unschärferelation, einer

Grundeigenschaft der Quantenphysik, bestimmt wird. Die Reichweite eines solchen »virtuellen« Teilchens hängt von seiner Masse ab, denn je mehr Masse es besitzt, desto weniger Zeit hat es für seine Existenz. Entstehung, Austausch und Verschwinden des Teilchens müssen in den Zeitraum fallen, den die Quantenunschärfe zuläßt. Die schwache Kraft ist von sehr geringer Reichweite, weil ihre Träger sehr schwere Teilchen sind, die W- und Z-Teilchen. Dagegen wird der Elektromagnetismus von Photonen getragen, die die Masse Null haben. Ein »virtuelles« Teilchen mit der Masse Null besitzt eine unbegrenzte Lebensdauer, so daß die Reichweite der elektromagnetischen Kraft im Prinzip unendlich ist.

Welche Konsequenzen hat das für die Brechung der Einheitlichkeit? Im sehr frühen Universum, als Energie in Hülle und Fülle zur Verfügung stand, dürfte es beispielsweise viele unabhängig existierende W- und Z-Teilchen gegeben haben. Wäre die Energiedichte des Universums höher, als zur Erhaltung eines Meeres von W- und Z-Teilchen erforderlich, wären sie nicht den Einschränkungen unterworfen, die ihnen heute das Unschärfeprinzip auferlegt. Wie die Photonen hätten sie unendliche Reichweite, und es gäbe keine Möglichkeit, zwischen der elektromagnetischen und der schwachen Kraft zu unterscheiden.

Entsprechend glauben die Physiker, daß bei hinreichend hohen Energien alle vier Kräfte gleich sind. Tatsächlich gehört die einzige mathematisch befriedigende Beschreibung, die die elektromagnetische und die schwache Wechselwirkung zur »elektroschwachen« zusammenfaßt, in den sehr viel größeren Zusammenhang der GUTs, die darauf aus sind, auch die starke Wechselwirkung in die Vereinheitlichung einzubeziehen. Bislang läßt sich jedoch nur der elektroschwache Teil dieser Theorien überprüfen. Er sagt die Masse der W- und Z-Teilchen voraus (ungefähr die hundertfache Masse des Protons), und sie ist bei CERN, dem europäischen Labor für Teilchenphysik in Genf, tatsächlich gemessen worden. Es bedarf enormer Energien, solche Teilchen zu erzeugen, und bislang kann kein Beschleuniger auf der Erde Energien erzeugen, die hoch genug sind, um die weiteren Vorhersagen der GUTs, die nächsten Stufen der Vereinheitlichung, zu überprüfen. Deshalb zeigen Teilchenphysiker heute ein so großes Interesse für die kosmologischen Theorien des frühen Universums und die Suche nach den Überresten der frühen, hochenergetischen Bedingungen in Form von dunkler Materie.

Doch es gibt bei alledem gewisse Probleme. Eines besteht darin, daß man verschiedene Versionen der großen vereinheitlichten Theorie kennt, was natürlich bedeutet, daß es den Mathematikern noch nicht gelungen ist, eine allgemeingültige, grundlegende Wahrheit zu finden. Von entscheidender Wichtigkeit ist auch, daß Theorien wie QED und QCD, selbst wenn sie sich auf einer Ebene bewähren, ihre Existenz nur zweifelhaften mathematischen Tricks verdanken. Vereinfacht ausgedrückt: Die Gleichungen »kranken« an Unendlichkeiten, die ganz natürlich entstehen und die nur zu beseitigen sind, indem man eine unendliche Größe durch eine andere teilt – was uns schon in der Schule zu Recht verboten wurde. Und es hat sich als sehr schwierig erwiesen, die Gravitation mit der starken, der schwachen und der elektromagnetischen Wechselwirkung in einer Theorie zusammenzufassen. Was die Physiker sehnlichst suchen, ist eine Theorie, die neben den anderen Kräften auch die Gravitation einschließt, die alleingültig ist und keine Unendlichkeiten enthält. Mitte der achtziger Jahre geriet die Welt der Teilchenphysik in Gärung, weil es Hinweise gab, daß man möglicherweise unmittelbar vor der Entdeckung einer solchen Theorie stand.

Der erste Schritt dazu war Mitte der siebziger Jahre erfolgt, dank einer Idee, die man Supersymmetrie nennt (abgekürzt SUSY). Die Idee ist so anspruchsvoll, wie ihr Name suggeriert – man will damit nicht nur die vier Kräfte, sondern auch die materielle Welt in einer einzigen mathematischen Beschreibung vereinigen. Das erscheint absurd, schließlich sind Kräfte Kräfte und Teilchen Teilchen. Wie soll man ein Proton in derselben Weise beschreiben wie ein Photon? Das Problem scheint noch schlimmer zu werden, wenn man es im Rahmen der Quantenphysik beschreibt, weil die Teilchen der materiellen Welt und die Austauschteilchen der Kräfte zwei sehr verschiedenen Familien angehören. Leptonen, Quarks und Teilchen, die sich aus diesen fundamentalen Teilchen zusammensetzen, gehören alle der Familie der Fermionen an. Ihr besonderes Merkmal ist ein halbzahliger Spin: Fermionen können den Spin $1/2, 3/2, 5/2$ und so immer fort haben, auf keinen Fall aber den Spin 1, 2, 3 oder einen anderen ganzzahligen Spin. Alle Kraftträger dagegen sind Bosonen und haben entweder den Spin 0 (wie das Photon) oder den Spin 1, 2, 3 bzw. einen Spin mit einem anderen ganzzahligen Wert.

Dies ist mehr als nur eine Art der Quantenbezeichnung für die Teilchen, es betrifft einen tiefgreifenden Unterschied ihrer Eigenschaften. Fermionen wie das Elektron bleiben für sich, d. h. sie teilen ihren Quantenzustand nicht mit einem anderen Elektron. Bosonen dagegen finden sich gern zusammen. Die beiden Familien sind verschiedener als Tag und Nacht. Doch nach der Theorie der Supersymmetrie gibt es für jede Bosonenart ein äquivalentes Fermion und für jede Fermionenart ein äquivalentes Boson. Weil die Physiker zu dem Zeitpunkt, da diese Idee entwickelt wurde, bereits wußten, daß kein bekanntes Fermion der Partner irgendeines bekannten Bosons sein kann und umgekehrt, verlangte die Theorie also, die Zahl möglicher Teilchenarten im Universum mit einem Schlag zu verdoppeln. Wenn es Elektronen gibt, so die Theorie, dann muß es auch Selektronen geben, wenn es Quarks gibt, dann aus Squarks; den Photonen entsprechen in der Fermionenwelt die Photinos, den W-Teilchen die Winos und so fort. Wo sollte man, wenn die Supersymmetrie tatsächlich eine gute Theorie war, diese vielen »neuen« Teilchen finden?

Eine kleine Zahl der vermuteten Superteilchen, unter anderem das Photino, könnten sehr kleine Massen besitzen und noch nicht entdeckt worden sein, weil sie nur schwach mit alltäglicher Materie wechselwirken. Das klingt bekannt, nicht wahr? Wie ich gerade sagte, die Teilchenphysiker sind heute an der Suche nach der fehlenden Masse sehr interessiert. Andere Superteilchen hätten nach den Gleichungen Massen, die ein wenig größer wären als die der W- und Z-Teilchen. 1985 hat man bei CERN gemeint, Spuren der Squarks entdeckt zu haben, was indessen nicht bestätigt werden konnte. Das stärkste Argument für die weitere Beschäftigung mit der Supersymmetrie ist ihre theoretische Attraktivität – ihre mathematische Einfachheit und Eleganz. Und die stärkste Version der Supersymmetrie in ihrer ursprünglichen Form ist diejenige, die die Gravitationskraft einbezieht und sich logischerweise Supergravitation nennt.

Für den Theoretiker hat die Supergravitation einen wesentlichen Vorteil: Soweit bisher feststellbar ist, krankt sie nicht an den Unendlichkeiten früherer Theorien. Zwar gibt es auch von der Supergravitation mehrere Versionen (acht an der Zahl), doch eine, n = 8 genannt, zeichnet sich durch besondere mathematische Einfachheit aus – wenn man sie in elf Dimensionen ansiedelt statt in den üblichen vier (drei des Raumes und eine der Zeit) unserer alltäglichen Welt. Die Dinge wurden immer komplizierter, als verschiedene Teiltheorien das Problem zu erhellen schienen, aber jede offensichtlich auch mit entscheidenden Nachteilen behaftet war, während sich bereits die nächste bahnbrechende Entwicklung abzeichnete. Diese Revolution hält unvermindert an und sorgt für die größte Aufregung, die die Welt der Teilchenphysiker seit der Entdeckung der Quarks erlebt hat. Sie beruht auf dem Stringkonzept.

Man kann die Suche nach einer vereinheitlichten physikalischen Theorie unter dem Blickwinkel der beiden großen Theorien des 20. Jahrhunderts betrachten. Die erste, die allgemeine Relativitätstheorie, verbindet die Gravitation mit der Struktur von Raum und Zeit. Die zweite, die Quantenmechanik, beschreibt das Verhalten der atomaren und subatomaren Welt, und es gibt Quantentheorien, die mit Ausnahme der Gravitationskraft jede der drei anderen Naturkräfte beschreiben. Eine vollständig vereinheitlichte Beschreibung unseres Universums und aller seiner Inhalte – eine »Theorie von allem« (*Theory of Everything*, TOE) – müßte Gravitation und Raumzeit in die Quantenphysik einbeziehen. Dazu müßte auch die Raumzeit, bei entsprechend kleinen Abständen, in kleine Stücke gequantelt sein, statt sich gleichförmig und kontinuierlich zu präsentieren. Die Stringtheorie führt in ihrer erweiterten Form, der Superstringtheorie, aus einem ursprünglich quantentheoretischen Gleichungssystem ganz natürlich zu einer Beschreibung der Gravitation.

Der entscheidende Ansatz aller Stringtheorien liegt darin, das herkömmliche Bild der fundamentalen Teilchen (Leptonen und Quarks) als ausdehnungslose Punkte durch die Vorstellung zu ersetzen, daß solche Teilchen Objekte mit eindimensionaler Ausdehnung sind wie eine Linie auf einem Stück Papier oder eine extrem dünne Saite (= *string*). Die Ausdehnung ist sehr gering (etwa 10^{-35} m). Der Länge nach aneinandergereiht, wären 10^{20} solcher Strings erforderlich, um den Durchmesser eines Protons zu bilden. Der Ansatz wurde vor zwanzig Jahren entwickelt, weil man nach einer neuen und möglicherweise besseren Beschreibung einiger spezifischer Wechselwirkungen zwischen Teilchen suchte. Damals dachte man überhaupt nicht daran, daß man möglicherweise eine universelle Lösung für die Rätsel der Physik gefunden haben könnte. Obwohl einige Physiker in den siebziger Jahren mit der Theorie herumspielten, geschah es doch mehr aus mathematischem Interesse als in der Hoffnung, die Strings könnten eine realistische Beschreibung der Teilchenwelt liefern. Die Stringtheorie erlebte erst Mitte der achtziger Jahre einen Aufschwung, als man herausfand, daß sich durch die Kombination von Supersymmetrie und Strings eine neue und verbesserte Version der Theorie entwickeln ließ. Die Superstringtheorie, wie sie genannt wurde, schien eine erfolgreiche und vollständige Beschreibung von allem zu liefern.

Die Gravitation *muß* in der Superstringtheorie enthalten sein; sie entsteht dort ganz natürlich und läßt sich in einfachen physikalischen Begriffen beschreiben. Ein Stück String hat zwei Enden und kann vibrieren oder rotieren. Die einfachste Bewegung ist eine Rotation um den Mittelpunkt, wobei die freien Enden des Strings mit Lichtgeschwindigkeit herumwirbeln. Nach der Stringtheorie entsprechen solche offenen Strings bestimmten Erscheinungen in der Teilchenwelt. Die Eigenschaften, die die Physiker »Ladungen« nennen, sind mit den Endpunkten der Strings verknüpft. Das kann die elektrische Ladung sein, wenn wir es mit dem Elektromagnetismus zu tun haben, die »Farbladung« der Quarks oder etwas anderes. Stoßen zwei Strings zusammen, können sie sich an den Endpunkten vereinen und einen dritten String bilden, und dieser kann sich wieder aufspalten, so daß zwei neue Strings entstehen. Die Gleichungen, die dieses Verhalten beschreiben, gehören genau jenen Gleichungen an, mit denen man nachvollzieht, wie fundamentale Teilchen wechselwirken und aneinander streuen. Ein String kann jedoch auch eine andere Form annehmen.

Nehmen wir an, die beiden Enden eines Strings vereinigen sich und bilden eine geschlossene Schleife. Ein geschlossener String unterscheidet sich grundsätzlich von einem offenen String, aber in jeder Theorie, die offene Strings enthält, muß es auch geschlossene Strings geben. Wenn man die Stringtheorie so faßt, daß sie die drei Naturkräfte beschreibt, die bereits im Rahmen der Quantentheorie behandelt worden sind, so erweist sich, daß die geschlossenen Strings, die sich automatisch aus der Theorie ergeben, genau die Eigenschaften besitzen, die für eine Beschreibung der Gravitation erforderlich sind – sie sind Gravitonen, Träger der Gravitationskraft.

Diese vielversprechenden Ergebnisse veranlaßten mehr und mehr Theoretiker, sich mit Strings und Superstrings zu beschäftigen. Als die Berechnungen weitere interessante – und einige merkwürdige – Aspekte ergaben, entwickelte sich aus der eher spielerischen Beschäftigung ein breitangelegter Versuch, die Probleme auf diesem Gebiet der mathematischen Physik zu lösen. Am merkwürdigsten ist, daß die Modelle auf zehn Dimensionen angewiesen sind (neun des Raumes und eine der Zeit). Da wir in einer vierdimensionalen Raumzeit leben, mag das als ernstzunehmender Nachteil erscheinen. Doch mit einem Trick, den sie Kompaktifizierung nennen, entledigen sich die Mathematiker der überzähligen Dimensionen.

Stellen wir uns in unserer Alltagswelt das Stück einer wirklichen Saite vor. Im Unterschied zu den »Saiten« der Superstringtheorie hat sie eine bestimmte Dicke – sie ist ein massives, dreidimensionales Objekt. Doch wenn wir es aus größerer Entfernung betrachten, sieht es aus wie eine eindimensionale Linie. Nicht anders erginge es uns mit einem Schlauch, der gegenüber der alltäglichen Saite den wichtigen Unterschied aufweist, hohl zu sein. Von weitem betrachtet, sieht er wie eine eindimensionale Linie aus. Von nahem erkennen wir, daß er in Wirklichkeit eine mehrdimensionale, in sich selbst aufgerollte Fläche ist. Auf ähnliche Weise beseitigen Mathematiker die sechs zusätzlichen Dimensionen der Superstringtheorie. Sie werden kompaktifiziert, das heißt, in den höherdimensionalen Äquivalenten von winzigen Kugeln, Zylindern oder Kreisen aufgewickelt, die ihre innere Struktur nur dann offenbaren würden, wenn wir sie aus Abständen untersuchten, die viel zu klein sind, um jemals praktischen Beobachtungen zugänglich zu sein. Das bringt die Theoretiker auf neue, interessante Fragen. Wie und warum wurden die sechs Dimensionen aufgewickelt? Hat die Kompaktifizierung möglicherweise den Mechanismus geliefert, der die mächtige Expansion unseres Universums im Urknall ausgelöst hat? Niemand weiß das, doch alle diese Arbeiten werden sehr ernst genommen, weil sich aus der Superstringtheorie in zehn Dimensionen vielversprechende Aspekte ergeben. Es sind viele geometrische Beschreibungen solcher Theorien möglich, doch nur zwei sind frei von jenen Unendlichkeiten, die alle Versuche, eine befriedigende GUT zu entwickeln, handikapen. Da eine dieser Geometrien nicht zwischen rechts und links unterscheidet*, gibt es im Grund nur eine einzige Version der Superstringtheorie, die keine Unendlichkeiten enthält und eine zutreffende Beschreibung der Welt liefert. Diese Version wird aus sehr einfachen Grundgedanken entwickelt und im wesentlichen nur durch die Forderung bestimmt, widerspruchsfrei zu sein (eine, wie es scheint, recht bescheidene Forderung). Kein Wunder, daß viele Physiker bei dem Wettlauf um die Entwicklung einer Theorie vor allem auf dieses Modell setzen.

Mathematiker spielen in der neuen Physik eine große Rolle. Bewegungen von Punkten durch Raum und Zeit lassen sich durch Linien beschreiben, die dem Weg der Teilchen entsprechen – Bahnen oder Weltlinien. Sich bewegende Strings beschreiben dagegen Flächen in der Raumzeit und verlangen eine ganz andere mathematische Behandlung. Mehrdimensionale Topologien, die einige Mathematiker aus abstraktem Interesse untersucht haben, bekommen plötzlich praktische Bedeutung.

---

* Tatsächlich macht nur die schwache Naturkraft bei Teilchenwechselwirkungen einen Unterschied zwischen links und rechts, und auch sie nur unter ganz besonderen Umständen. Diese »Händigkeit« oder Chiralität ist auf dieser fundamentalen Ebene ein sehr schwach ausgeprägtes Merkmal der Natur, aber es ist vorhanden und muß von jeder guten Theorie berücksichtigt werden.

Auch die Teilchenphysiker sind beteiligt. Die Art, wie sich die zusätzlichen Raumdimensionen aufwickeln, läßt eine ganze Familie von Teilchen – die »Schattenmaterie« – entstehen, die mit der uns bekannten Welt nur durch die Schwerkraft wechselwirkt. Es ist ein zumindest interessanter Aspekt, daß die Superstringtheorie die Existenz von Schattenmaterie zwar nicht unbedingt voraussetzt, daß man aber, falls man ihre Existenz annimmt, auch die Existenz des Axions fordern muß, eines Teilchens, das die Physiker bereits brauchten, um einige Widersprüchlichkeiten in der QCD auszuräumen, und das die Astronomen gern als Teil der fehlenden Masse hätten. Die Superstringtheorie scheint für jeden etwas zu enthalten. Selbst wer eher philosophisch interessiert ist, dürfte fasziniert sein, welche Verbesserungen sich in vielen Teilbereichen des neuen Ansatzes erzielen lassen, wenn man die quantenmechanische »Viele-Welten-Theorie« oder »Gesamtheit der Möglichkeiten« verwendet, in der man die »wirkliche« Welt als einen Durchschnitt aller möglichen Welten versteht*.

Die Superstringtheorie hat, so scheint es, jedem Physiker etwas zu bieten. Es sieht so aus, als gingen wir einer Zeit rascher Entwicklung und anregender neuer Ideen entgegen. Aber es gibt mahnende Stimmen, die sich gegen die allgemeine Begeisterung für die neuen Ideen wenden. Einige Theoretiker sind besorgt, daß die junge Generation, die sich auf die Stringtheorie stürzt, in eine Sackgasse geraten könnte und daß andere Gebiete vernachlässigt werden, die heute zwar wenig attraktiv erscheinen mögen, sich aber morgen als wichtig herausstellen können. Wo wären wir heute, fragen sie, wenn niemand die Stringtheorie beachtet hätte, als sie noch nicht in Mode war? Zweifellos haben frühere Generationen aber nicht anders über die Relativitätstheorie oder Quantenmechanik gesprochen. Ganz gleich, wie gut sich die Superstringtheorie als Beschreibung der Wirklichkeit bewähren mag, sie ändert heute schon die physikalische Denkweise, und das kann aus einem sehr wichtigen Grund nur positiv sein.

Hier zeigt sich ein bemerkenswerter Wandel in der Grundlagen-

---

* Die Viele-Welten-Kosmologie habe ich in meinem Buch *In Search of the Big Bang* beschrieben.

258

forschung der letzten Jahre. Es gibt zwei tiefreichende Unterschiede zwischen der Entwicklung der Superstringtheorie und der Entwicklung anderer wichtiger Ideen. Zum einen – dies ist der bedeutendste Aspekt – wird es jetzt und in absehbarer Zukunft wahrscheinlich keine Experimente geben, in denen es möglich sein wird, die Voraussagen zu überprüfen oder auf Probleme zu stoßen, die den Theoretikern Stoff zum Nachdenken geben. Je kleiner die Abstände und je höher die Energien werden, mit denen sich die Experimentalphysiker beschäftigen, desto kostspieliger und zeitraubender werden ihre Versuche. Mit der Suche nach den W- und Z-Teilchen waren beispielsweise Hunderte von Physikern viele Jahre lang in einem Labor beschäftigt, das so kostspielig ist, daß es von mehreren europäischen Staaten gemeinsam finanziert werden muß. Mehr als ein Ergebnis von solcher Bedeutung pro Physikergeneration ist in Zukunft nicht zu erwarten. Es liegt nahe, daß sich die Physik, wenn sie nicht mehr in dem Maß wie bisher auf das Experiment bauen kann, stärker an die reine Mathematik halten wird – unter anderem an Verfahren aus der Topologie und an vieldimensionale Raumzeiten – und dabei auch philosophische Überlegungen einbeziehen wird. Ob man das für gut oder schlecht hält, hängt von der jeweiligen persönlichen Einstellung ab; auf jeden Fall wird das etwas anderes sein als die Physik, an die Newton und auch noch Einstein gewöhnt waren.

Das zweite Merkmal der Superstringtheorie, das den Fortschritt erschwert, ist die Schwierigkeit, die Bedeutung des Ganzen zu erkennen. Einstein erzählte häufig, wie ihn eines Tages an seinem Schreibtisch im Berner Patentamt die Erkenntnis überfiel, daß ein fallender Mann die Schwerkraft nicht empfände. Aus dieser plötzlichen Einsicht wurde das Äquivalenzprinzip und die Grundlage dessen, was er später als allgemeine Relativitätstheorie bezeichnete. Die Logik des Ganzen war klar, bevor er noch die Einzelheiten ausgearbeitet hatte. Zur Superstringtheorie hat dagegen sogar einer ihrer Pioniere, Michael Green, erklärt:

»In den Superstringtheorien haben wir zunächst gewisse Einzelheiten verstanden, müssen uns aber noch immer um ein generelles Verständnis der Logik dieser Theorie bemühen.

Zum Beispiel scheint es eher ein merkwürdiger Zufall zu sein, daß es in der Superstringtheorie ein masseloses Graviton und Eichteilchen gibt. Manche würden es vorziehen, wenn sich diese Teilchen in ganz natürlicher Weise aus der Theorie ergäben, nachdem man sich über die Prinzipien der Vereinheitlichung klargeworden ist.«*

Ganz gleich, was die Superstringtheorie bisher geleistet hat, auf jeden Fall hat sie eine ganze Generation von Physikern begeistert und in dem Bemühen, die Natur aller Dinge – Kräfte und Teilchen – zu verstehen, einen neuen mathematischen Ansatz geliefert. Die besten Aussichten, diese Ideen eines Tages mit unseren Beobachtungen der Materie verbinden zu können, bieten die Suche nach der fehlenden Masse und unsere Erkenntnisse über das großräumige Universum.

* *Spektrum der Wissenschaft*, November 1986, S. 68. (Green ist Physikprofessor am Queen Mary College in London.)

DANKSAGUNG

Im vorliegenden Buch habe ich aktuelle Entwicklungen der Forschung beschrieben. Ich bin vielen Astronomen und Physikern zu Dank verpflichtet, die bereit waren, von neuesten Überlegungen und Theorien zu berichten. Folgenden Personen (die Reihenfolge ist ohne Bedeutung) möchte ich besonders danken, weil sie mich beraten, mir Kopien veröffentlichter bzw. Vorabdrucke unveröffentlichter Arbeiten zugeschickt und, in einigen Fällen, meine irrigen Vorstellungen korrigiert haben. Dies sind: John Huchra, Tom Kibble, Roger Tayler, Carlos Frenck, Vera Rubin, Frank Tipler, John Barrow, Michael Rowan-Robinson, Stephen Hawking, Jim Peebles, David Wilkinson, John Faulkner, John Ellis, Marcus Chown, Tjeerd van Albada, Adrian Melott, John Bahcall, Willy Fowler, Ron Gilliland, William Press und Lawrence Hall. Eventuell noch vorhandene Fehler in der Darstellung sind natürlich allein mir selbst zuzuschreiben.

John Gribbin

LITERATURHINWEISE

1. Empfehlungen des Autors

Die nachfolgend genannten Bücher enthalten Hintergrundinformationen zu den Themen, die ich in den ersten Kapiteln des vorliegenden Buches erörtert habe. Viele der in den späteren Kapiteln behandelten Ideen sind indessen so neu, daß sie noch keinen Eingang in die Lehrbücher gefunden haben, von den populärwissenschaftlichen Darstellungen ganz zu schweigen. Deshalb habe ich, wann immer möglich, die Namen der beteiligten Wissenschaftler und der Forschungsstätten, an denen sie arbeiten, im Text erwähnt. Wer auf dem laufenden bleiben und sich über neue Entwicklungen informieren möchte, dem seien Wissenschaftszeitschriften wie *New Scientist, Science News* und *Scientific American* (dt. *Spektrum der Wissenschaft*) empfohlen. Dort findet man häufig die Namen der Forscher, die sich in ihren Arbeiten mit der Suche nach der fehlenden Masse und dem endgültigen Schicksal unseres Universums beschäftigen.

ATKINS, PETER: *The Second Law*. New York (Scientific American/W. H. Freeman) 1984.
Eine anschaulich illustrierte, nicht-mathematische Einführung in das wichtigste Naturgesetz, den zweiten Hauptsatz der Thermodynamik.

BARROW, JOHN und TIPLER, FRANK: *The Anthropic Cosmological Principle*. Oxford (Oxford University Press) 1986.
Ein außerordentlich umfangreiches Buch (700 Seiten), in dem sich die Autoren über fast jedes Thema auslassen, das mit der Menschheit und dem Universum zu tun hat. Unter anderem enthält es einen guten, ausführlichen Abschnitt über das endgültige Schicksal des Universums. Teilweise recht anspruchsvoll, in anderen Teilen ein faszinierender Lesestoff.

DAVIES, PAUL: *Space and Time in the Modern Universe*. Cambridge (Cambridge University Press) 1977.
Ein wunderbares Buch, das Relativitätstheorie und gekrümmte Raumzeit, Schwarze Löcher, das traditionelle Verständnis der Thermodynamik und die Beziehung zwischen Leben und Universum behandelt – auf nur 222 Seiten. Sehr gut geschrieben, aber ein bißchen veraltet.

EDDINGTON, ARTHUR: *The Nature of the Physical World*. Cambridge (Cambridge University Press) 1928.
Obwohl vor sechzig Jahren geschrieben, ist Eddingtons Buch noch immer eine lesenswerte Einführung in die Grundprobleme wissenschaft-

263

licher Methodologie und eine verständliche Erläuterung von Begriffen wie dem thermodynamischen Zeitpfeil und der gravitativen Raumkrümmung. Das Zitat am Anfang dieses meines Buches findet sich auf Seite 74 der genannten Ausgabe.

FLOOD, RAYMOND und LOCKWOOD, MICHAEL (Hrsg.): *The Nature of Time.* Oxford (Blackwell) 1986.
Eine Sammlung von Aufsätzen, die auf einer öffentlichen Vortragsreihe in Oxford aus dem Jahr 1985 beruhen. Etwas zusammengestoppelt, aber mit sehr guten Beiträgen von Paul Davies, Peter Atkins und Roger Penrose zu Themen, die mit dem Schicksal des Universums zu tun haben.

GRIBBIN, JOHN: *Auf der Suche nach Schrödingers Katze.* München (Piper) [3]1988. – Englische Originalausgabe: *In Search of Schrödinger's Cat.* New York–London (Bantam/Corgi) 1984.
Die Entwicklung der Quantenphysik – dieser erstaunlich erfolgreichen, dem alltäglichen Denken aber nur schwer zugänglichen Theorie über die Welt kleinster Abstände, die ein Kind des 20. Jahrhunderts ist. Welle-Teilchen-Dualismus, Unschärferelation und alles andere in (wie ich hoffe) lesbarer Weise erklärt.

GRIBBIN, JOHN: *In Search of the Big Bang.* New York–London (Bantam/ Corgi) 1986.
Nach meiner (keineswegs unvoreingenommenen) Meinung die beste und modernste Zusammenfassung der Theorien über den Ursprung unseres Universums und des Zusammenhangs zwischen Teilchenphysik und Kosmologie.

HARRISON, EDWARD: *Kosmologie.* Darmstadt (Darmstädter Blätter) 1983. – Englische Originalausgabe: *Cosmology.* Cambridge (Cambridge University Press) 1981.
Ein richtiges Lehrbuch, aber trotzdem verständlich für den Laien. Das beste Buch für die Leser, die sich einen allgemeinen Überblick über die modernen Theorien zum Universum verschaffen möchten.

KAUFMANN, WILLIAM: *Universe.* New York (Freeman) 1985.
Eine ansprechend geschriebene und gut bebilderte Einführung in die Astronomie, die sich aber für meinen Geschmack zu sehr mit Sternen und Planeten beschäftigt und nicht genug mit dem großräumigen Universum. Als Lehrbuch für einen allgemeinen naturwissenschaftlichen Kurs gedacht. Shus Buch (unten) ist m. E. vorzuziehen.

NARLIKAR, JARYANT: *Introduction to Cosmology.* Boston (Jones and Bartlett) 1983.
Das beste Lehrbuch, allerdings ohne Zugeständnisse an Laien. Erfordert gründliche mathematische Vorbildung.

Ne'eman, Yuval und Kirsh, Yoram: *The Particle Hunters.* Cambridge (Cambridge University Press) 1986.

Die Geschichte der Teilchenphysik von der Entdeckung des Elektrons und dem Beweis, daß Atome teilbar sind (vor fast genau hundert Jahren), bis zum Nachweis der W- und Z-Teilchen (in den achtziger Jahren unseres Jahrhunderts), die zeigen, daß die Physiker auf dem Weg zu einer vereinheitlichten Theorie sind, welche alle bekannten Teilchen miteinander verknüpft. Das richtige Buch, um sich über Baryonen, Leptonen und Neutrinos zu informieren.

Prigogine, Ilya und Stengers, Isabelle: *Dialog mit der Natur.* München (Piper) ⁵1986. – Titel der amerikanischen Ausgabe: *Order out of Chaos.* (Der Text der beiden Ausgaben unterscheidet sich an einzelnen Stellen.)
Der Nobelpreisträger Prigogine machte sich in den siebziger Jahren einen Namen mit seinen Arbeiten über die Bedeutung der thermodynamischen Sätze und die Beschaffenheit des Universums. Das weithin populärwissenschaftlich gehaltene Werk ist die vollständigste und aktuellste Erkärung der Thermodynamik für den Laien, einschließlich einer Erörterung des Zeitpfeils. Ein ernsthaftes und gründliches Buch, das sorgfältige Lektüre lohnt. Wer weniger Zeit hat, findet Prigogines Ideen bei Alastair Rae (siehe nachfolgend) zusammengefaßt.

Rae, Alastair: *Quantum Physics: Illusion or Reality?* Cambridge (Cambridge University Press) 1986.
Ein lesbares kleines Buch über die physikalischen Rätsel in der Welt kleinster Abstände, der Atome und Teilchen. In erster Linie geht es, wie der Titel verspricht, um die Quantenphysik. Es gibt aber auch ein ausgezeichnetes Kapitel über die Thermodynamik und den Zeitpfeil mit der besten Zusammenfassung von Ilya Progogines neuesten Ideen, die ich kenne.

Rowan-Robinson, Michael: *The Cosmological Distance Ladder.* New York (Freeman) 1985.
Die beste und verständlichste Erklärung astronomischer Abstandsbestimmung sehr ferner Objekte und der damit zusammenhängenden Hinweise auf das Alter unseres Universums und sein endgültiges Schicksal. Für ein geschlossenes Universum, in dem Omega gleich eins ist, brauchen wir einen geringeren Wert für den wichtigen Hubble-Parameter, als ihn Rowan-Robinson für wahrscheinlich hält. Doch zu dem Zeitpunkt, als er sein Werk verfaßte, kannte man die WIMP-Hypothese noch nicht, von der ich im siebten Kapitel meines Buches berichte.

SHU, FRANK: *The Physical Universe.* Mill Valley Kalifornien (University Science Books) 1982.
Ein sehr interessantes Buch für den gebildeten Laien. Wem das mathematische Vorwissen fehlt, um etwa Narlikars (siehe S. 263) Lehrbuch verstehen zu können, der wird hier zuverlässig und umfassend über das Universum und unseren Platz darin informiert.

SILK, JOSEPH: *The Big Bang.* New York (Freeman) 1980.
Etwas wissenschaftlicher gehalten als das vorliegende Buch von mir, aber immer noch sehr lesbar. Eine Einführung in die Grundbegriffe der Kosmologie und eine Erklärung der astronomischen Überzeugung, daß das Universum mit einem Urknall begonnen habe.

TEILHARD DE CHARDIN, PIERRE: *Der Mensch im Kosmos* (Titel der französischen Originalausgabe: *Le Phénomène humain*). München (Beck) 1969.
Manchmal etwas schwer verständlich, legt der Autor seine Ideen über Christenheit und die Evolution des Bewußtseins dar. Sogar Julian Huxley erklärt in der Einleitung:»Seine Gedanken sind mir nicht ganz klar.«Das Buch verdient jedoch Erwähnung, weil ich ihm die Bezeichnung *Punkt Omega* für den letzten Zustand des Universums entnommen habe.

2. Ergänzende Literaturhinweise zur deutschen Ausgabe

Folgende Bücher aus dem Programm des Piper Verlags sind in Ergänzung der Literaturempfehlungen des Autors zu nennen:

FRITZSCH, HARALD: *Eine Formel verändert die Welt.* München (Piper) [2] 1988.

FRITZSCH, HARALD: *Vom Urknall zum Zerfall.* München (Piper) [5] 1988.

KIPPENHAHN, RUDOLF: *Hundert Milliarden Sonnen.* München (Piper) [6] 1987.

KIPPENHAHN, RUDOLF: *Licht vom Rande der Welt.* Stuttgart (DVA) 1984, München (Serie Piper) 1987.

WEINBERG, STEVEN: *Die ersten drei Minuten.* München (Piper) [6] 1986.

PERSONEN- UND SACHREGISTER

273

John Gribbin

Auf der Suche nach Schrödingers Katze
Quantenphysik und Wirklichkeit
Aus dem Englischen von Friedrich Griese. Wissenschaftliche
Beratung für die deutsche Ausgabe: Helmut Rechenberg.
325 Seiten mit 60 Abbildungen. Leinen

Die Quantenphysik gilt als eine der größten geistigen Leistungen
unseres Jahrhunderts – und als eine der folgenreichsten. Ohne
Quantenphysik gäbe es weder Atomphysik noch Molekularbiologie,
blieben chemische Bindungen ohne Erklärung, wären weder Laser
noch Computer denkbar – kurz: Die gesamte moderne
Naturwissenschaft steht auf der Grundlage der Quantenphysik. Der
englische Physiker und Publizist John Gribbin erzählt in diesem Buch
ihre Geschichte von den Anfängen der Atomtheorie im 19. Jahrhundert
bis zu den gegenwärtigen Forschungen. Er stellt die Physiker vor, die
an der Erforschung des Atoms beteiligt waren, von Albert Einstein, der
sich heftig gegen die letzte Formulierung in der Quantenmechanik
sträubte (»Gott würfelt nicht«), über Werner Heisenberg und Wolfgang
Pauli bis zu Erwin Schrödinger.
Die Quantenphysik, die für sich in Anspruch nehmen kann, das
Innerste der Welt erklärt zu haben, verändert auch das allgemeine
Weltbild. Die Suche nach Schrödingers Katze ist die Suche nach der
physikalischen Realität – was ist wirklich in der uns umgebenden Welt,
und was ist abhängig vom jeweiligen Beobachter?
In einer klaren und anschaulichen Sprache führt dieses Buch in die
Welt der Quantenphysik ein und macht auch dem Laien die neue Sicht
der Dinge in der »aufregendsten Wissenschaft des Jahrhunderts«
(Heisenberg) deutlich.

»Gribbin vermag es, den naturwissenschaftlichen Laien mit den
Ergebnissen und der Interpretation der Quantenmechanik vertraut zu
machen.«   H. Rechenberg, Physikalische Blätter

PIPER

Richard P. Feynman

»Sie belieben wohl zu scherzen, Mr. Feynman!«

Abenteuer eines neugierigen Physikers
Gesammelt von Ralph Leighton. Herausgegen von Edward Hutchings.
Vorwort zur deutschen Ausgabe von Harald Fritzsch.
Aus dem Amerikanischen von Hans-Joachim Metzger.
463 Seiten. Leinen

»Interessieren Sie sich für Physik? Nein? Dann sollten Sie unbedingt das
Feynman-Buch lesen. Interessieren Sie sich für Physik? Ja? Dann sollten Sie
unbedingt das Feynman-Buch lesen.
Ein Feuerwerk von Pointen und Überraschungsgags, von spitzen
Formulierungen und vielen Streichen.
So lernt man in seinem Buch einen intelligenten, furchtbar neugierigen,
humorvollen und grundehrlichen Menschen kennen.
Nur: Stellen Sie keine Erwartungen an das Buch – es wird doch ganz anders
kommen. Lesen Sie es einfach – aber lassen Sie es nicht rumliegen. Wer erst
mal die Nase reinsteckt, steckt das ganze Buch ein.«

Frank Elstner, Die Welt

Vom selben Autor ist lieferbar:

QED – Die seltsame Theorie des Lichts und der Materie

Aus dem Amerikanischen von Siglinde Summerer und Gerda Kurz.
200 Seiten mit 93 Abbildungen. Geb.

Piper 75/1b

PIPER